纺织服装高等教育“十四五”部委级规划教材

QUNZHUANG JIEGOU SHEJI YU ZHIBAN

裙装结构设计与制版

周捷 编著

東華大學出版社
·上海·

内容简介

本书是作者二十多年裙装结构设计与制版教学经验的总结。本书系统、全面地介绍了裙装结构设计基础知识、人体与裙装结构设计的关系、裙装变化原理、应用方法以及7大类裙装代表品种的制版方法。

本书讲解详细、条理清晰、图文并茂、通俗易懂，突出裙装结构设计原理与方法。以实例讲解帮助读者融会贯通，高效地学习和掌握裙装结构设计与制版技巧。该书最大特点是与时尚性、典型性、代表性、实用性的裙装做到无缝对接。书中所有的实例指导性强，读者容易掌握。

本书既可作为服装院校本科生、研究生的专业教材，也可供服装企业技术人员、服装爱好者阅读。

图书在版编目（CIP）数据

裙装结构设计与制版／周捷编著．－上海：东华大学出版社，2022.10

ISBN 978-7-5669-2105-5

Ⅰ．①裙…　Ⅱ．①周…　Ⅲ．①裙子—服装结构—教材　②裙子—服装量裁—教材　Ⅳ．①TS941.2　②TS941.631

中国版本图书馆CIP数据核字(2022)第159590号

责任编辑　杜亚玲

封面设计　Callen

裙装结构设计与制版

QUNZHUANG JIEGOU SHEJI YU ZHIBAN

编　　著：周　捷

出　　版：东华大学出版社（上海市延安西路1882号，200051）

网　　址：http://dhupress.dhu.edu.cn

天猫旗舰店：http://dhdx.tmall.com

印　　刷：上海普顺印刷包装有限公司

开　　本：889 mm × 1194 mm　1/16　印张：13.25

字　　数：466千字

版　　次：2022年10月第1版

印　　次：2022年10月第1次印刷

书　　号：ISBN 978－7－5669－2105－5

定　　价：58.00元

目 录

第一章

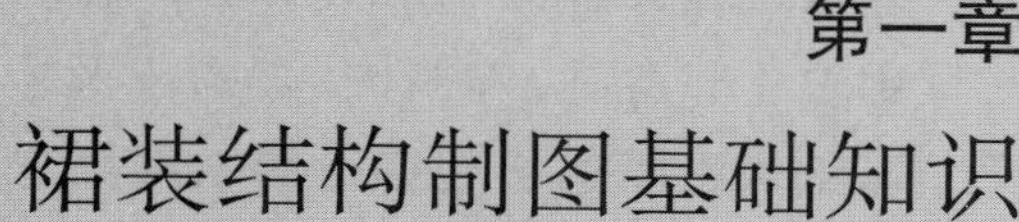

裙装结构制图基础知识

第一节　服装结构设计方法

服装结构设计的方法主要有平面裁剪法和立体裁剪法。其中平面裁剪法又包括比例分配法、原型法和基型法。

一、比例分配法

比例分配法是通过大量的人体测量，对人体测量数据进行统计分析，将人体的基本部位（如身高、净胸围、净腰围及净臀围等）与细部数据进行回归分析，得到它们之间的回归关系。在样板制作过程中可以基于人体的基本部位数据利用它们之间的回归关系求得各细部尺寸，也就是说用基本部位的数据来推算细部数据。

比例分配法操作相对方便、易学、较直观，只要记住每款服装的各部位的比例公式，就可以直接在平面上制图，而不需要更多的立体思维，是一种一步到位的方法；此法的缺点是以该指定的服装款式为基础进行结构制图，操作时衣片各部位比例、公式、数值都是以指定的服装款式为出发点，对人体的体形变化需要一定的经验去进行数值上的调整，在精度上仍有一定误差和局限性。容易形成思维的定势，灵活性、创造性受一定限制，较难适应服装款式变化较大的结构设计。

二、原型法

原型是平面剪裁的基础，也是人体的基础型。以人体净体尺寸或紧身尺寸为依据，再加放必要的放松量（满足人体的呼吸量和上下肢的基本运动机能），将曲线的人体形状根据成衣的轮廓，以推理的形式把立体法、胸度法、短寸法等结合为一体，从而展开成一定的平面图形，根据这个图形绘出的样板，则是原型板。通过省道变换、分割、折裥等工艺形式变换成结构较复杂的结构图。

原型板以结构合理、合体度强、变化灵活、使用方便、可适应多种服装款式变化为特点，是目前较为科学、理想的结构设计工具之一。

三、基型法

基型法也称基样法。以所要设计的服装品种中最接近该款式造型的服装作为基型，对基型进行局部造型的调整，最终制作所需服装款式的纸样。优点是步骤少、制板速度快，是企业制板的常用方法。

四、立体裁剪法

立体裁剪法是将布料或纸张覆盖在人体模型或人体上，通过分割、折叠、抽缩、拉展等技术制成预先构思好的服装造型，再按服装结构线形状剪切布料或纸张，最后将剪切后的布料或纸张展平放在另一张纸上制成

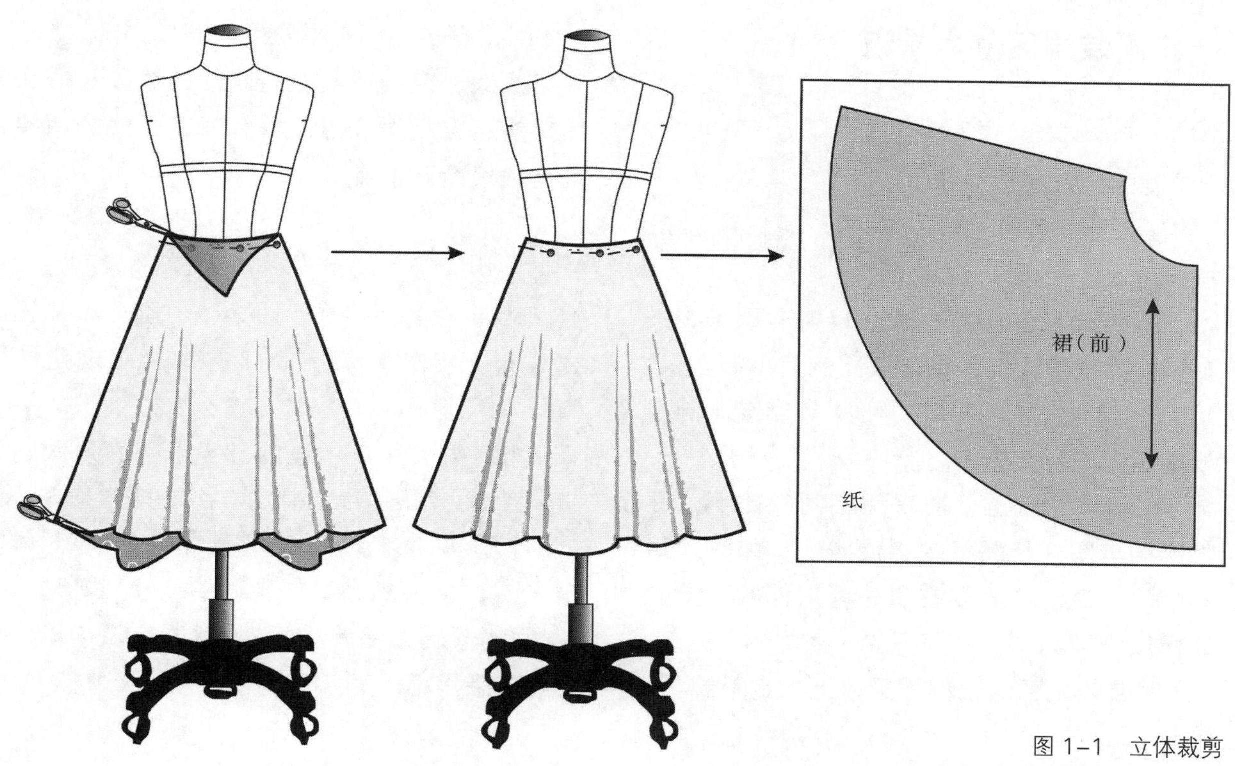

图 1–1　立体裁剪

正式的服装纸样，如图 1–1 所示。

随着服装业的发展，立体裁剪已成为服装设计与打板专业人员所必须掌握的一门基础知识，在欧美、日本等一些服装业较发达国家已经被广泛应用，而在我国起步相对较晚。立体裁剪可以使服装打板师、设计师更加直观、准确地把握服装的造型，而不像平面制板要通过样衣的制作来反复调板。

立体裁剪可根据不同的款式，凭借打板师或设计师对服装特有的感觉来把握松量，没有一定之规。

第二节　裙装制图基本常识与工具

一、裙装制图基本常识

（一）制图比例

制图比例分档规定：

① 原值比例：1∶1 制图，通俗说就是按照成衣的大小来制图；

② 缩小比例：1∶2、1∶3、1∶4、1∶5、1∶6、1∶10 等制图比例，就是按比例缩小制图；

③ 放大比例：2∶1、4∶1 等制图比例，就是按比例放大制图。

在同一图纸上，应采用相同的比例，并将比例填写在标题栏内以便辨识；如需采用不同的比例时，必须在每一零部件的左上角处标注比例。

服装款式图的比例不受以上规定限制。

（二）图线形式及用途

裁剪图线形式及用途见表 1-1。

同一图纸中同类图线的宽度应保持一致。虚线、点画线及双点画线的线段长短和间隔应各自相同。点画线和双点画线的两端应是线段而不是点。

（三）制图字体

汉字应采用中华人民共和国国务院正式公布推行的《汉字简化方案》中规定的简化字。

图纸中的文字、数字、字母都必须做到字体工整，笔画清楚，间隔均匀，排列整齐。

字母和数字可写成斜体或直体。斜体字字头应向右倾斜，与水平基准线成 75°。

用作分数、偏差、注脚等的数字及字母，一般应采用小一号字体。

表 1-1　图线形式及用途

单位：cm

序号	图纸名称	图线形式	图线宽度	图线用途
1	粗实线	━━━━━━━━	0.9cm 左右	1) 服装和零部件轮廓线 2) 部位轮廓线
2	细实线	————————	0.3cm 左右	1) 图样结构的基本线 2) 尺寸线和尺寸界线 3) 引出线
3	粗虚线	▬ ▬ ▬ ▬ ▬ ▬	0.9cm 左右	背面轮廓影示线
4	细虚线	- - - - - - - - - - - - - - - -	0.3cm 左右	缝纫明线
5	点画线	—·—·—·—·—·—·—·—	0.3cm 左右	对折线
6	双点画线	—··—··—··—··—··—	0.3cm 左右	折转线

（四）裙装制图主要部位代号（表 1–2）

表 1–2　部位代号

序号	中文	英文	代号
1	腰围	Waist Girth	W
2	臀围	Hip Girth	H
3	腰围线	Waist Line	WL
4	臀围线	Hip Line	HL
5	中臀围线	Middle Hip Line	MHL
6	裙长	Skirt Length	SL

（五）常用制图符号（表 1–3）

表 1–3　制图符号

序号	符号形式	名称	说明
1	○ △ □ ……	等量号	尺寸大小相同的标记符号
2		单阴裥	裥底在下的折裥
3		扑裥	裥底在上的折裥
4		单向折裥	表示顺向折裥自高向低的折倒方向
5		对合折裥	表示对合折裥自高向低的折倒方向
6		等分线	表示分成若干个相同的小段
7		直角	表示两条直线垂直相交
8		重叠	两部件交叉重叠及长度相等
9		斜料	有箭头的直线表示布料的经纱方向
10		经向	单箭头表示布料经向排放有方向性，双箭头表示布料经向排放无方向性
11		顺向	表示折裥、省道、复势等折倒方向，意为线尾的布料应压在线头的布料之上
12		缉双止口	表示布边缉缝双道止口线
13		按扣	内部有叉表示门襟上用扣，两者成凹、凸状，且用弹簧固定
14		开省	省道的部分需剪去
15		折倒的省道	斜向表示省道的折倒方向
16		分开的省道	表示省道的实际缉缝形状
17		拼合	表示相关布料拼合在一起
18		缩缝	布料缝合时收缩
19		扣眼	两短线间距离表示扣眼大小
20		钉扣	表示钉扣的位置

备注：在制图中，若使用其他制图符号或非标准符号，必须在图纸中用图和文字加以说明。

另有以下展开方式及省道转移：

① 平行展开：将纸样沿切开线剪开，如图 1–2 所示，平行展开 5cm，然后画顺展开的部位。

② 梯形展开：图 1–3 中③ ⑤ 分别代表展开 3cm 和 5cm。操作方法就是沿切开线剪开，将纸样上端和下端分别展开 3cm 和 5cm，然后画顺展开的部位。

③ 三角形展开：图 1–4 中⑤代表展开 5cm。操作方法就是沿切开线剪开，将纸样上端展开 5cm，下端也就是有箭头的一端不变，然后画顺展开的部位。

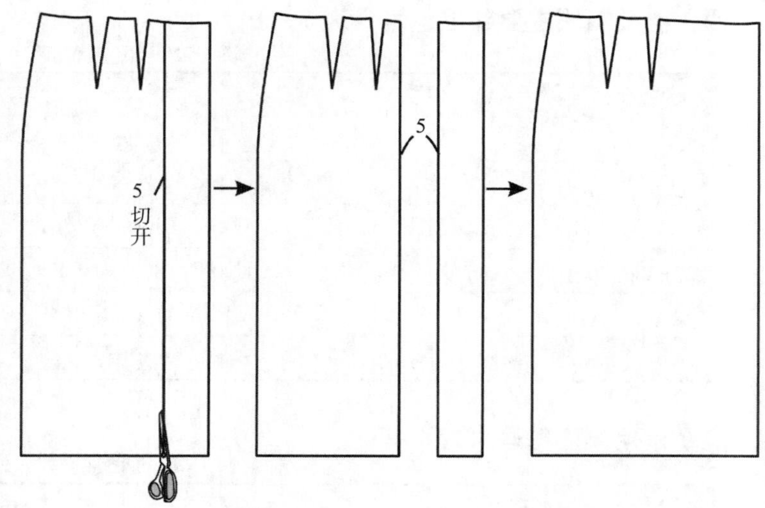

图 1–2 平行展开

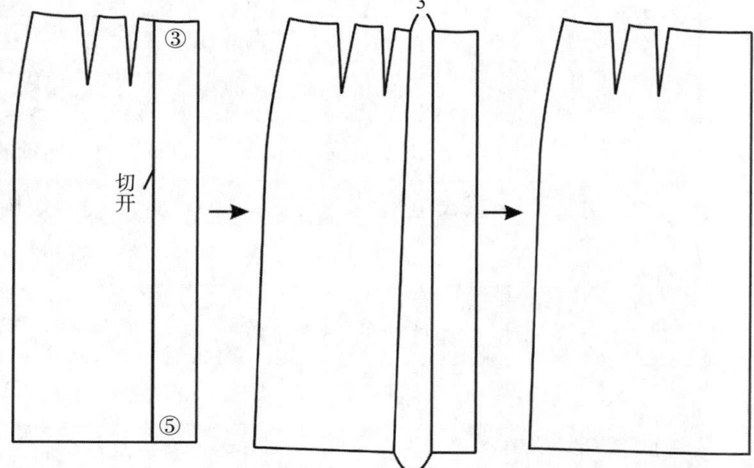

图 1–3 梯形展开

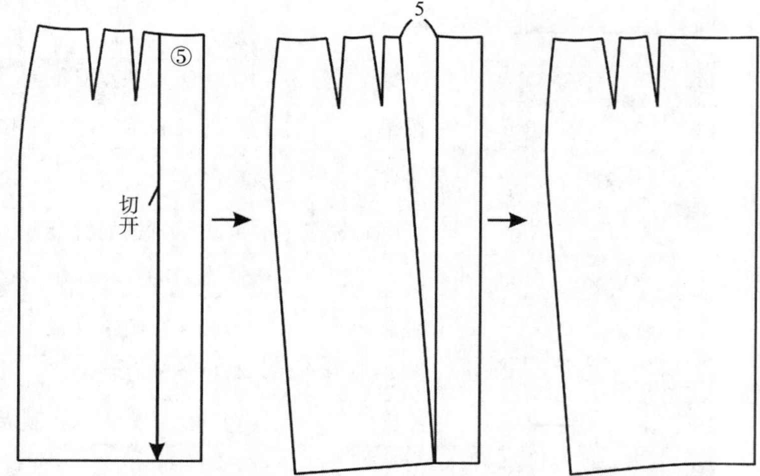

图 1–4 三角形展开

④省道转移：沿切开线剪开，如图1–5所示，将前侧省合并，也就是将腰部的省道转移至侧缝，然后画顺合并的部位即腰口线。

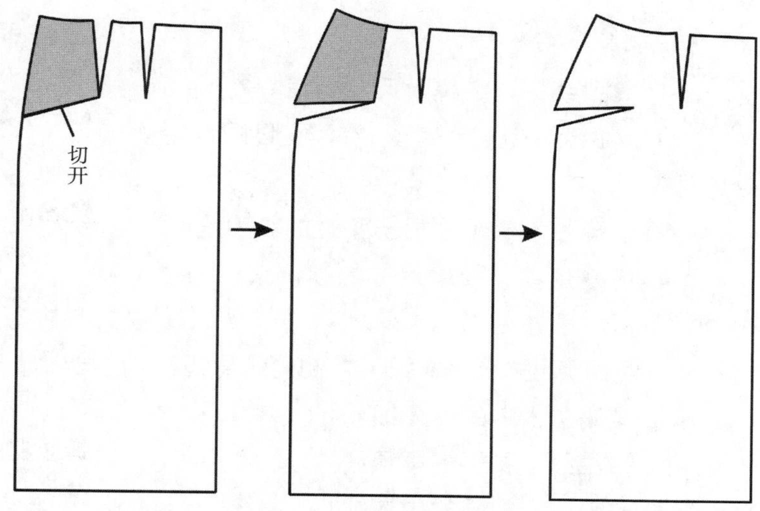

图1–5　省道转移

（六）裙片结构图解读

如图1–6所示，该裙前片由3片组成：前上、左前下和右前下。

如图1–7所示，黑色粗实线为结构线，细实线为基础线。如虚线单箭头指向所示，前片分成对应的3片，即为前上、左前下和右前下3片。

由于缝合时需将左前下和右前下两片缝合后再与前上片缝合，做纸样时，需将这两片对齐，修顺上、下弧线。

如图1–8所示，为最终的3片净样板，在此基础上做对位记号、加放缝头和贴边等。

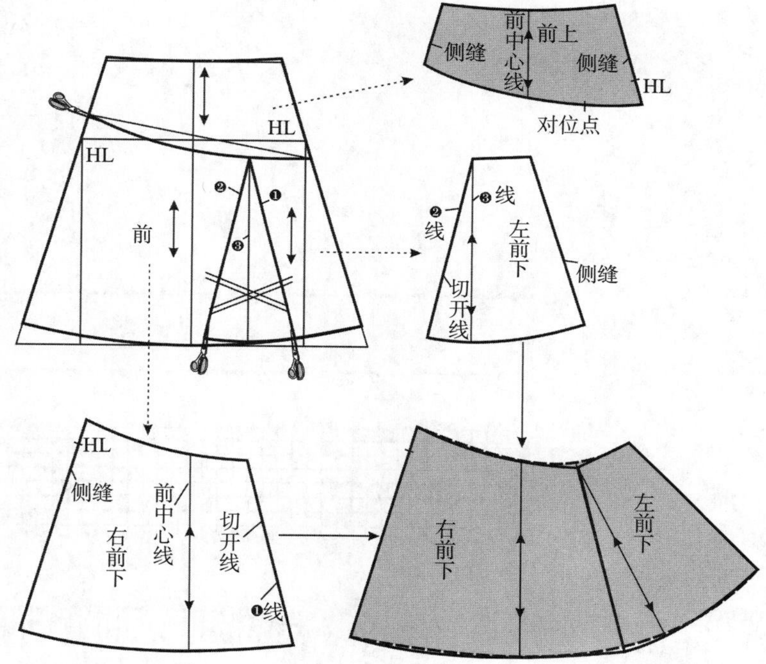

图1–7　结构图解读

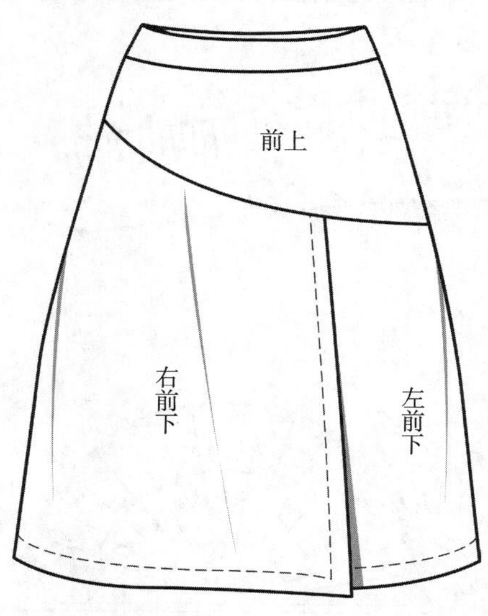

图1–6　款式图

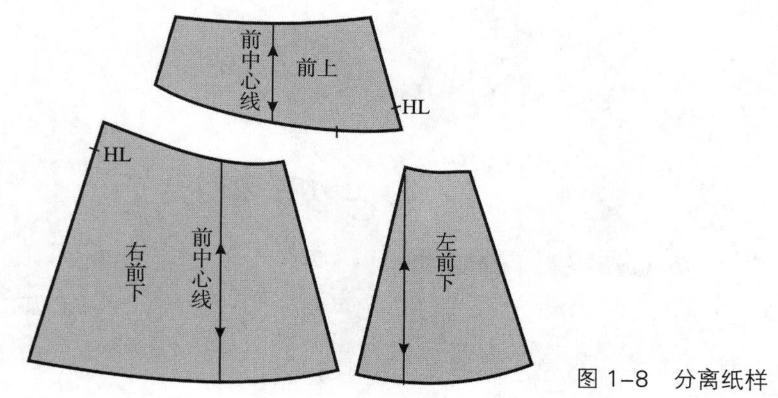

图1–8　分离纸样

（七）制图术语

① 臀围线：确定臀围尺寸的线。

② 腰围线：确定裤子或裙子腰围尺寸的线。

③ 腰缝线：裤子或裙子腰缝的轮廓线。

④ 侧缝直线：围度尺寸的基础线，与裙长线平行。

⑤ 侧缝弧线：裤子或裙子外侧的轮廓线。

⑥ 省线：省道的位置线。

⑦ 扣位线：扣子的位置线。

⑧ 扣眼线：扣眼的位置线。

二、制图工具

（一）尺子

① 直尺：画直线用，长度有 30cm、50cm 不等，如图 1-9 所示。

② 放码尺：也叫方格尺。通常用于绘制平行线、放缝份和缩放规格等。长度有 50cm、60cm 不等，如图 1-10 所示。

③ 弯尺：形状略呈弧形。可用于画裙子、裤子侧缝以及腰口线等弧线处，如图 1-11 所示。

④ 圆尺：测量时可以转动，用来测量弧线的长度，如图 1-12 所示。

⑤ 软尺：可以用于人体的测量和弧线等的测量，如图 1-13 所示。

⑥ 量角器：用来测量角度，如图 1-14 所示。

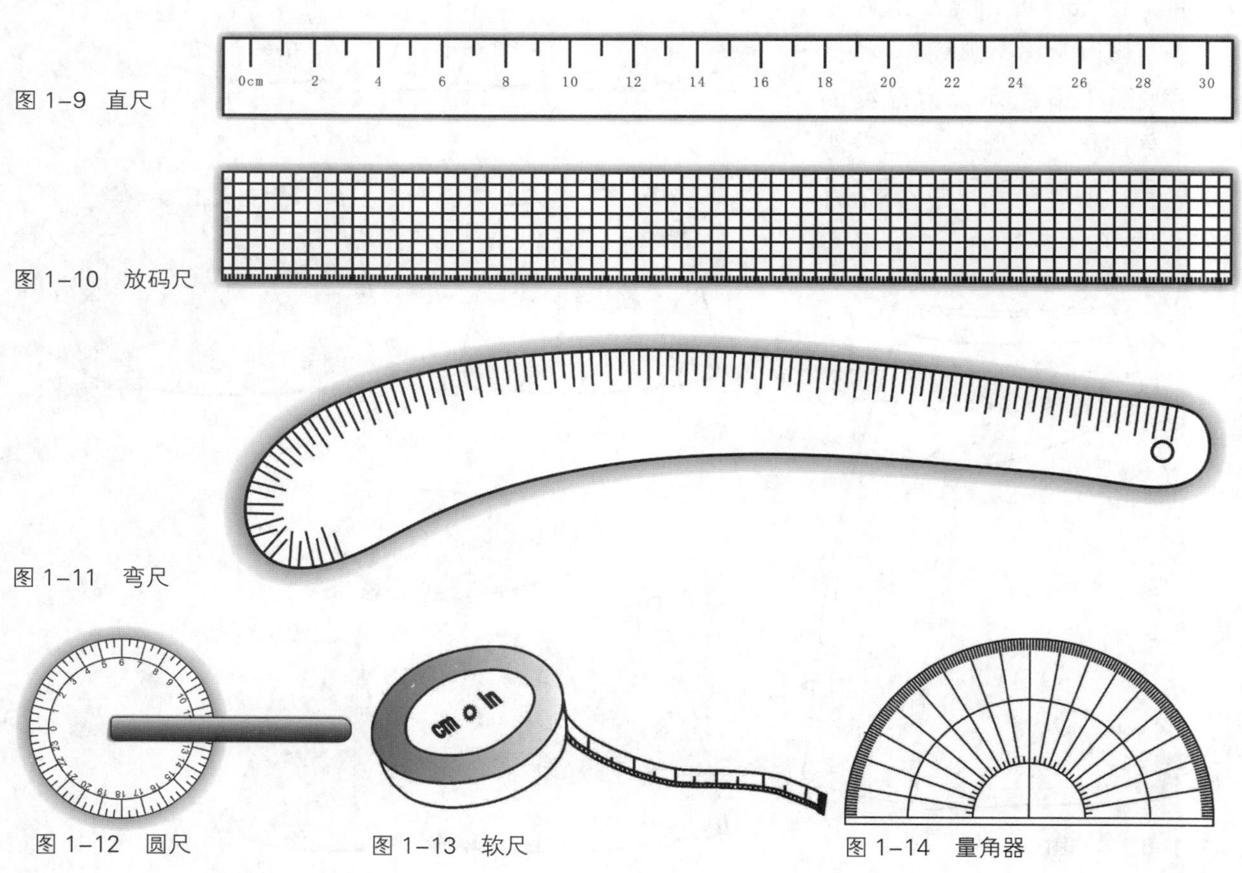

图 1-9　直尺

图 1-10　放码尺

图 1-11　弯尺

图 1-12　圆尺

图 1-13　软尺

图 1-14　量角器

（二）笔

① 铅笔：制图用，通常用 2B 和 HB 等，如图 1–15 所示。

② 活动铅笔：铅芯通常有 0.3、0.5、0.7、0.9cm 等，根据作图要求选用。

③ 褪色笔：如麦克笔状的记号笔，这种笔做的记号，颜色随着时间的推移而自然消失。有多种颜色，如图 1–16 所示。

④ 划粉笔：类似于彩色铅笔，可以用来在布料上画线，如图 1–17 所示。

⑤ 划粉：在布料上画线用，有普通划粉和可褪色划粉，如图 1–18 所示。

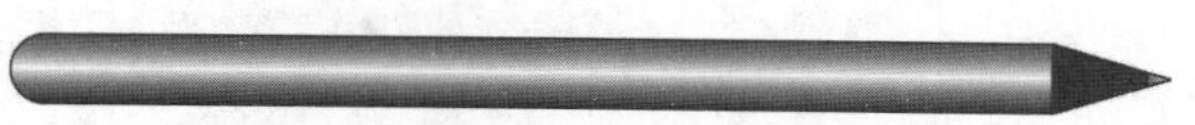

图 1–15　铅笔

图 1–16　褪色笔

图 1–17　划粉笔

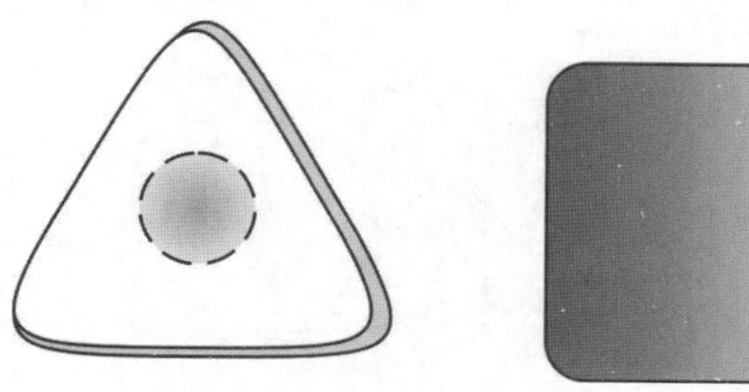

图 1–18　划粉

（三）其他

① 拷贝纸：双面或单面有印粉的复写纸，做标记或拷贝时用。

② 锥子：缝制时使用，也可以在纸样上做标记点。

③ 滚轮：又称点线器。拷贝纸样或者将布样转变为纸样时用，如图 1–19 所示。

④ 圆规：画圆或弧线时用，如图 1–20 所示。

⑤ 文镇：用于压布或纸样，使其位置固定，如图 1–21 所示。

⑥ 剪刀：裁剪布料、纸样或线头时使用，如图 1–22 所示。

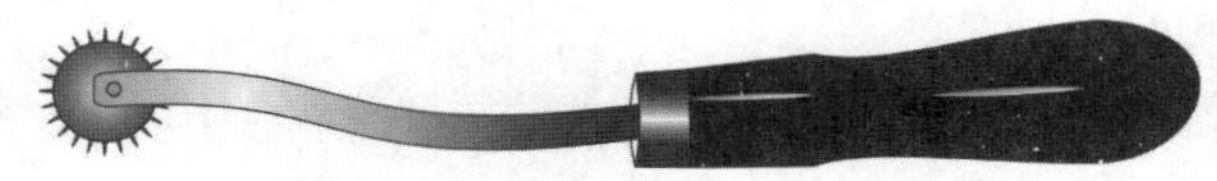

图 1–19　滚轮

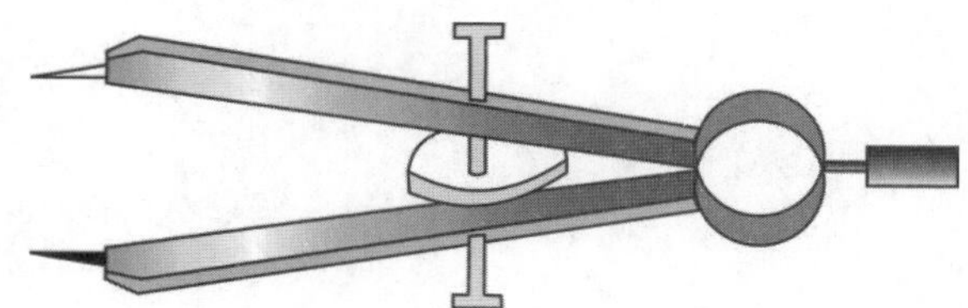

图 1–20　圆规

图 1–21　文镇

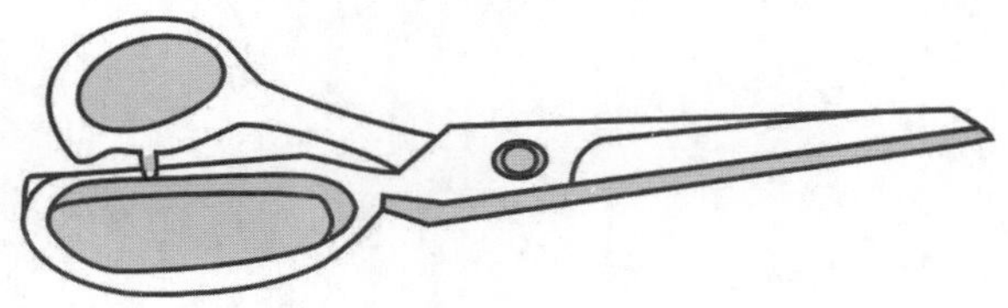

图 1–22　剪刀

第二章

人体尺寸测量与下体体型特征

第一节　人体尺寸测量

一、人体尺寸测量的意义

为了对人体体型特征有正确、客观的认识，除了进行定性的研究外，还必须把人体各部位的特征用数字化的方式描述出来，也就是用精确的数据来表示人体各部位的特征。

在服装结构设计中，为了使人体在着装时更加适体舒适，必须基于人体数据了解人体的比例、体型、构造和形态等基本信息，故测量人体尺寸是进行服装结构设计的前提。

二、人体尺寸测量的基准点和基准线

人体形状比较复杂，要进行规范的人体测量就需要在人体表面确定一些点和线，并将这些点和线按一定的规则固定下来，作为服装专业通用的测量基准点和基准线。这样也便于建立统一的测量方法，所测的数据也才具有可比性、通用性和规范性。

基准点和基准线确定的基本要求：一是根据测量的需要；二是这些点和线应具有明显性、固定性、易测性和代表性等特点。也就是说，测量基准点和基准线在任何人身上都是固有的，不因时间和生理的变化而改变。因此基准点一般多选在骨骼的端点、突起点和肌肉的沟槽等部位；基准线选择在过基准点并有明显特征的部位。

三、裙装人体尺寸测量的主要基准点

人体测量基准点如图 2-1 所示。

①头顶点：以正确立姿站立时，头部最高点，位于人体中心线上，它是测量总体高的基准点。

②前腰围中点：腰围线的前中点。

③后腰围中点：腰围线的后中点。

④大转子点：股骨大转子的最高点。

⑤胫骨点：胫骨上端内侧的踝内侧缘上最高点。

⑥外踝点：腓骨外踝的下端点。

四、裙装人体尺寸测量的主要基准线

①腰围线（WL）：通过腰围最细处的水平围度线，是测量人体腰围大小的基准线。

②臀围线（HL）：通过臀围最丰满处的水平围度线，是测量人体臀围大小的基准线。

五、裙装人体尺寸测量部位与方法

（一）水平尺寸

水平尺寸测量如图 2-2 所示。

①腰围：被测者直立，正常呼吸，腹部放松，胯骨上端与肋骨下缘之间自然腰际线的水平围长。

②臀围：被测者直立，在臀部最丰满处测量的臀部水平围长。

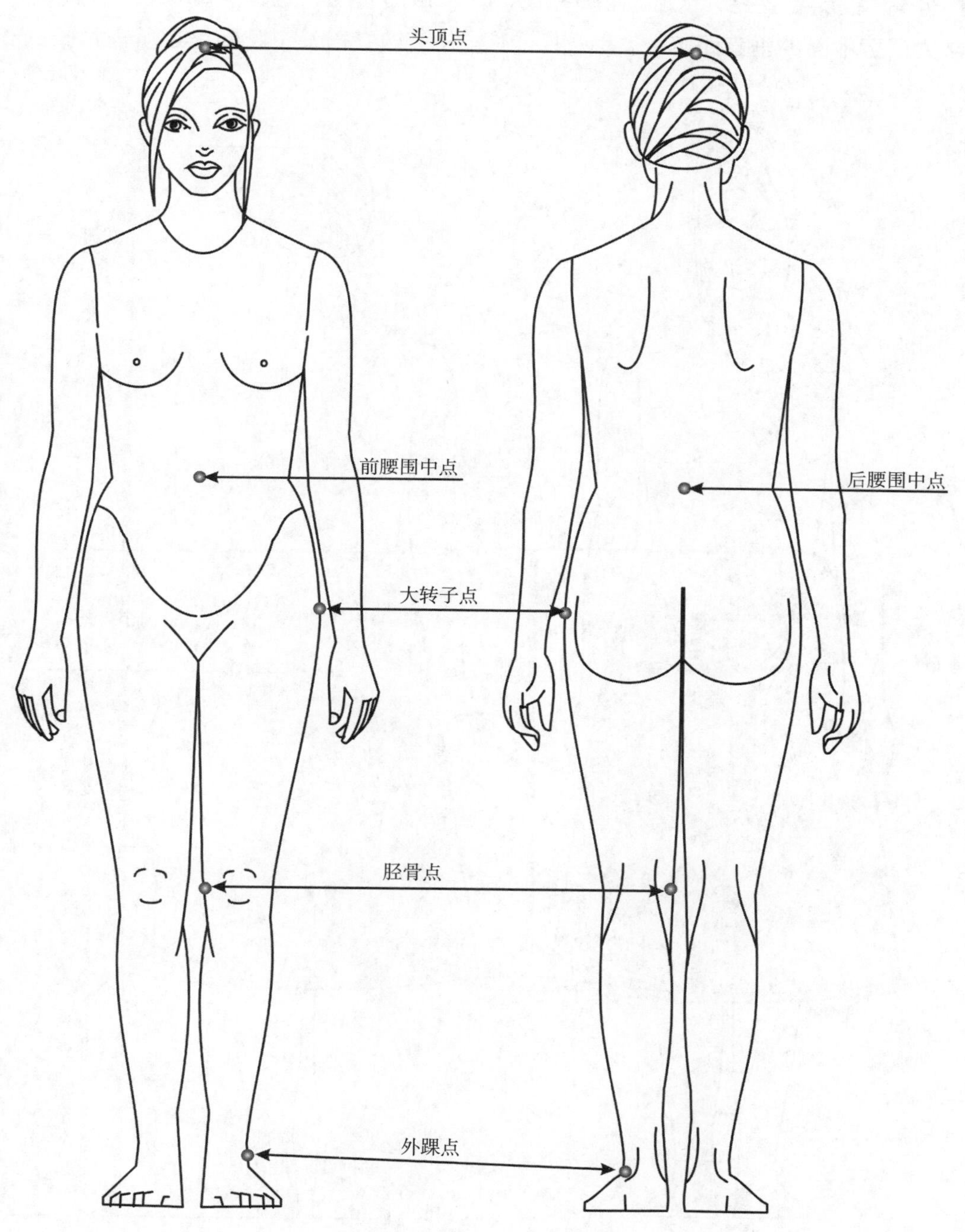

图 2-1 人体尺寸测量基准点

③ 中臀围：腰围线与臀围线中间位置的水平围长。

④ 裙摆围：裙子下摆周长。

（二）垂直尺寸

垂直尺寸如图 2-2 所示。

① 身高：被测者直立，赤足，两脚并拢，测量自头顶至地面的垂直距离。

② 腰围高：被测者直立，在体侧测量从腰际线至地面的垂直距离。

③ 臀围高：被测者直立，从大转子点至地面的垂直距离。

④ 臀高：腰围线到臀围线的距离，用软尺测量从腰围线，沿体侧臀部曲线至大转子点的长度，也称为臀长。

⑤ 裙长：腰围线至所需裙长的长度。

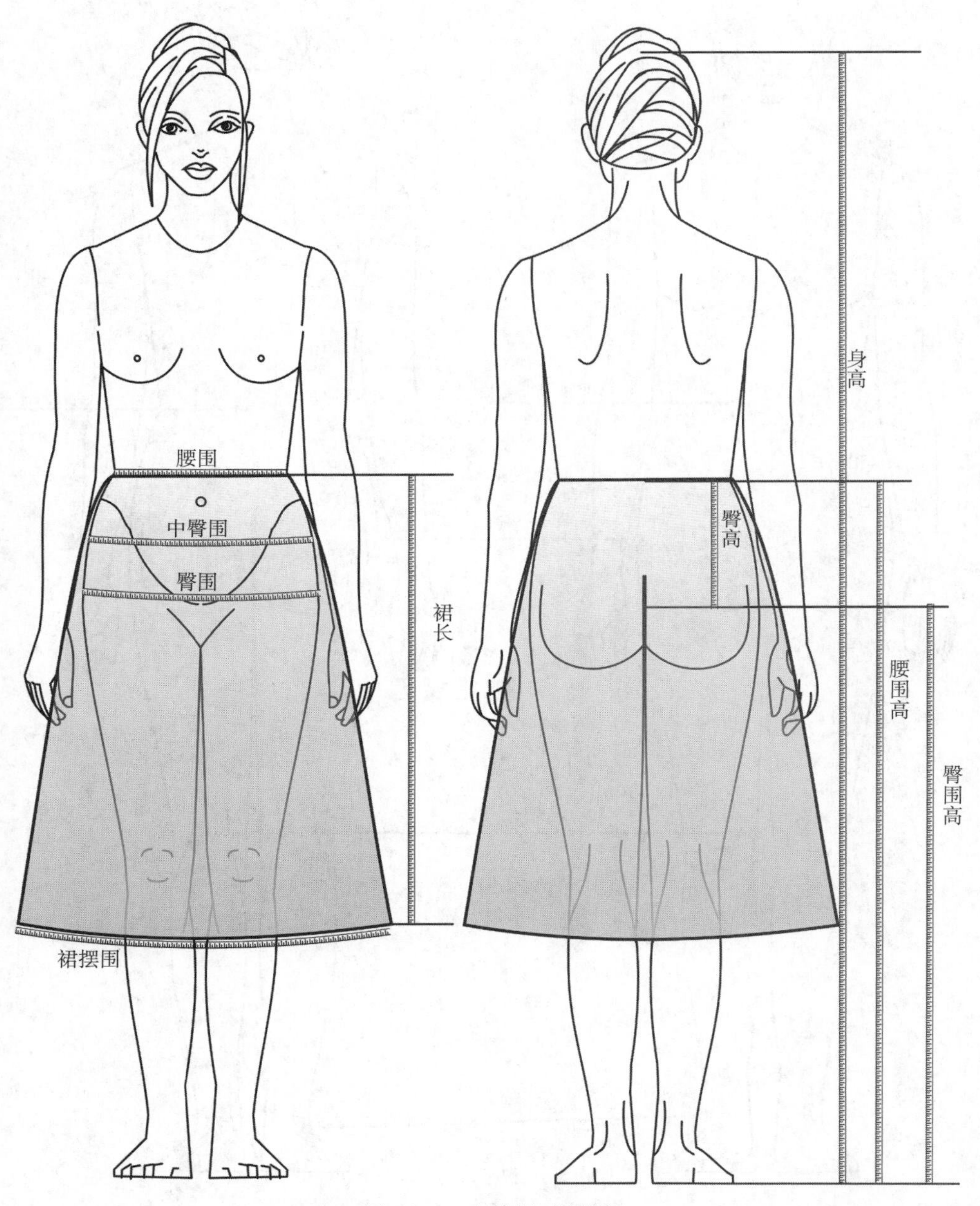

图 2-2　人体尺寸测量

第二节　服装号型与规格设计

一、号型

身高、胸围和腰围是人体的基本部位，也是最具代表性的部位，用这些部位的尺寸来推算其他部位的尺寸，误差相对较小。我国体型分类代号用这些部位及体型分类代号作为服装成品规格的标志，方便服装生产和经营，消费者也易接受。为此，在服装号型标准 GB/T1335—2008 中确定用身高来定义“号”，用人体胸围和腰围来定义“型”，用胸围与腰围的差值来定义体型分类。

“号”是指人体的身高，以厘米（cm）为单位表示，是设计和选购服装长短的依据。

“型”是指人体的上体胸围或下体腰围，以厘米（cm）为单位表示，是设计和选购服装围度的依据。

二、体型分类

根据人体的胸、腰围差，即净体胸围减去净体腰围的差数，将我国人体体型分为四种类型，其代码分别为 Y、A、B 和 C。如某女子胸围与腰围差在 14~18cm 之间，则该女子的体型就是 A 体型，我国体型分类如表 2–1 所示。

表 2–1　体型分类

单位：cm

体型分类代号	Y	A	B	C
男子	17 ~ 22	12 ~ 16	7 ~ 11	2 ~ 6
女子	19 ~ 24	14 ~ 18	9 ~ 13	4 ~ 8

三、中间体

根据大量实测的人体数据，通过计算求出平均值得到中间体。它反映了我国人体不同体型的身高、胸围、腰围等部位的平均水平，具有一定的代表性。在设计服装规格时通常以中间体为中心，按一定分档数值，向上下、左右推档组成规格系列。中间号型是在人体测量的总数中占有最大比例的体型，国家设置的中间号型是对全国范围而言，各个地区的情况会有差别，所以，对中间号型的设置应根据各地区的不同情况及产品的销售人群而定，不宜照搬。根据 GB/T 1335.2—2008，我国女性中间体的设置主要部位的数值如表 2–2 所示。

表 2-2　女性中间体的设置主要部位的数值　　单位：cm

体　　型	Y	A	B	C
身高	160	160	160	160
颈椎点高	136	136	136.5	136.5
坐姿颈椎点高	62.5	62.5	63	62.5
全臂长	50.5	50.5	50.5	50.5
腰围高	98	98	98	98
胸围	84	84	88	88
颈围	33.4	33.6	34.6	34.8
总肩宽	40	39.4	39.8	39.2
腰围	64	68	78	82
臀围	90	90	96	96

四、号型表示

号型表示方法：号、型之间用斜线分开连接，后接体型分类代号。即号 / 型体型分类号。例如：160/88A，其中 160 表示身高为 160cm，如果是上装 88 表示净胸围为 88cm，下装 88 表示净腰围为 88cm，A 表示体型代号即人体胸、腰围差的分类代码，也就是说女子胸腰差为 14~18cm 之间，男子胸腰差为 12~16cm 之间。

五、号型系列

号型系列是人体的号和型按照档差进行有规则的增减排列。在国家标准中规定成人上装采用 5·4 系列（身高以 5cm 分档，胸围以 4cm 分档），成人下装采用 5·4 或 5·2 系列（身高以 5cm 分档，腰围以 4cm 或 2cm 分档）。

六、号型的应用

在号型的实际应用中，首先要确定着装者属于哪一种体型，然后看身高和净胸围或腰围是否和号型设置一致。如果一致则可对号入座，如有差异则采用近距离靠拢法，身高是 162cm 可以靠 160 的号，胸围是 90cm 可以靠 88 的型。

对服装企业来说，在选择和应用号型系列时，应注意以下几点：

① 首先要从标准规定的各系列中选用适合本地区的号型系列。

② 无论选用哪个系列，必须考虑每个号型适应本地区的人口比例和市场需求情况，

相应地安排生产数量。各体型人体的比例、各体型分地区的号型覆盖率可参考国家标准，同时也应生产一定比例的两头号型，以满足更多消费人群的穿着需求。

③标准中规定的号型不够用时，也可适当扩大号型设置范围。扩大号型范围时，原则上按各系列所规定的分档数和系列数进行。

七、号型的配置

对于服装企业来说，根据选定的中间体推出产品系列的规格系列表。规格系列表中的号型，基本上能满足某一体型90%以上人们的需求，但在实际生产和销售中，由于投产批量小，品种不同，服装款式或穿着对象不同等客观原因，往往不能或者不必全部完成规格系列表中的规格配置，而是选用其中的一部分规格进行生产，或选择部分热销的号型安排生产。

号型配置有以下几种方式：

①号和型同步配置：一个号与一个型搭配组合而成的服装规格，号增大的同时型也在增加，如160/80、165/84、170/88、175/92、180/96等。

②一号和多型配置：一个号与多个型搭配组合而成的服装规格，如170/84、170/88、170/92、170/96等。

③一型和多号配置：一个型与多个号搭配组合而成的服装规格，如160/88、165/88、170/88、175/88等。

在具体使用时，可根据各地区人体体型特点或者产品特点，在服装规格系列表中如何选择号和型的搭配方案，这对企业来说是至关重要的，因为它既要满足大部分消费者的需要，又要避免生产过量，产品积压。同时对一些号型比例覆盖率比较少及一些特体服装的号型，也需要根据情况设置少量生产，来满足不同消费者的需求。

八、服装规格系列设计

国家服装号型规格的颁布与修改，给服装规格设计特别是成衣生产的规格设计，提供了可靠的依据。但服装号型并不是服装的成品尺寸，它提供的只是人体净体尺寸。成衣规格设计是以服装号型为依据，根据服装款式、体型等因素，加放不同的松量来制定服装规格。

九、裙装的规格设计

①裙长=0.4身高 ±a（短裙），0.5身高 ±a（长裙），a为常量，取值视款式而定；

②腰围（W）=净腰围+（0~2）cm；

③臀围（H）=净臀围+0~6 cm（贴体），+6~12cm（较贴体），+12~18 cm（较宽松），+18 cm（宽松）。

④臀高=0.1身高+2~3cm。

十、裙装的规格设计案例说明

表2-3是某服装企业的身高为160cm女西服裙规格设计表，由于身高已经确定，与身高密切相关的4个长度：裙长、臀高、衩长和腰宽的规格是相同的，分别为56cm、18cm、10cm和3cm。而身高是160cm的人有不同的胖瘦，也就是说有不同的围度，对应不同的腰围、臀围和裙摆尺寸。女性身高范围按国家标准GB/TB35 2-2008是145cm到180cm，分别对应4种体型Y、A、B、C。在实际生产中通常采用的身高为

150cm 到 175cm，有时往往只做一个或两个体型。此外，从表 2–3 中可以看出，腰围与臀围的对应关系与国家标准并不完全一致，这是服装企业根据销售的地区和产品本身的特点，在国标的基础上做了适当的调整。

表 2–3　身高 160cm 体型 A 的女西服裙规格设计表　　单位：cm

部位	规格															
裙长	56	56	56	56	56	56	56	56	56	56	56	56	56	56	56	56
腰围	60	62	64	66	68	70	72	74	76	78	80	82	84	86	88	90
臀围	84	86	88	90	92	94	96	98	100	102	104	106	108	110	112	114
臀高	18	18	18	18	18	18	18	18	18	18	18	18	18	18	18	18
裙摆围	79	81	83	85	87	89	91	93	95	97	99	101	103	105	107	109
衩长	10	10	10	10	10	10	10	10	10	10	10	10	10	10	10	10
腰宽	3	3	3	3	3	3	3	3	3	3	3	3	3	3	3	3

第三节　裙装结构分析

一、裙装腰围的松量

腰部是下装固定的部位，腰围应有合适的舒适量。腰部的松量值一般取人体在自然状态的动作幅度下腰围的变化量。研究表明当人席地而坐，身体 90° 前屈时，腰围平均增加量为 2.9cm，这是腰部最大的变形量。如果腰围松量过大会影响束腰后腰围部位的外观美观性，因此一般腰围松量取 2cm。再从生理学角度讲，人体腰部周长缩小 2cm 时，不会对人体产生明显的压迫感，所以裙装的放松量可控制在 0 ~ 2cm。

二、裙装臀围的放松量

臀部是人体下部最丰满的部位，其主要构成是臀大肌，如何表现臀部的美感和适合臀部的运动是下装结构设计的重要内容。

人体在直立、坐下和前屈等这些运动中臀部受影响而使其围度增加，因此，在下装结构设计中，臀部的松量要考虑臀部运动中必要的运动宽松量。臀部在席地而坐，身体 90° 前屈时，平均增加量是 4cm，也就是说下装臀部的舒适量最少需要 4cm，再考虑因舒适性所需要的空隙，因此一般舒适量都要大于 5cm。至于因款式造型需要增加的装饰性舒适量则无限度，因此在不考虑弹性面料的情况下，裙装的臀围松量一般取 4cm。

三、裙装摆围的放松量

裙摆围的大小由款式而定。宽松型的裙摆围能够满足人体的活动要求，而合体的裙摆围设计则要考虑到人体的活动范围。

无裙衩的裙摆围应随裙长的增加而增加。以步幅 67cm 为例，如图 2-3 所示：①当裙长在膝线以上 10cm 的位置时裙摆的大

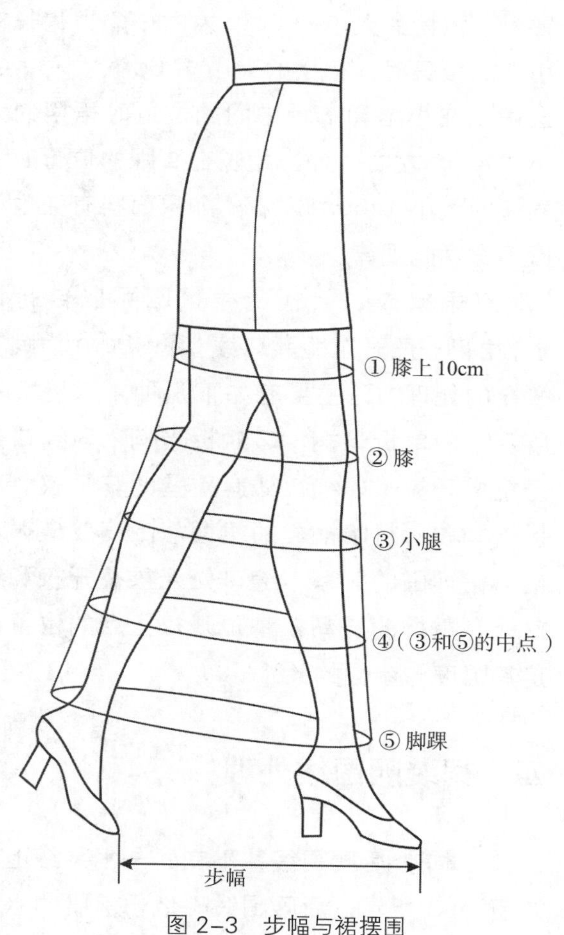

图 2-3　步幅与裙摆围

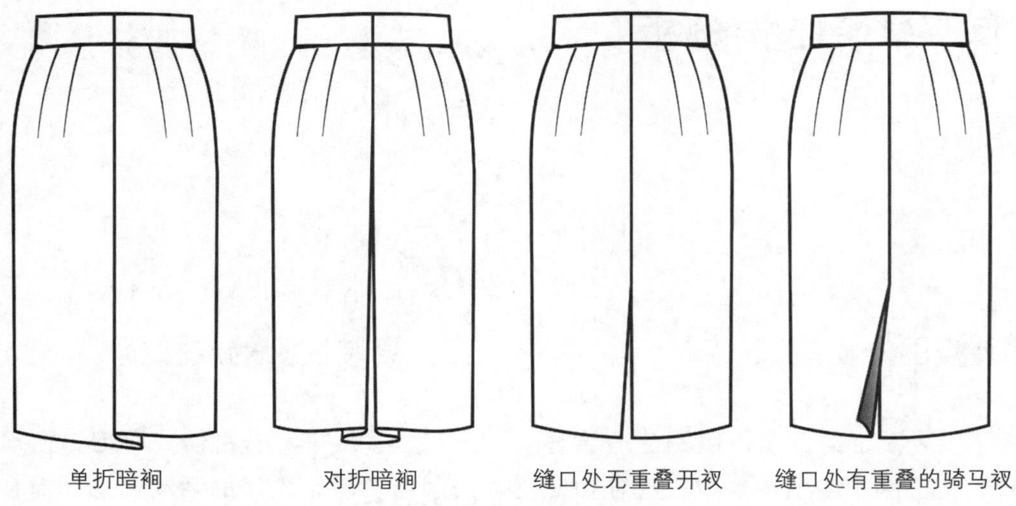

图 2-4　裙摆的不同形式

小要达到 94cm 左右；②当裙长在膝线的位置时，裙摆的大小 100cm 左右；③当裙长在小腿的位置时，裙摆的大小 126cm 左右；④当裙长在小腿和脚踝中间的位置时裙摆的大小 134cm 左右；⑤当裙长在脚踝的位置时，裙摆的大小 146cm 左右。如果面料有弹性可以不遵循此规律。

有裙衩或加折裥的裙摆围可以自行设定，裙衩一般开至距腰口线 35~40cm 为宜。裙摆的处理方法主要有如下几种，如图 2-4 所示：①单折暗裥；②对折暗裥；③缝口处无重叠开衩；④缝口处有重叠的骑马衩。单折暗裥和对折暗裥裙的裙摆总围度要遵循步幅与裙摆围的关系；缝口处无重叠开衩和缝口处有重叠的骑马衩基于开衩止点的位置确定其围度与步幅的关系。

四、裙装腰围线处理

人体前、后腰围线并不在同一水平线上，如图 2-5 所示，后腰围线略低于前腰的水平

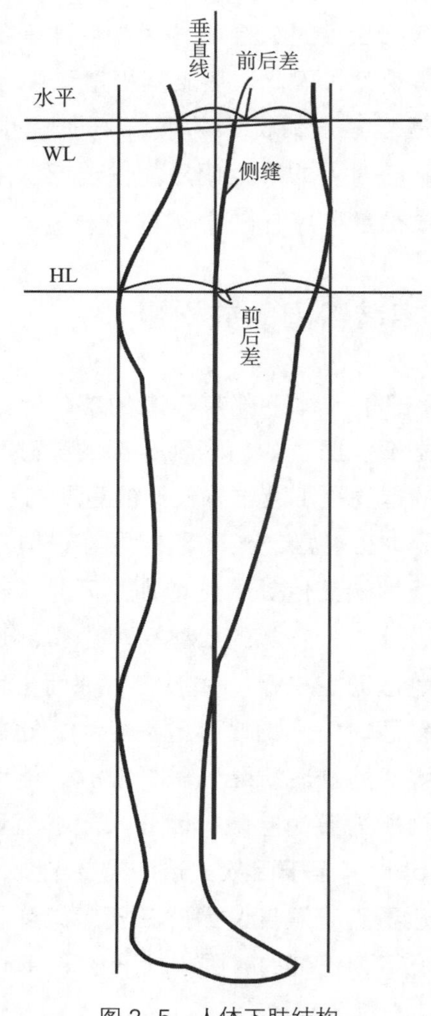

图 2-5　人体下肢结构

线，故在设计裙装腰围线时，后腰围线应在前腰的水平线的基础上下降适当的量，一般正常的后腰线应比前腰水平线低 0.6~1.2cm（通常取 1cm）。

五、腰省的确定

（一）省量

腰围与臀围的差值产生了腰省。省量的大小与腰臀围的差值、省道的个数以及裙子的造型有关。裙片内省的省量一般控制在 1.5~3cm，如果过小可以进行合并或者将省道转移至侧缝或者其他分割线上，过大可以将一个分解为两个、多个或将部分省量分散到侧缝。

（二）省数

整个腰围的片内省的个数一般为偶数。如果是 4 个或 8 个，则前、后各一半，以对称形式出现。如果是 6 个，通常前腰 2 个后腰 4 个，如图 2-6 所示。

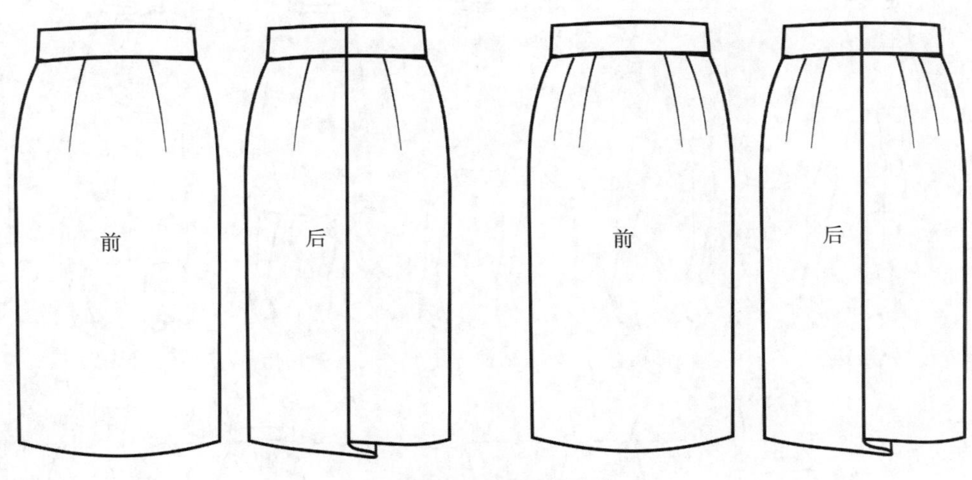

图 2-6　不同腰省形式

（三）省位

为了让裙子看起来有立体感，造型优美，其中省的位置起到重要的作用，无论从前面、后面、侧面各个方向来看，均匀感好，一边两个省的位置通常取在前、后腰围尺寸近三等分处或一边一个省通常取在近中间位置，把三分之一和中间位置作为基准来确定省的位置。

第四节　裙装的分类

一、按裙装的长度分类

按长度裙子可分为超短裙、迷你短裙、及膝裙、中长裙、长裙和超长裙，如图 2–7 所示。

二、按腰位高低分类

按腰位的高低裙子可分为低腰裙、无腰裙、装腰裙、高腰裙、连腰裙，如图 2–8 所示。

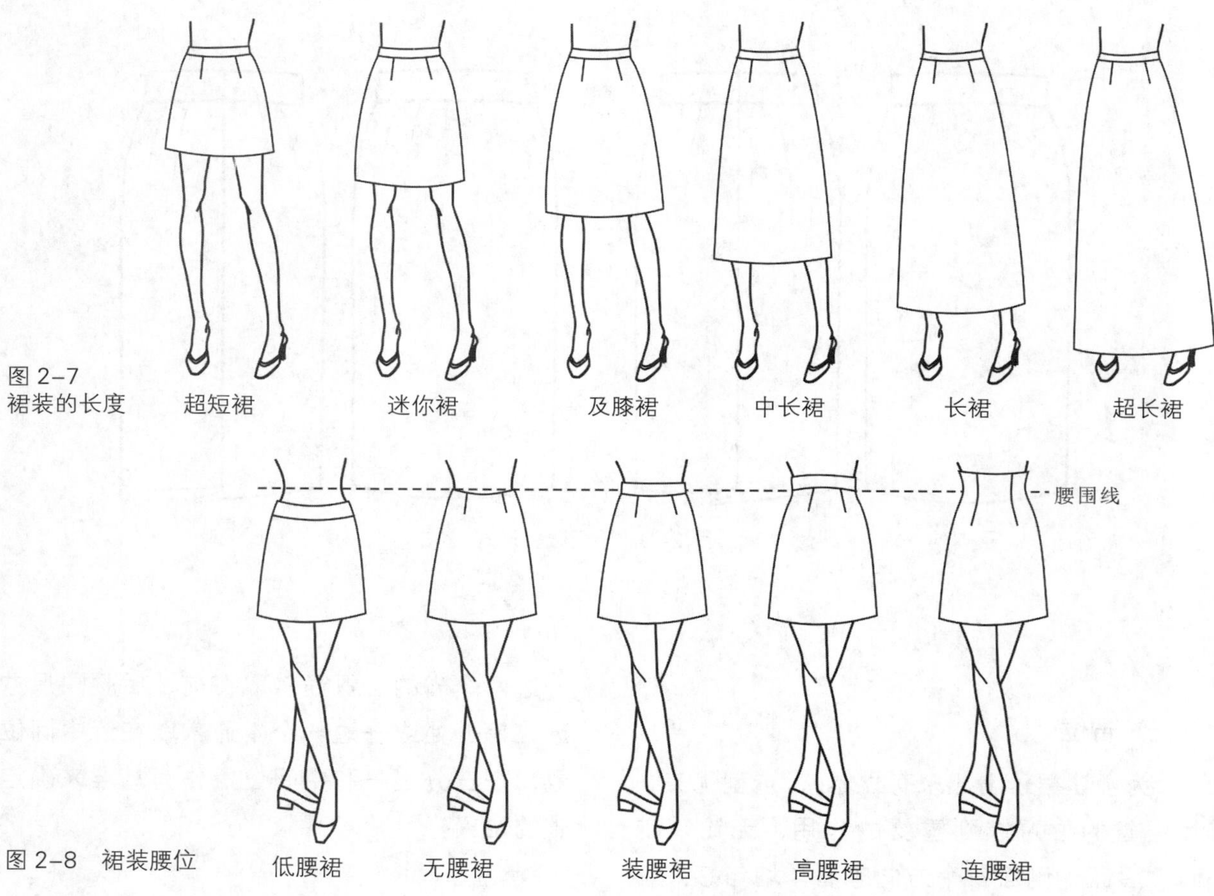

图 2–7 裙装的长度

图 2–8　裙装腰位

三、按裙外形分类

按下摆的大小裙子可分为窄裙、直裙、A 字裙、斜裙和圆裙等。

四、按裙的片数分类

按片数裙子可分为一片裙、两片裙、四片裙和多片裙等。

第三章

裙装基本型制图与结构变化原理

第一节　裙装基本型制图

一、裙子基本型各部位的名称

裙子各部位的名称如图 3-1 所示。

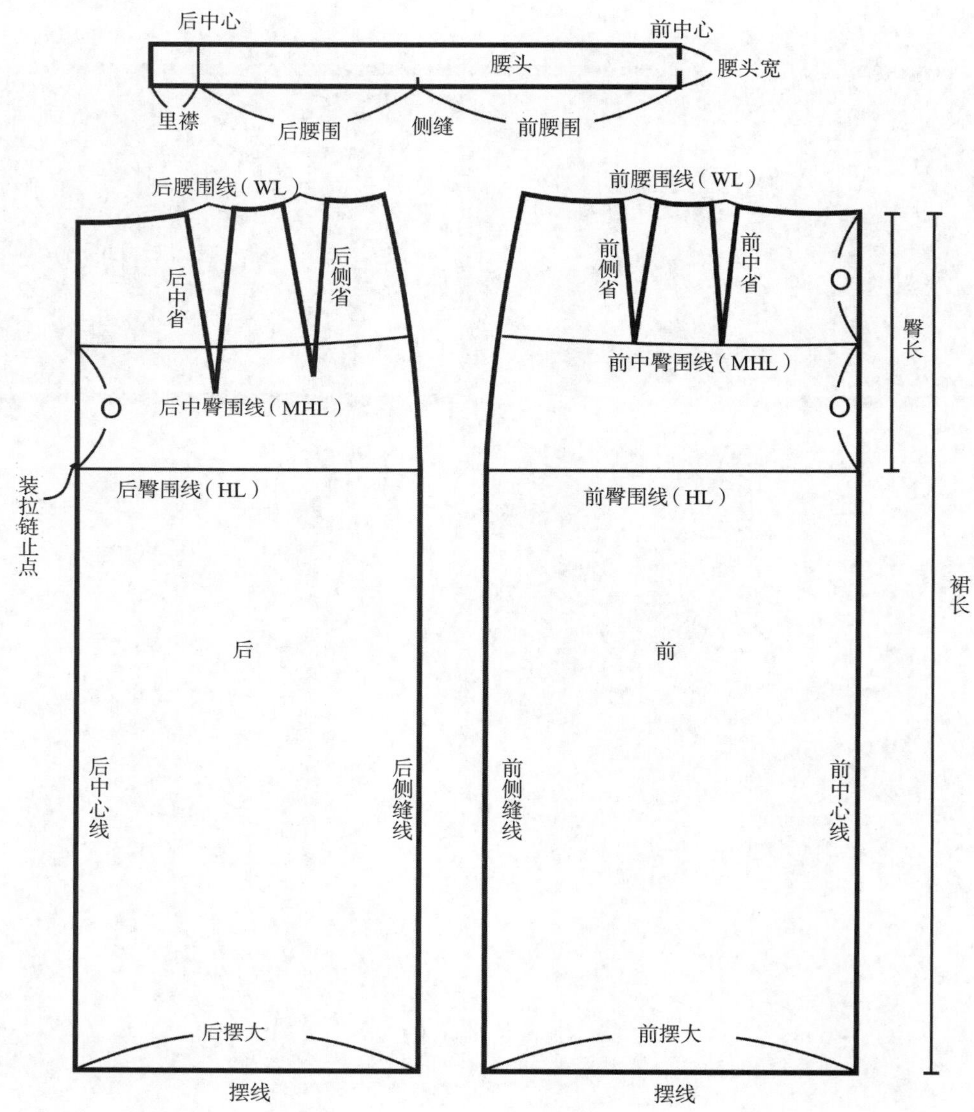

图 3-1　裙子各部位名称

二、制图方法和步骤

1. 必要制图尺寸

净腰围：W=66cm，净臀围：H=90cm，臀长：18cm，裙长：63cm，腰宽：3cm。

2. 基础线

裙原型的基础线如图 3-2 所示，绘制的方法和步骤如下：

① 作矩形：长为裙长 -3cm（腰宽），宽为裙宽 H/2+2~4cm（松量）。

②臀围线：向下量取臀高 18cm 作臀围线。

③ 侧缝线：在臀围线上的中点向后片偏离 1cm 取一点，过该点作臀围线的垂线，该垂线为侧缝线的辅助线。

④ 在矩形的正上方作水平线 AB，AB 与裙宽相同。

⑤ 延长侧缝线的辅助线交直线 AB 于 C 点。

⑥ 在直线 AB 上取后腰大 AD=[（W+1(松量）] /4-2（前、后差），取前腰大 BE=［W+1（松量）] /4+2（前、后差）。

⑦ 将 CE 进行三等分，每份为“□”。

⑧ 如图取 CF= □，将 DF 等分，每份为“■”。

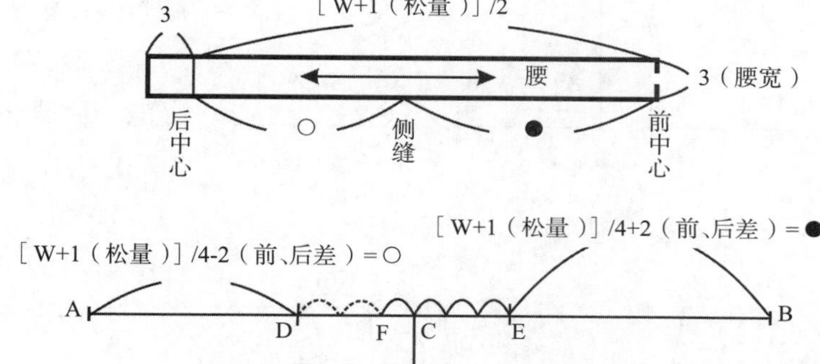

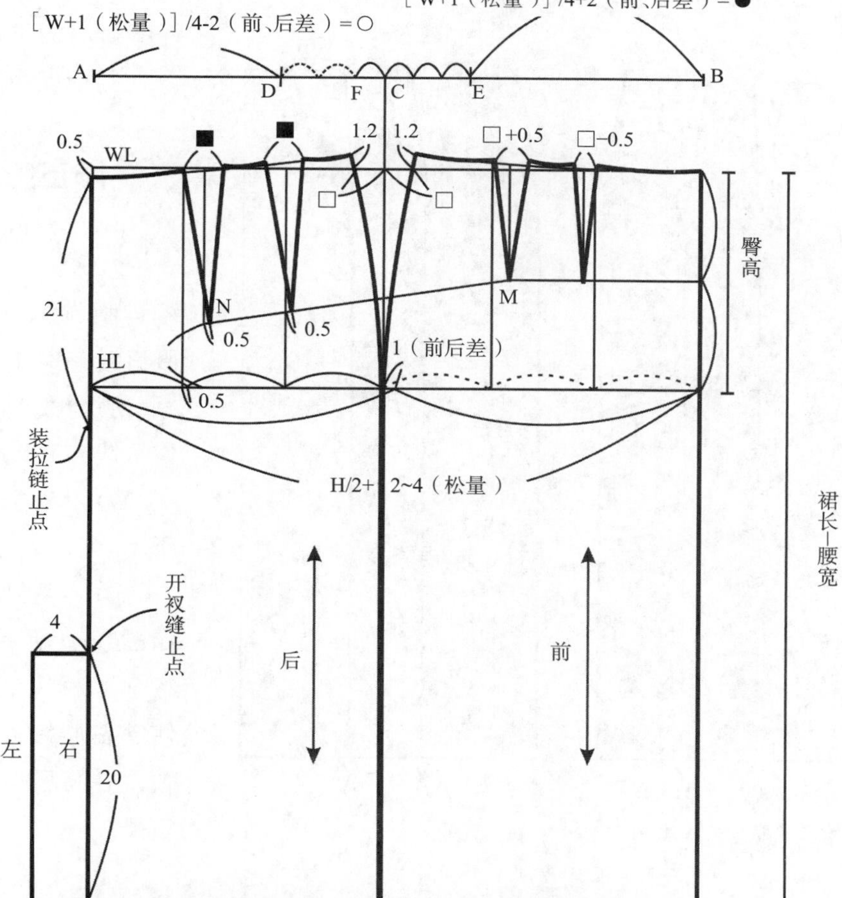

图 3-2　裙子基本型结构图

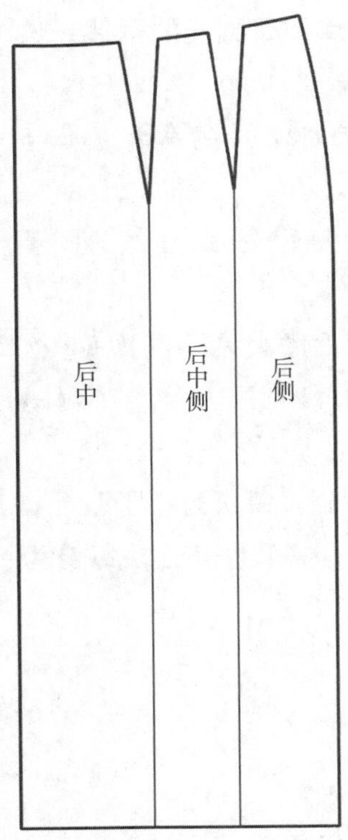

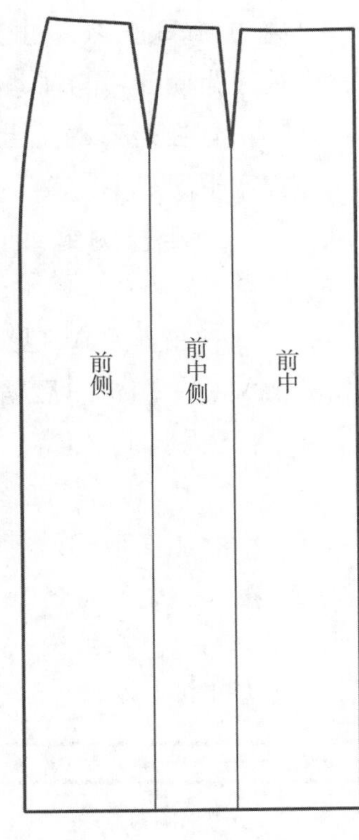

图 3–3　画垂线

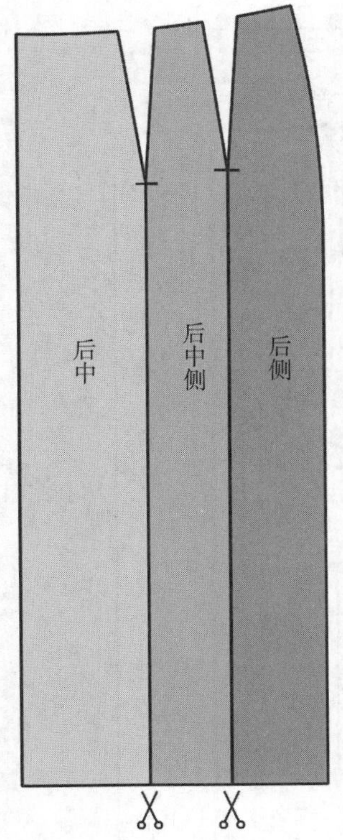

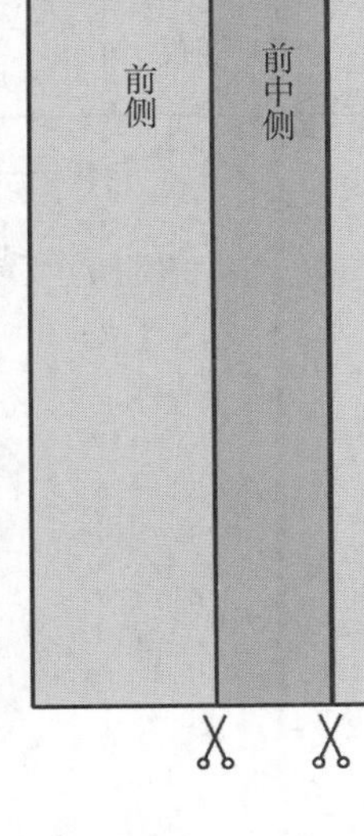

图 3–4　剪开纸样

⑨ 前、后侧缝在腰围水平线各收进“□”画前、后侧缝线，向上顺延 1.2cm 作为前、后侧腰点。

⑩ 后腰中点向下 0.5cm、前腰中点不变，分别画顺前、后腰线。

⑪ 将前、后臀围线分别进行 3 等分，过 3 等分点向上作垂线交于前、后腰线；后腰中省偏离 3 等分点 0.5cm 向上作垂线交于后腰线。

⑫ 如图进行省量分配。

⑬ 将臀高进行两等分，过等分点作水平线交前侧腰省中线于 M 点。

⑭ 后腰中省中线距离臀围线 5cm 取点 N，连接 MN。

⑮ 确定前、后腰省的省尖点位，画出前、后腰省线。

3. 裙片轮廓线

① 画出裙腰和后开衩位。

② 将裙子轮廓线加粗。

③ 标出经向线。

三、修正腰口弧线

为保证腰口线缝合后顺直，需要将纸样腰省和前、后侧缝进行拼合并修顺腰口线，操作步骤如下：

① 分别过前、后省道的省尖点向下作垂线与底边相交，如图 3–3 所示。

② 沿着垂线将纸样剪开，如图 3–4 所示。

③ 将剪开的纸样置于另一张纸上，如图 3–5 所示，省尖点对齐不动，分别将前、后 4 个省道合并，同时将前、后侧缝在腰线处对齐；画顺前、后腰口弧线，并将所有的省道线延长至修顺的腰口弧线。

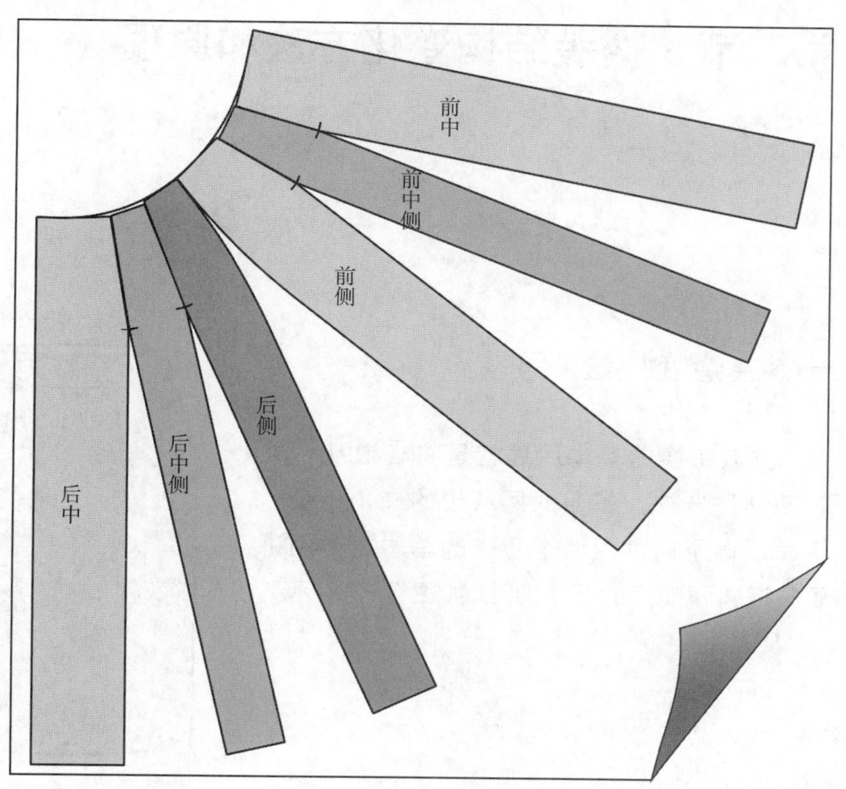

图 3-5 修顺腰围线方法一

④也可以不剪开，如图 3-6 所示，直接将省道折叠，画顺腰围线，然后沿画顺的腰围线剪开。

⑤将修顺后的裙片拷贝下来，就可以得到修顺腰线的裙子的纸样，如图 3-7 所示。

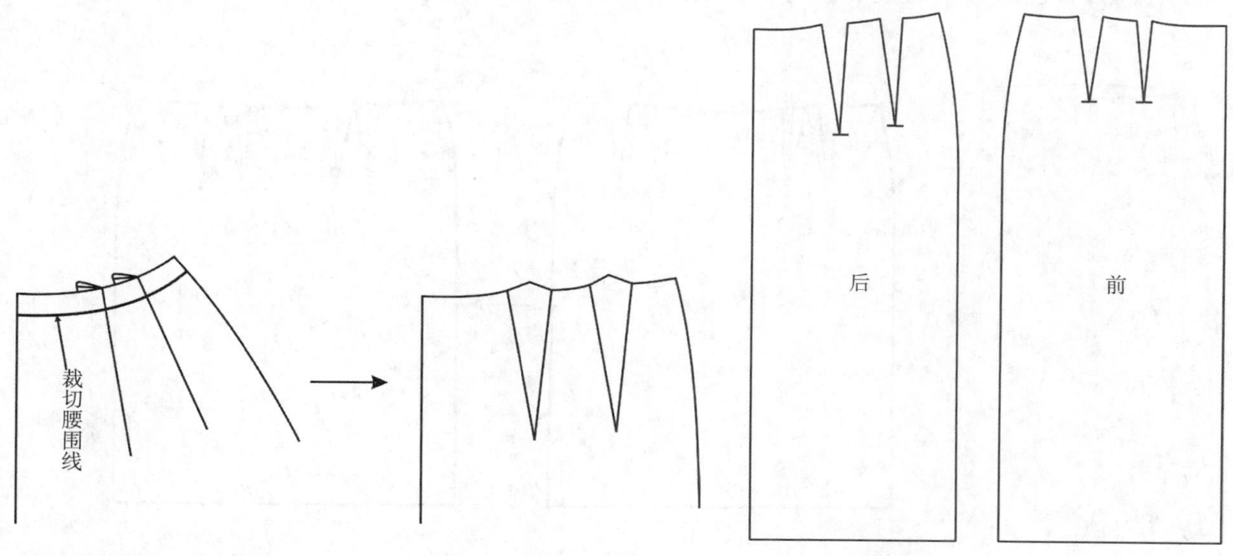

图 3-6 修顺腰围线方法二

图 3-7 最终纸样

第二节　裙装结构变化方法和原理

一、省道变换法

省道变换的基本原理就是将省道从一处转移到另一处，省道的两条边的夹角不变。下面以裙子前片为两个腰省的基本裙为例讲解省道转移变换的基本方法，如图 3–8 所示。

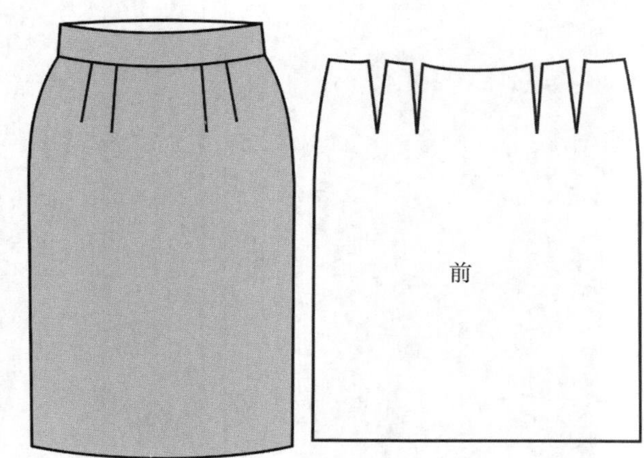

图 3–8　基本型款式图和前片纸样

（一）转移变换

1. 变换方法一

确定新省在腰线的位置 A，将 A 点分别与省尖点 O_1 和 O_2 相连，得到新的省道位，分别将 AO_1 和 AO_2 剪开，合并原省道，形成新的省道。用同样的方法处理另一边的省道，如图 3–9 所示。

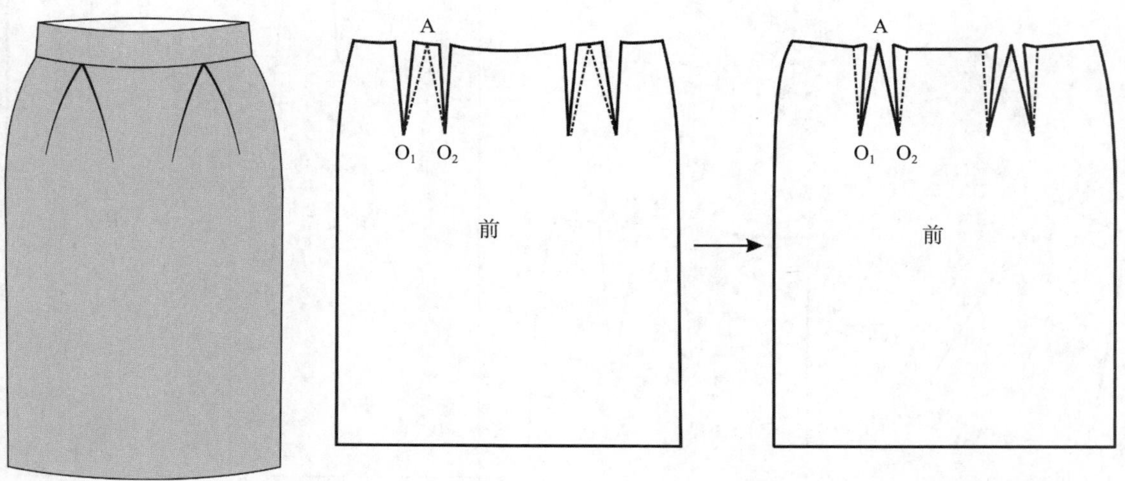

图 3–9　变换方法一

2. 变换方法二

将原省道合并并用胶带固定，然后确定新省在腰线的位置 A_1 和 A_2 点，连接 A_1O_1 和 A_2O_2，剪开 A_1O_1 和 A_2O_2 得到新的省道。用同样的方法处理另一边省道，如图 3-10 所示。

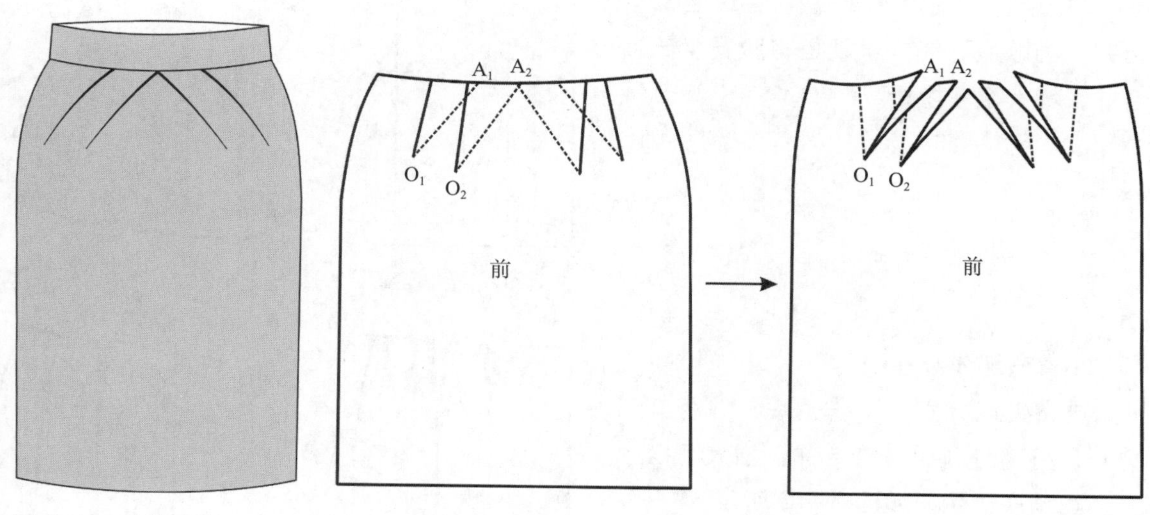

图 3-10　变换方法二

3. 变换方法三

确定新省在的位置的起点 A_1 和 A_2 点，如图 3-11 所示，然后确定新的省道线 A_1O_1 和 A_2O_2，将原省道的省尖点分别向上或向下移动，移至新的省道线上，将原省道合并，并用胶带固定，然后剪开新的省道线，形成新的省道。

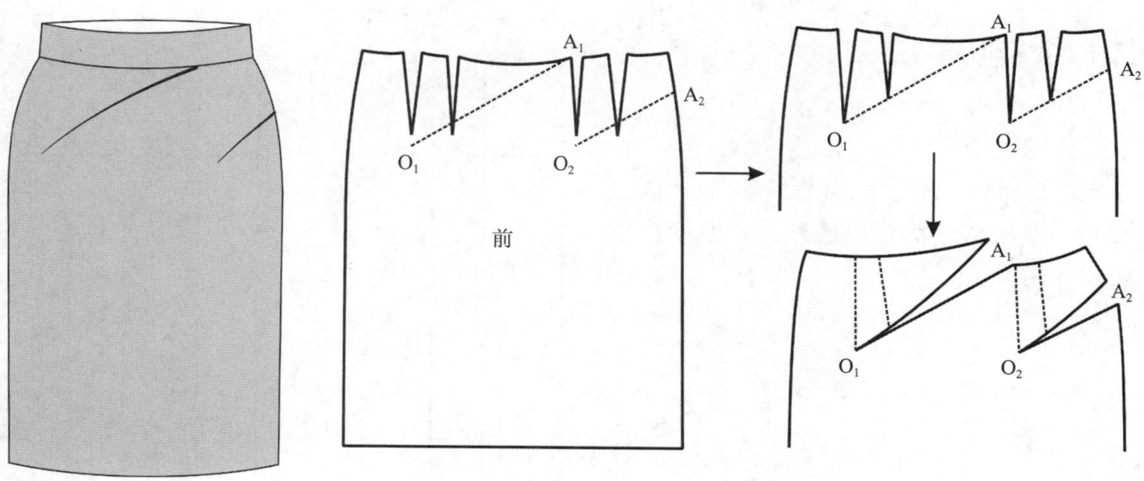

图 3-11　变换方法三

（二）合并变换

1. 省道全部合并法

过省尖点分别向下作垂线，如图3-12所示，并将其剪开，将省道全部合并，画顺底边线，也就是将腰省全部合并，增大了下摆量。

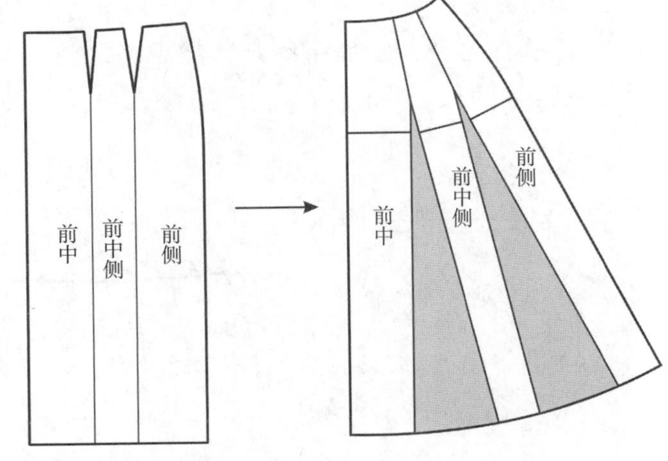

图 3-12　省道全部合并

2. 省道部分合并法

过省尖点分别向下作垂线，并将其剪开，将部分省道进行合并，增大下摆量，画顺底边线，如图3-13所示。

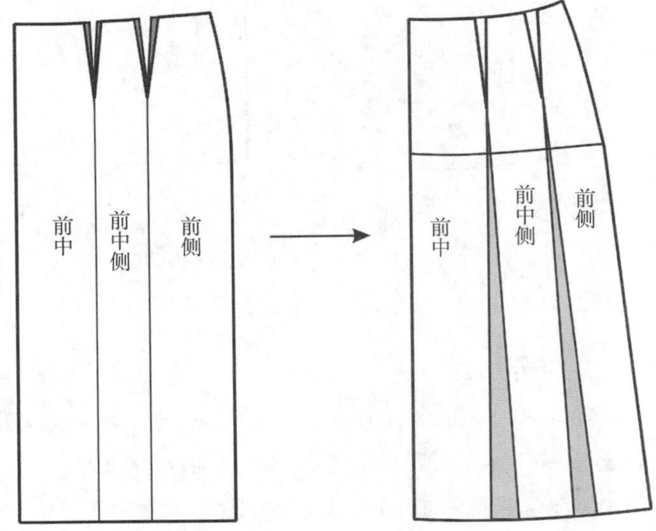

图 3-13　省道部分合并

二、纸样切展法

（一）平行切展

如图3-14所示，将纸样按切开线剪开，然后将纸样平行展开，画顺腰口线和底边线。

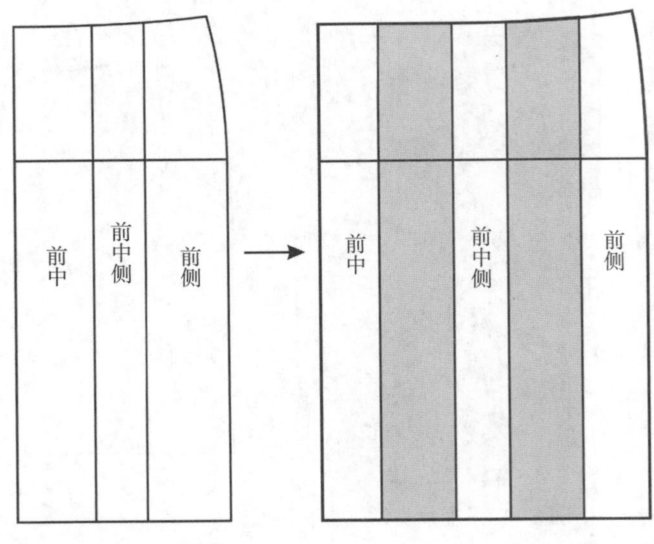

图 3-14　平行切展

（二）梯形切展

将纸样按切开线剪开，然后将纸样如图3-15所示梯形展开，画顺腰口线和底边线。

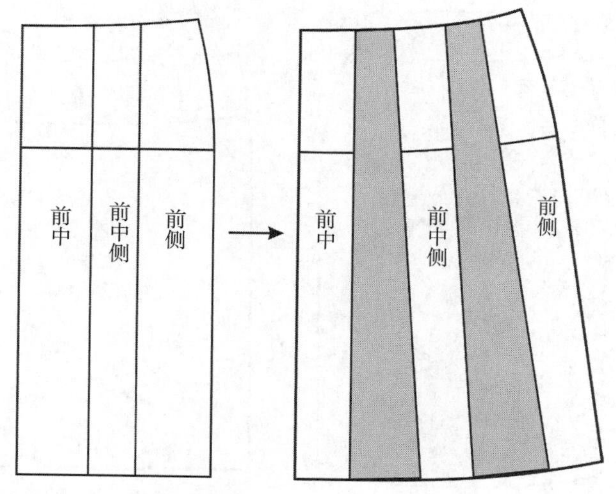

图 3-15　梯形切展

（三）三角形切展

如图3-16所示，将纸样按切开线剪开，切开线与底边交点或者与腰口的交点不动，然后将纸样三角形展开。A图是增加裙下摆，通常做喇叭裙；B图是增大腰线的长度，一般用于做锲形裙。

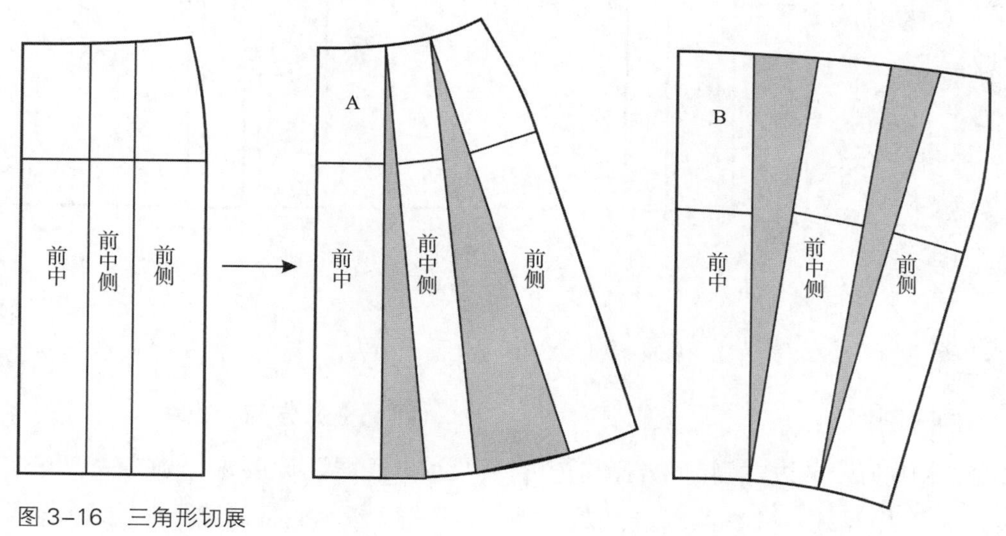

图 3-16　三角形切展

三、加分割线法

（一）横向分割线

如图3-17所示，将纸样作横向分割线，把省尖点移至分割线上，合并省道。实质是将省道转移至横向分割缝里；如果分割线远离省尖点，省道就不一定能转移到分割缝里。

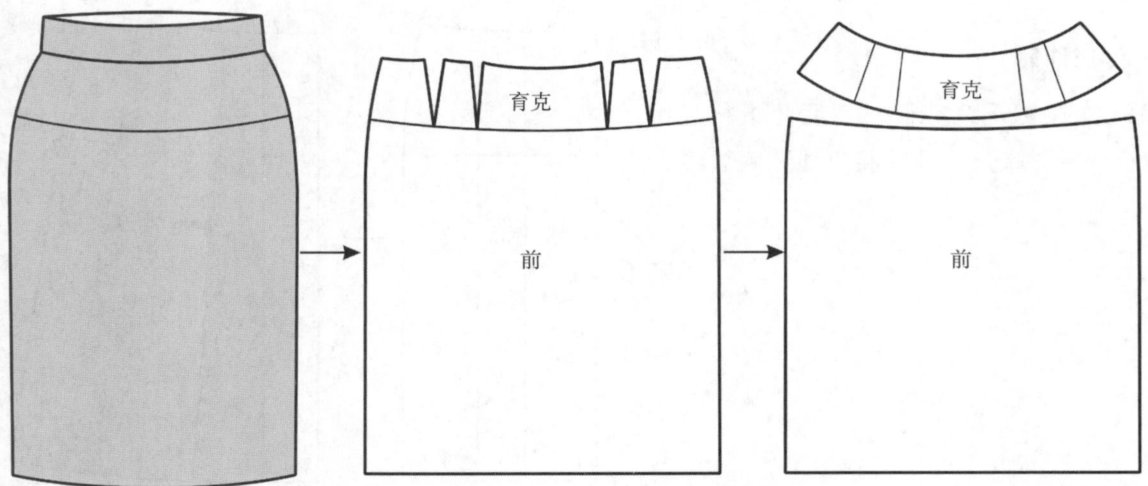

图 3-17　横向分割线

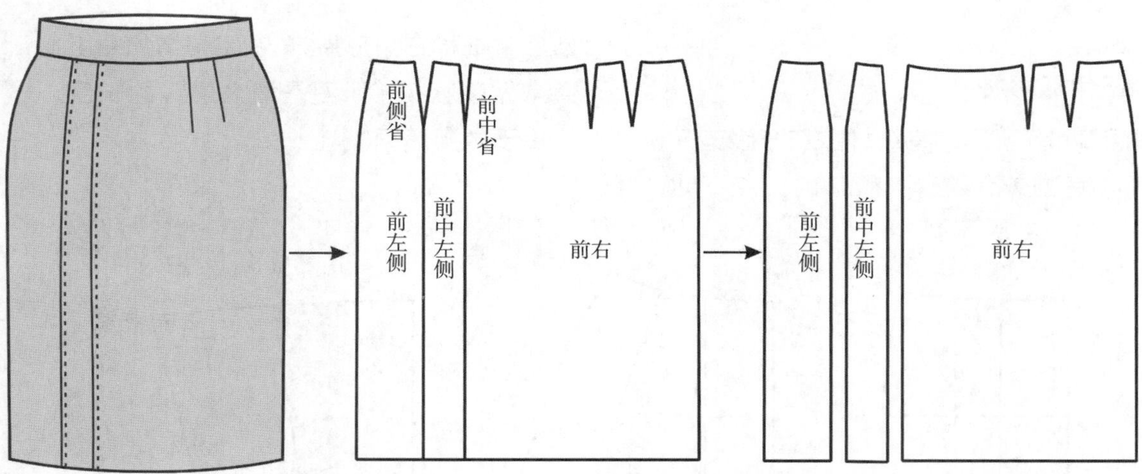

图 3-18　纵向分割线

（二）纵向分割线

如图 3-18 所示，过左侧前中省和前侧省的省尖点向下作垂线，并将其剪开加放缝头即可。如果分割缝不是正对省尖点，可以将省道移至分割缝处，将省道融入到分割缝里。

（三）斜向分割线

根据设计要求，确定斜向分割线的位置，如图 3-19 所示，将其剪开加放缝头即可。

（四）交叉方向分割线

根据设计要求，确定交叉分割线，如图 3-20 所示，将其剪开加放缝头即可。

（五）其他

根据设计要求，确定分割线，如图 3-21 所示，将省尖点移至分割线上，剪开分割线，合并省道，修顺合并后的弧线，加放缝头即可。

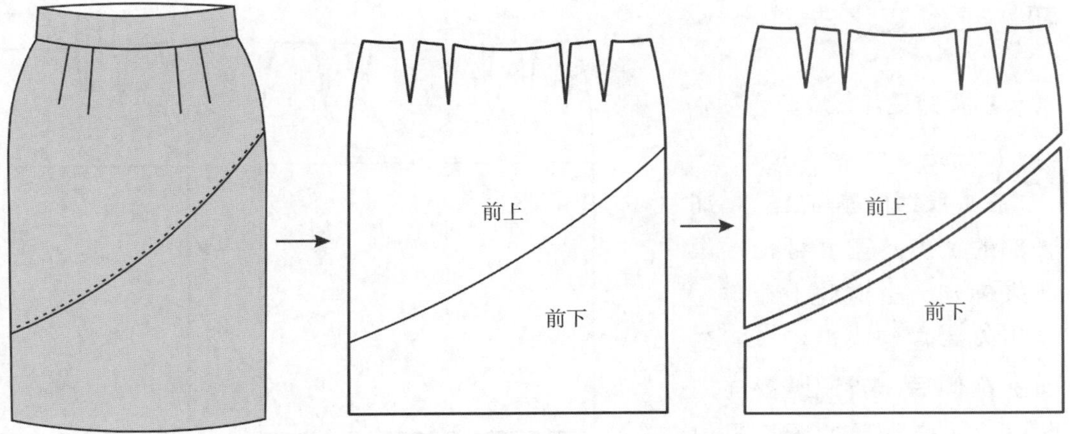

图 3-19　斜向分割线

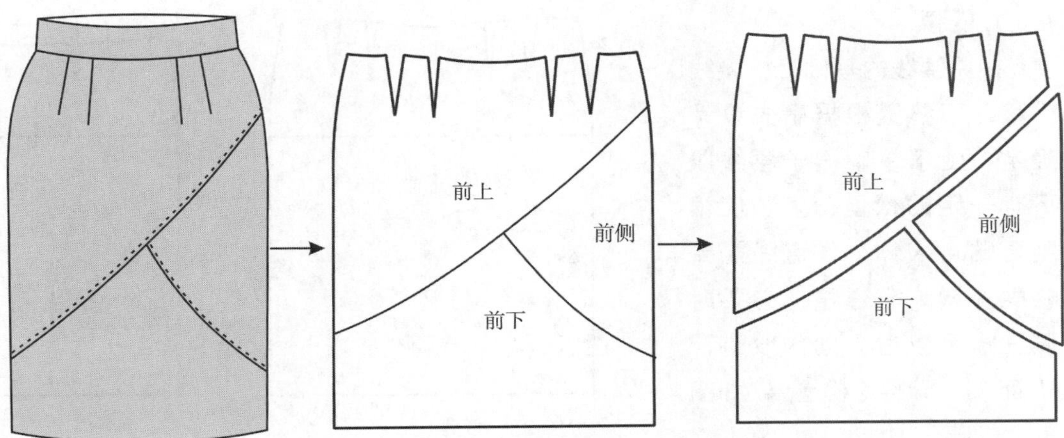

图 3-20　交叉方向分割线

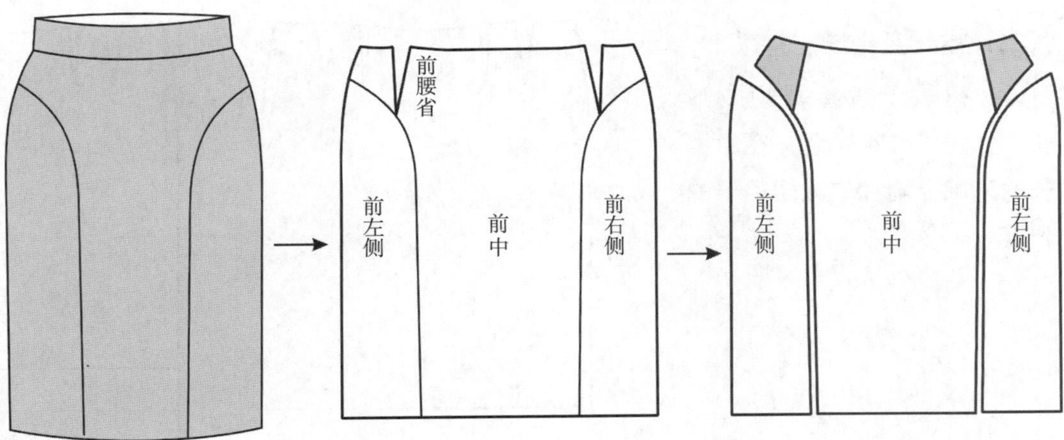

图 3-21　刀背缝分割线

四、长度变化法

（一）腰部变化法

1. 高腰

在原腰线的基础上，增加腰部的宽度，宽度可根据设计来确定，省道向上延伸。由于人体在腰部最细，省道向上延伸后，省道需要向内收进，以增加新的腰口量以便满足合体度和人体的舒适度，如图 3–22 所示。

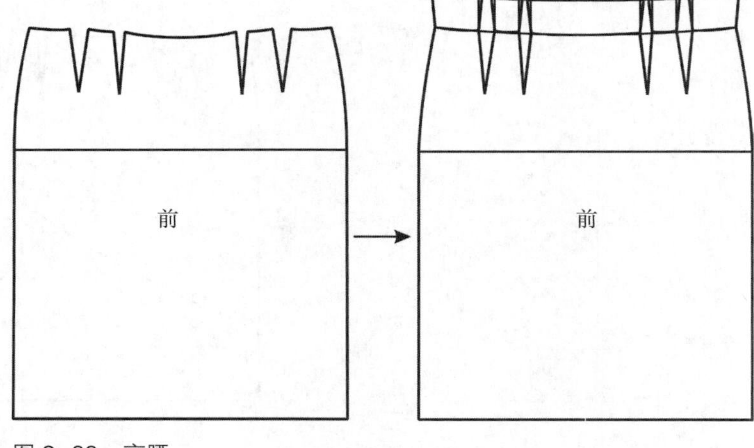

图 3–22　高腰

2. 低腰

在原腰线的基础上，腰线下移，下移量根据事先设计确定。由于基础裙子腰线以下有一定的松量，为了使裙腰更贴合人体，省道线需要略向外增大省道量，必要时侧缝也可以适当向内收进，从而减少腰线松量，如图 3–23 所示。

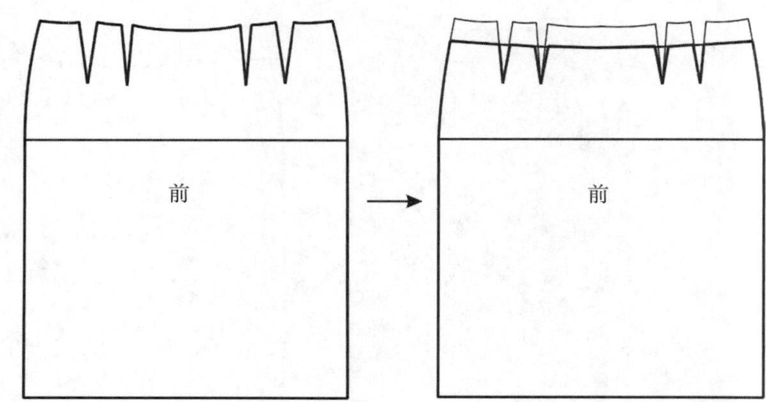

图 3–23　低腰

（二）裙长变化法

在裙长上直接减短或加长，如图 3–24 所示，在原裙长的基础上增加或减短裙子的长度。

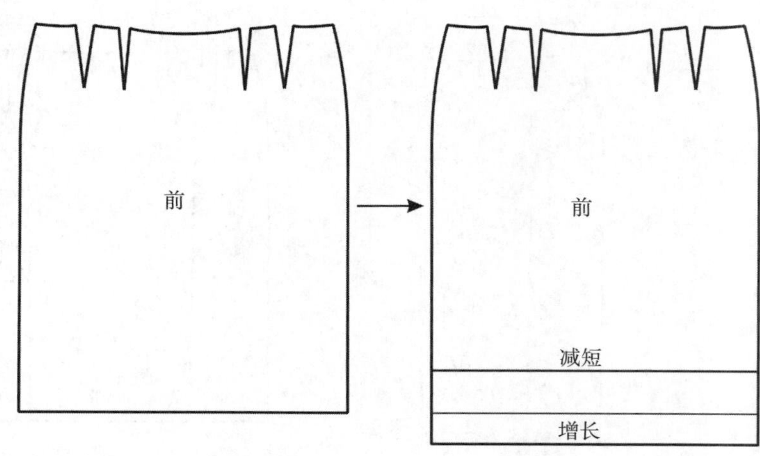

图 3–24　裙子长、短变化

五、组合变化法

（一）款式一

连接两个省尖点 O_1O_2，并将其剪开，合并其中前中省，如图 3–25 所示。

如图 3–26 所示，将裙片展开，展开的量 a 则为抽褶量。

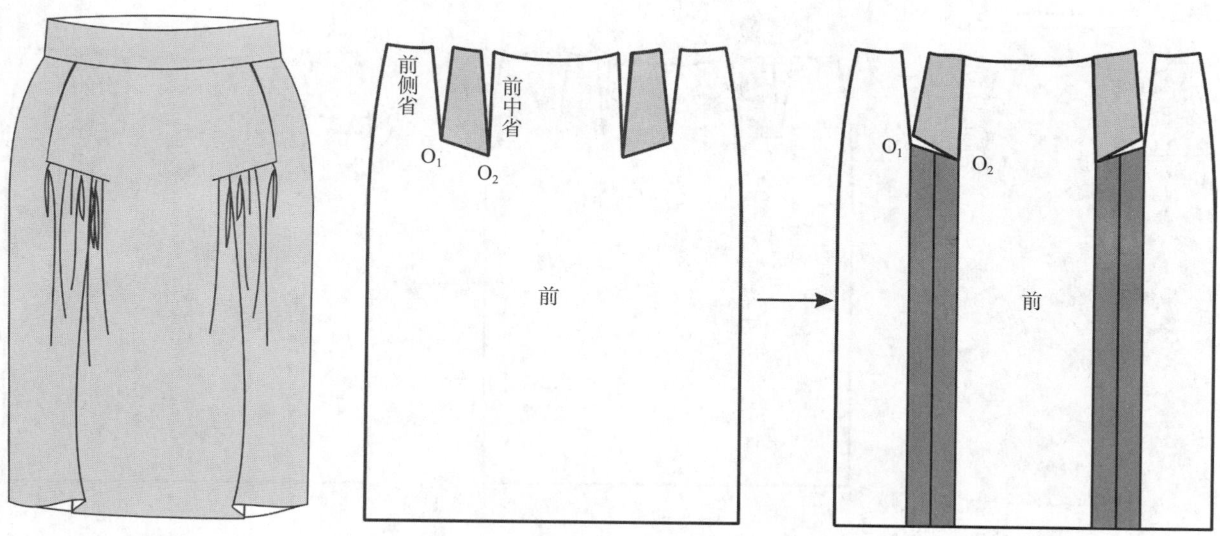

图 3–25　款式图与变化过程

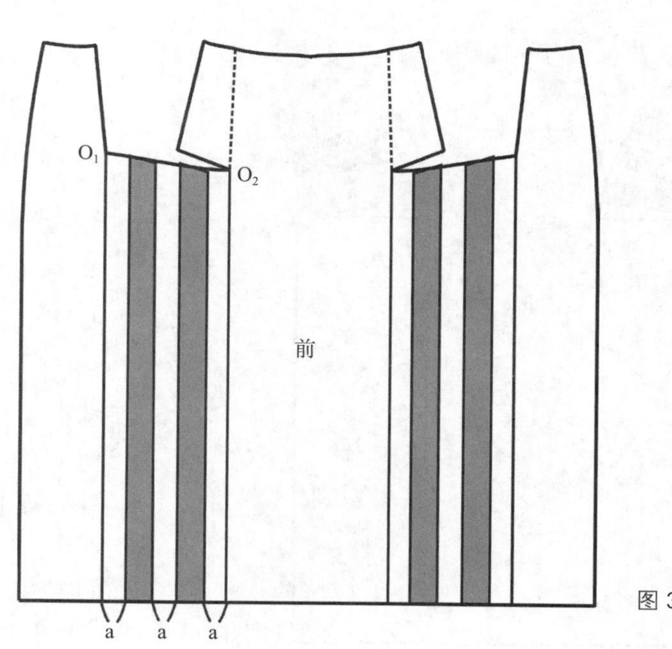

图 3–26　纸样展开

（二）款式二

如图 3-27 所示连接两个省尖点 O_1O_2，并将其剪开，合并侧腰省，作水平线 A_1B_1、A_2B_2 到 A_nB_n。

如图 3-28 所示，将其剪开再展开，展开的量则为抽褶量，并将弧线画顺。

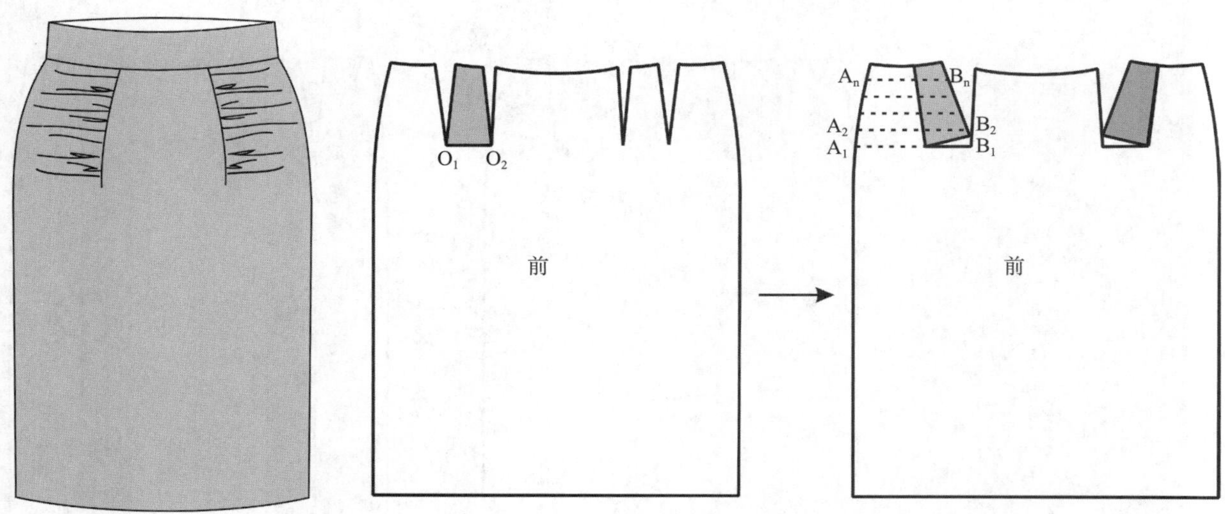

图 3-27　款式图与变化过程

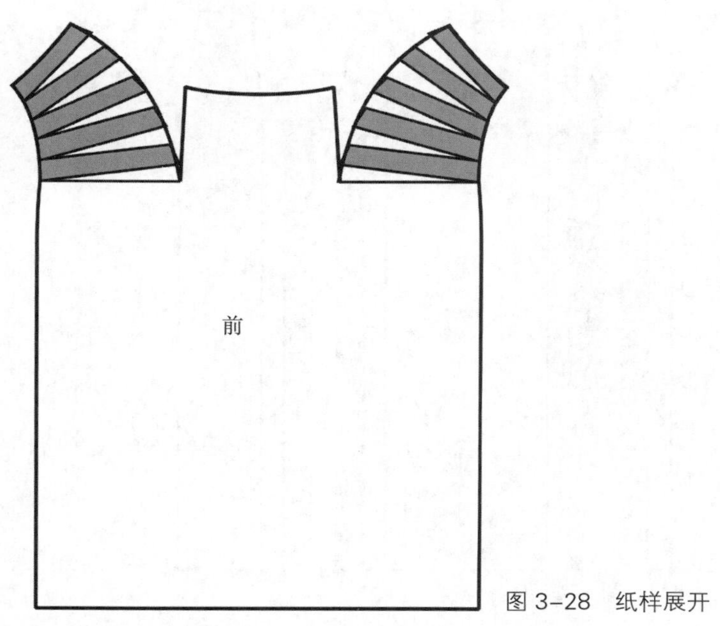

图 3-28　纸样展开

（三）款式三

如图 3-29 所示，连接两个省尖点 O_1O_2，延长 O_2O_1 与侧缝相交，并将其剪开，合并两个省道，修顺弧线。然后裙片展开或者向两侧延伸，展开或延伸的量 a 则为抽褶量，如图 3-30 所示。

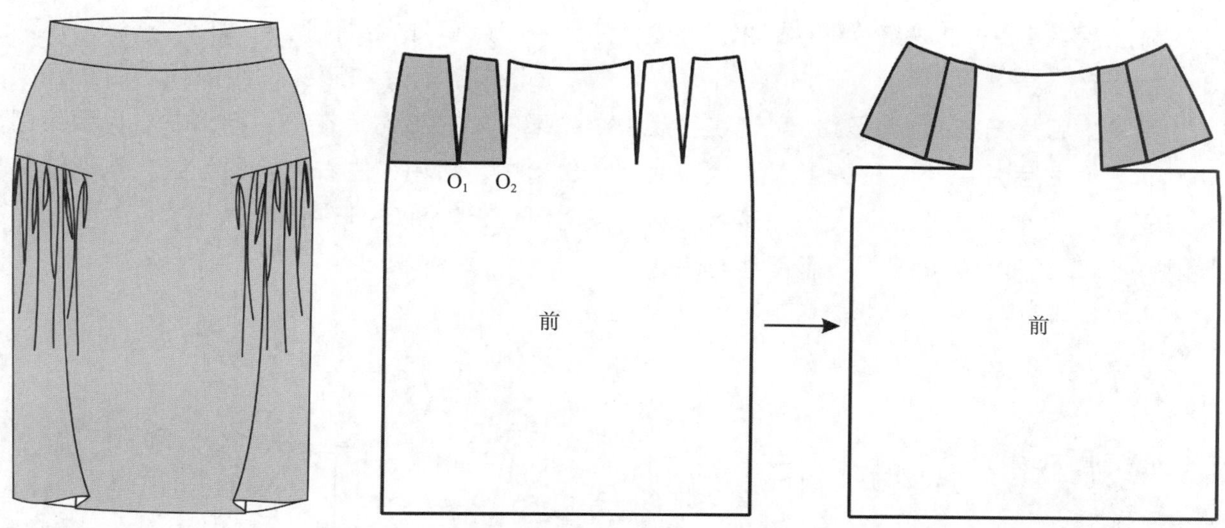

图 3-29　款式图与变化过程

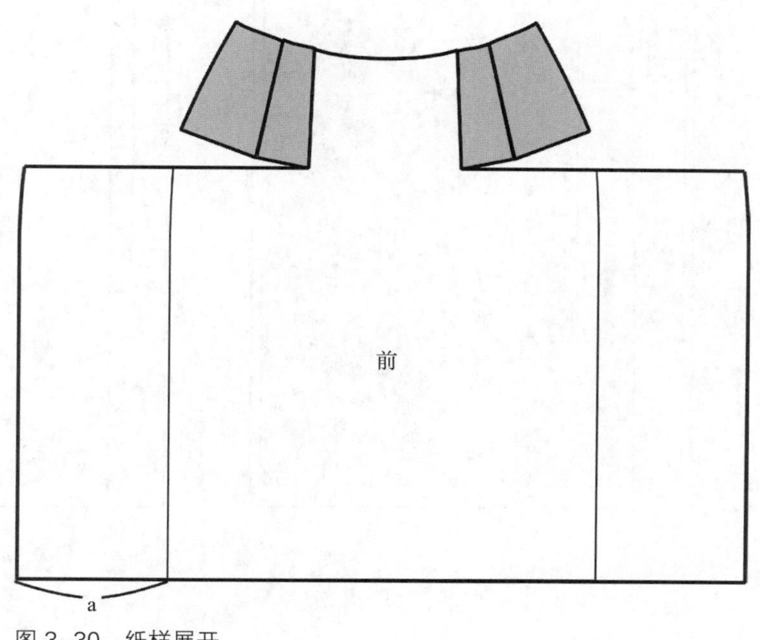

图 3-30　纸样展开

第三节 裙装纸样制作方法

前、后片纸样加放缝头和贴边，如图3–31所示。

将前、后片纸样相对，对齐侧缝线和底边线，左、右后片中缝装拉链止点A处做对位记号，左右前、后片侧缝大约在腰线与臀围线中点B处做对位记号，在臀围线与底边线中间点C处做对位记号，如图3–32所示。

将前、后片和腰头作经向线，后片开衩如果右片在上左片在下，标出左右，腰头标出前中、后中、左右侧缝的位置，以便缝制时对位，如图3–33所示。

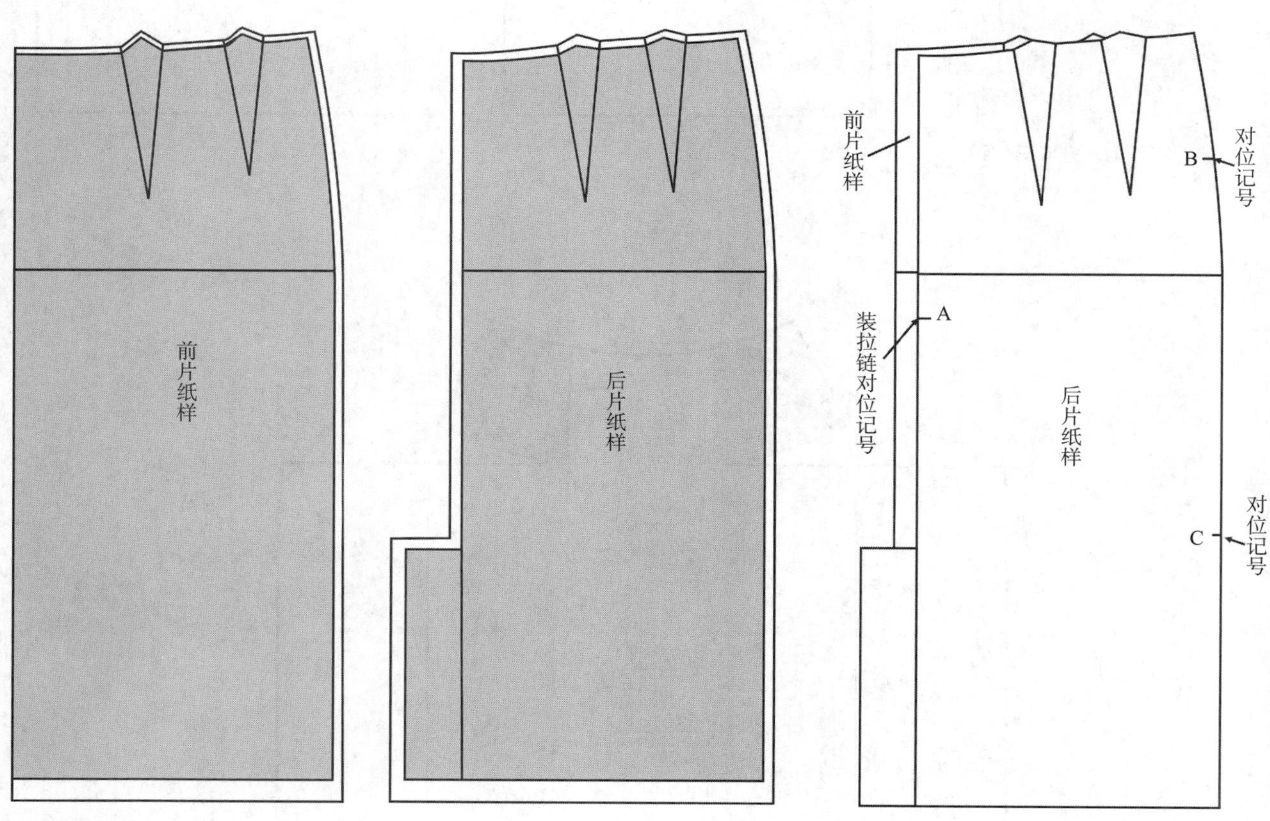

图3–31 缝头加放

图3–32 做对位记号

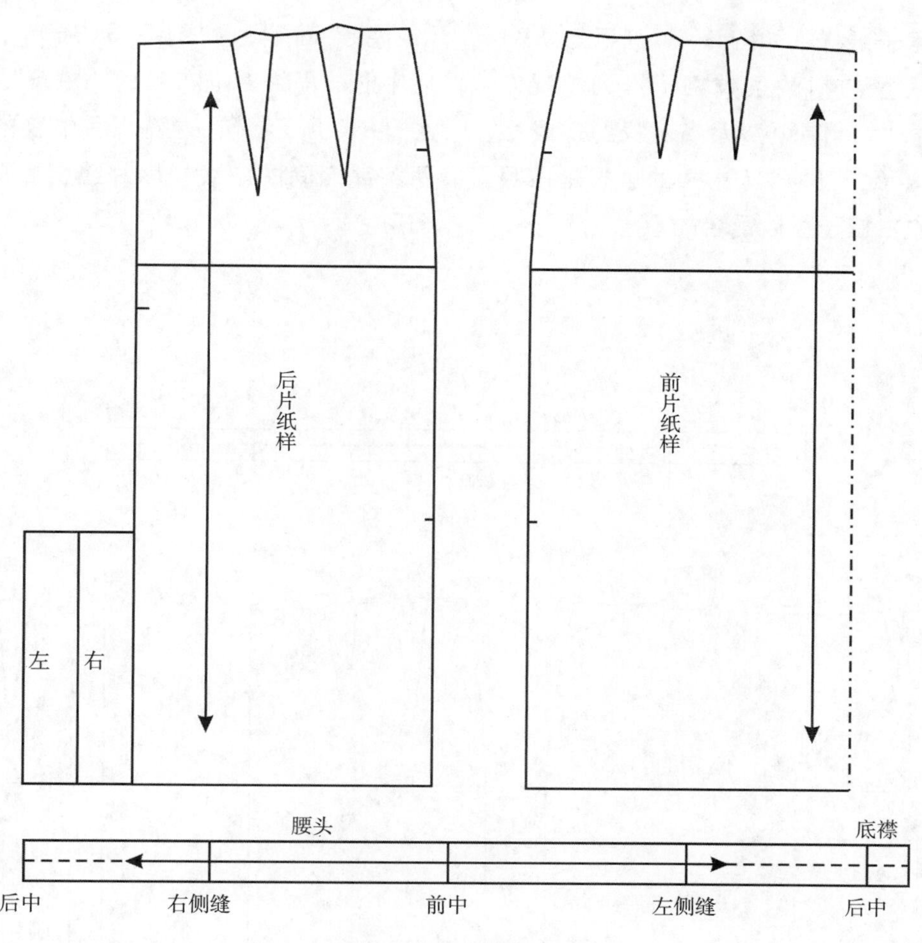

图 3-33　确定经向线

第四节　裙装条格面料排版技巧

准备好裙子纸样，如图 3–34 所示。

事先要测量布料的条或格子排列情况，量出条或格子的间隔距离大小，找到条或格子的循环规律及“主条”(主条的意思是按照此条对折，左右格子可以重合的意思)。

竖条面料，如图 3–35 所示，前中缝、后中缝的净线对准布料的“主条”。或者，如图 3–36 所示，前中缝、后中缝的净线对准两条线之间的中线，后片缝合后形成完整的图形。

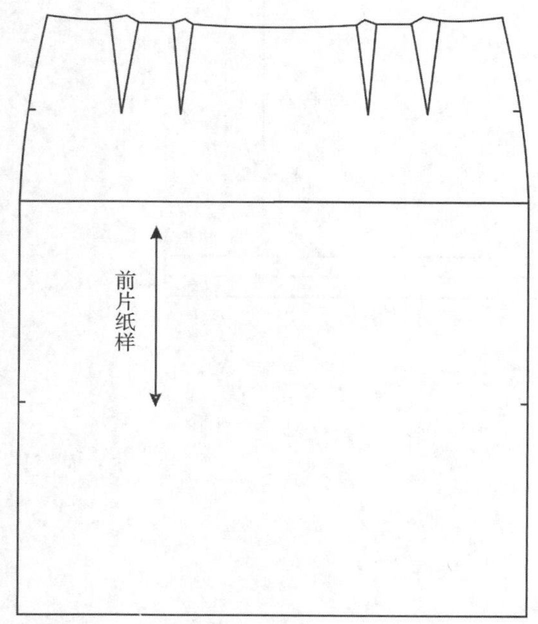

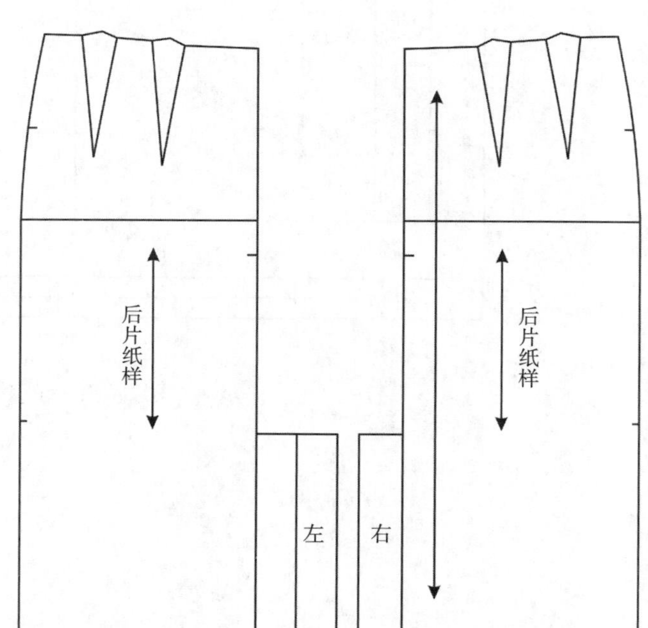

图 3–34　裙子纸样

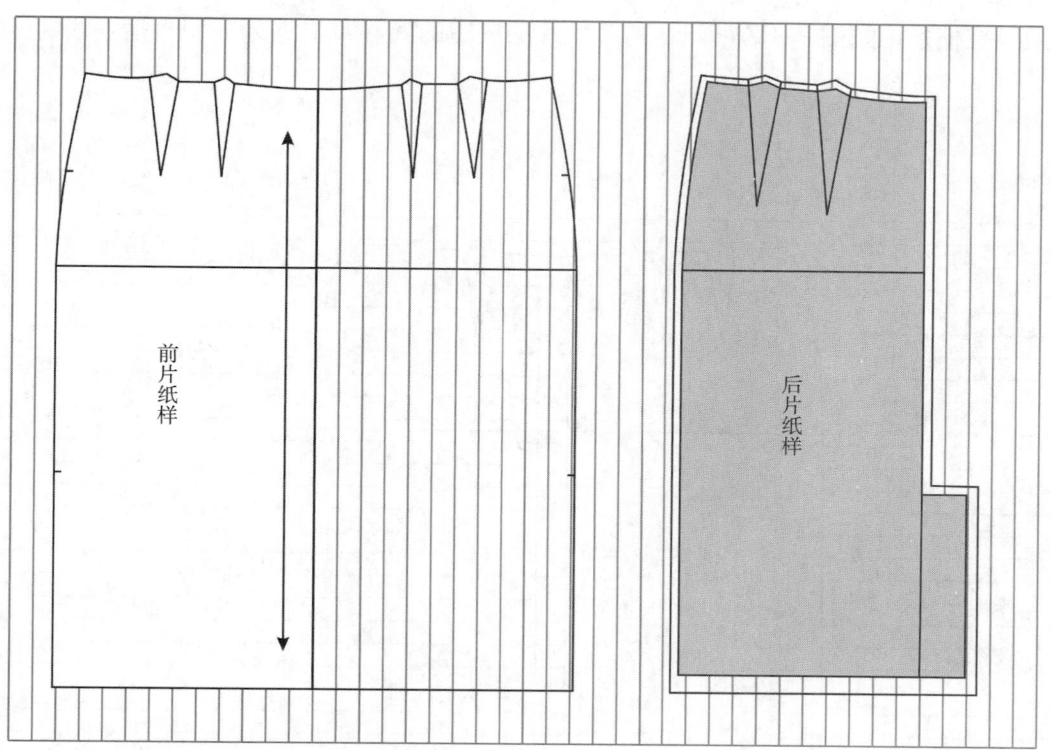

图 3-35　竖条对条方法一

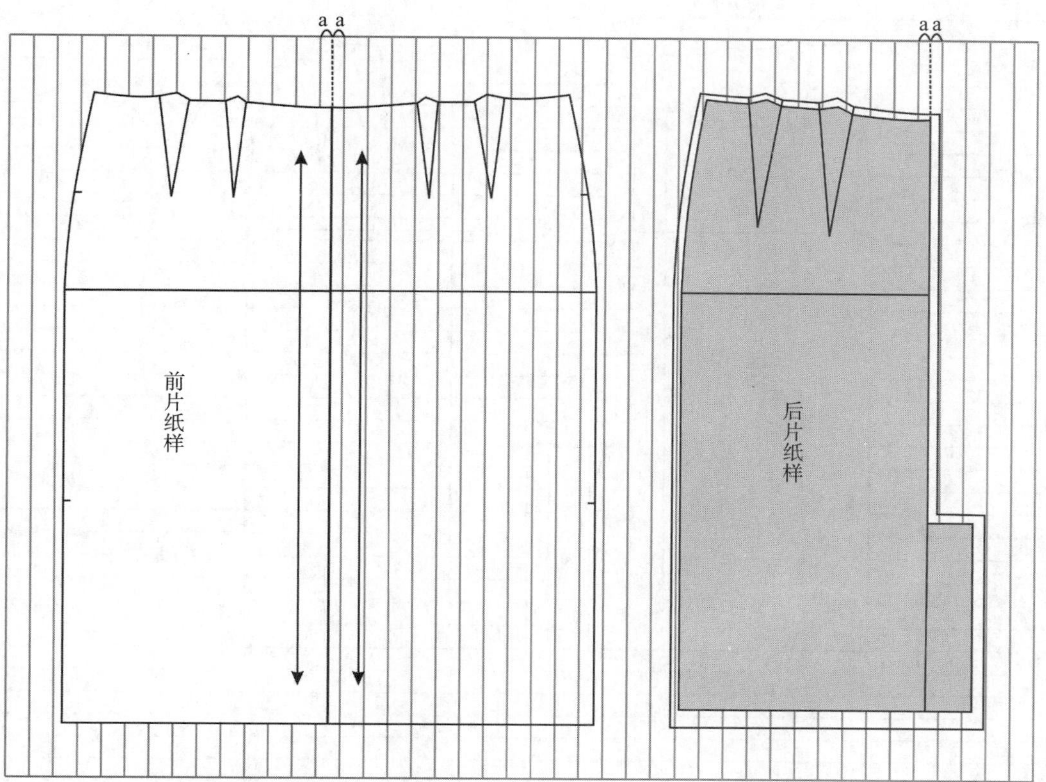

图 3-36　竖条对条方法二

如果是横条，如图 3–37 所示，前、后片的底边的 a 和 b 点必须在同一横条线的位置。

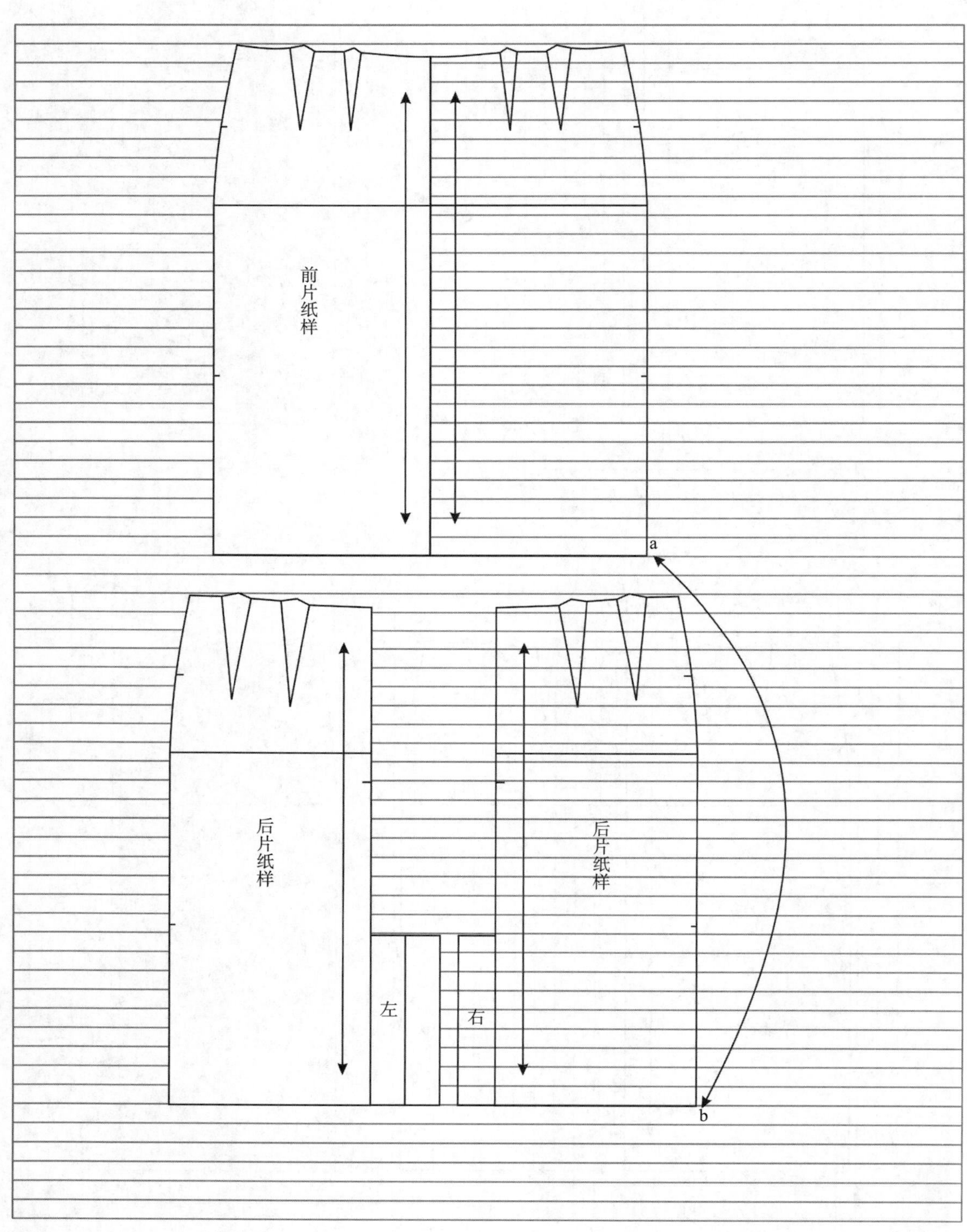

图 3–37　横条对条方法

格子面料，如图 3–38 所示，既要对横向也要对纵向。

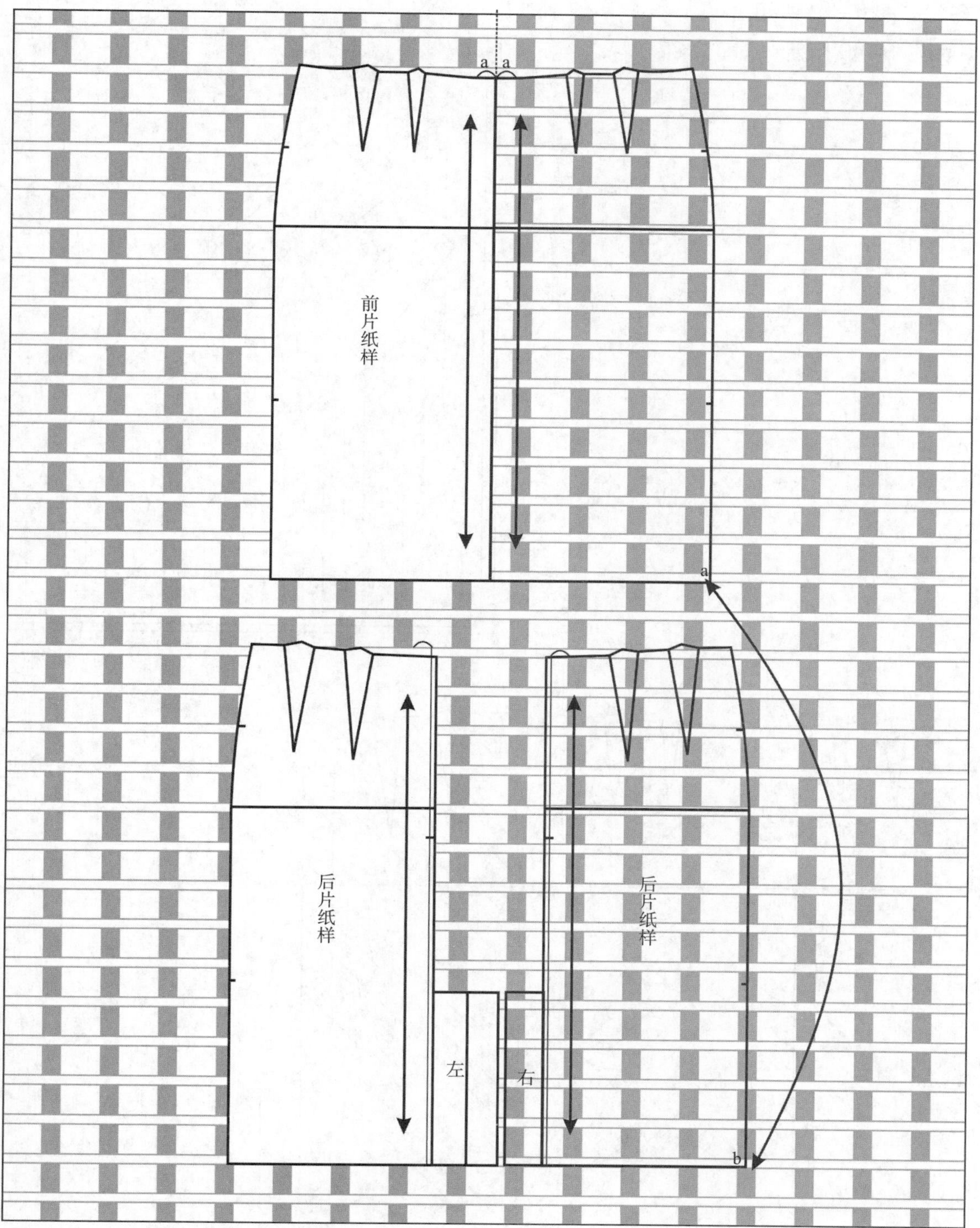

图 3–38　对格方法

斜裁，前、后片纸样旋转相同的角度，将面料对称折叠，注意前、后片的下角 a 和 b 必须在同一个条或格的位置，这样才能保证侧缝条或格对齐，如图 3–39 所示。

如图 3–40 所示，对正效果。

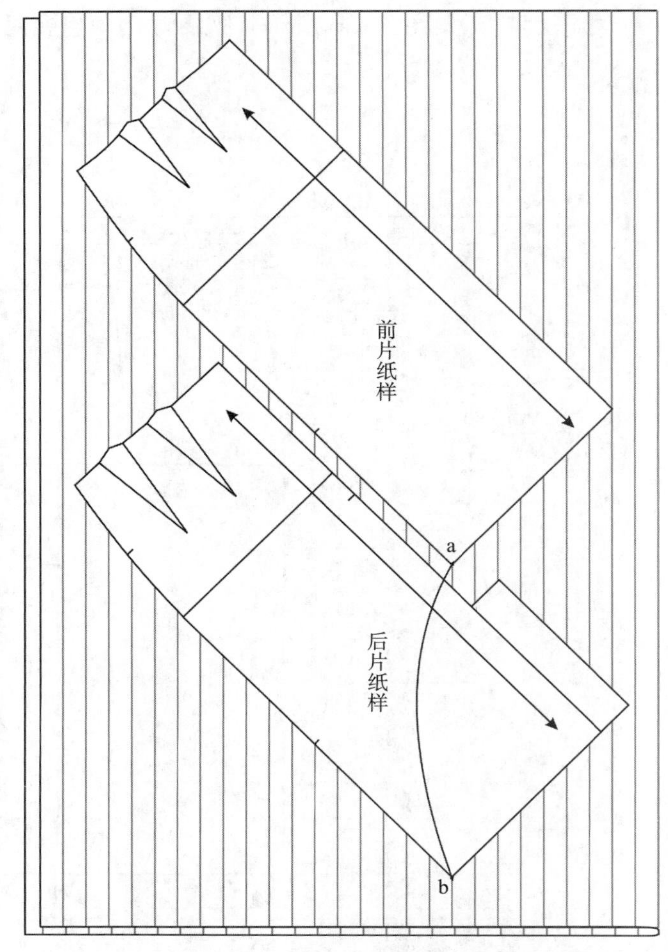

图 3–39　斜裁对正方法

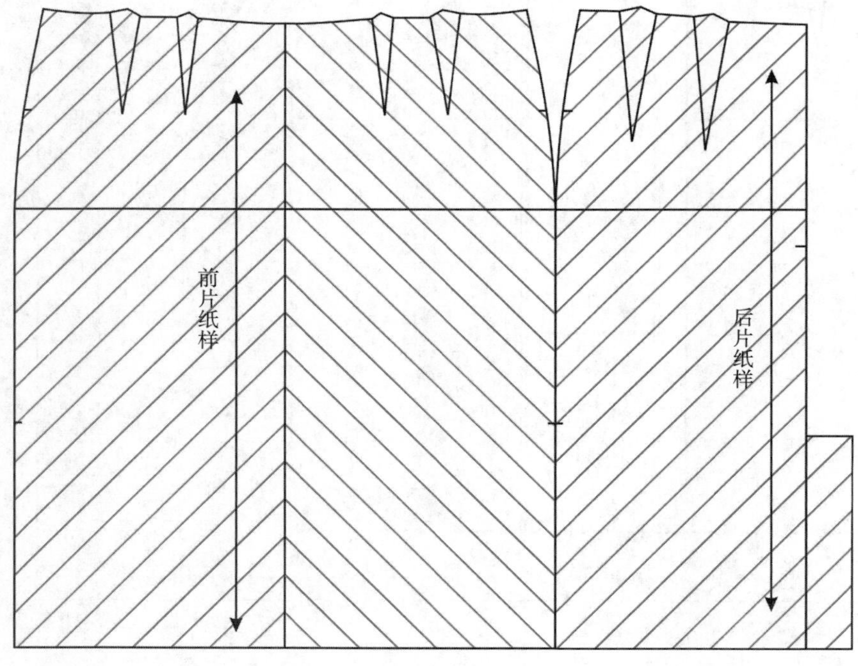

图 3–40　对正效果

第四章

裙装基本型的应用

第一节　裙装原型应用

在裙装原型样板的基础上，通过增加开衩、折裥以及变化省道形式，变换成不同形式的裙子。

图 4–1　款式图

一、应用一

（一）款式特点

后开衩直筒裙。装腰，后开衩，后中装拉链，款式如图 4–1 所示。

（二）成品规格设置

成品规格，如表 4–1 所示，各部位的数据也可以根据自己测量的值来确定。

表 4–1　成品规格　　单位 :cm

号型	裙长	腰围	臀围	臀长	腰宽
150/60A	59	62	88	16	3
155/64A	61	66	92	17	3
160/68A	63	70	94	18	3
165/72A	65	74	96	19	3
170/76A	67	78	100	20	3
175/80A	69	82	104	21	3

腰围的大小在净腰围的基础上加0~2cm，如果面料没有弹性的话，为满足人体的基本活动量，臀围的大小在净臀围的基础上加4cm或以上。

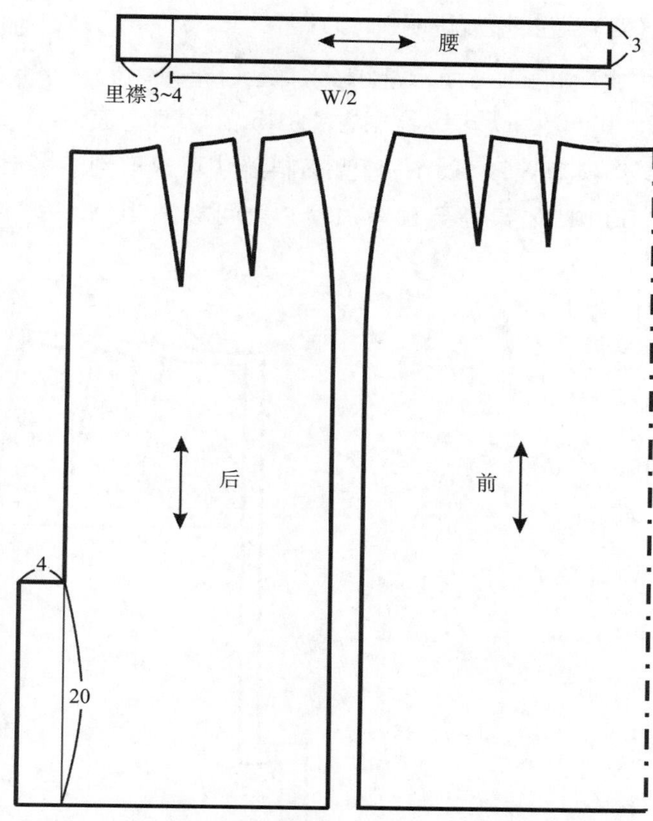

图4–2 结构图①

（三）结构设计要点说明

① 该款直筒裙可以直接采用裙子的基本型样板（见第三章第一节），如图4–2所示，为便于穿着者行走，后中开衩，衩的起点位置可以控制在臀围线以下15cm左右。

② 如果腰臀差较小，省道较小的话，可以将两个省合二为一，同时也可以将部分差量分配到前、后侧缝。以前片为例，将前中省A的省量分别分配到侧腰省a、b和侧缝c处，如图4–3所示，然后修顺侧缝，将侧腰省往前中移动，修顺腰线即可。

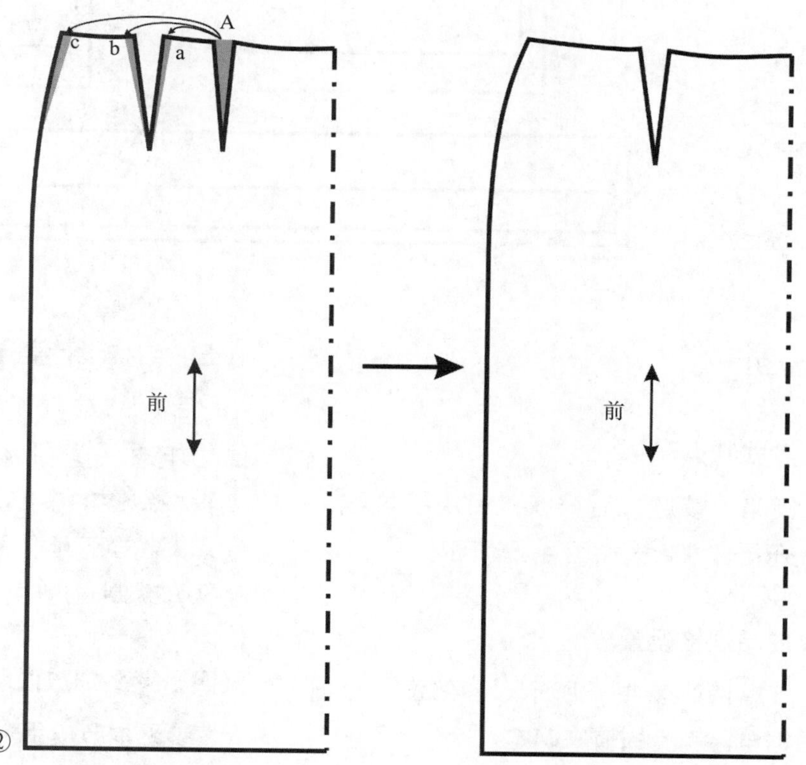

图4–3 结构图②

（四）缝头加放说明

①如图 4-4 所示，腰口线加缝头 0.8~1cm。

② 侧缝头可以控制在 1~1.5cm，薄型面料缝头可以取 1cm，厚型面料缝头可以取到 1.5cm，如果需要预留放量，则可以适当增加，达到 2cm。

③ 后中缝装拉链缝头至少为 1.5cm。

④ 底边贴边的宽度可以根据设计的需要自行确定，一般为 3~4cm。

⑤ 腰头的缝头为 1cm。

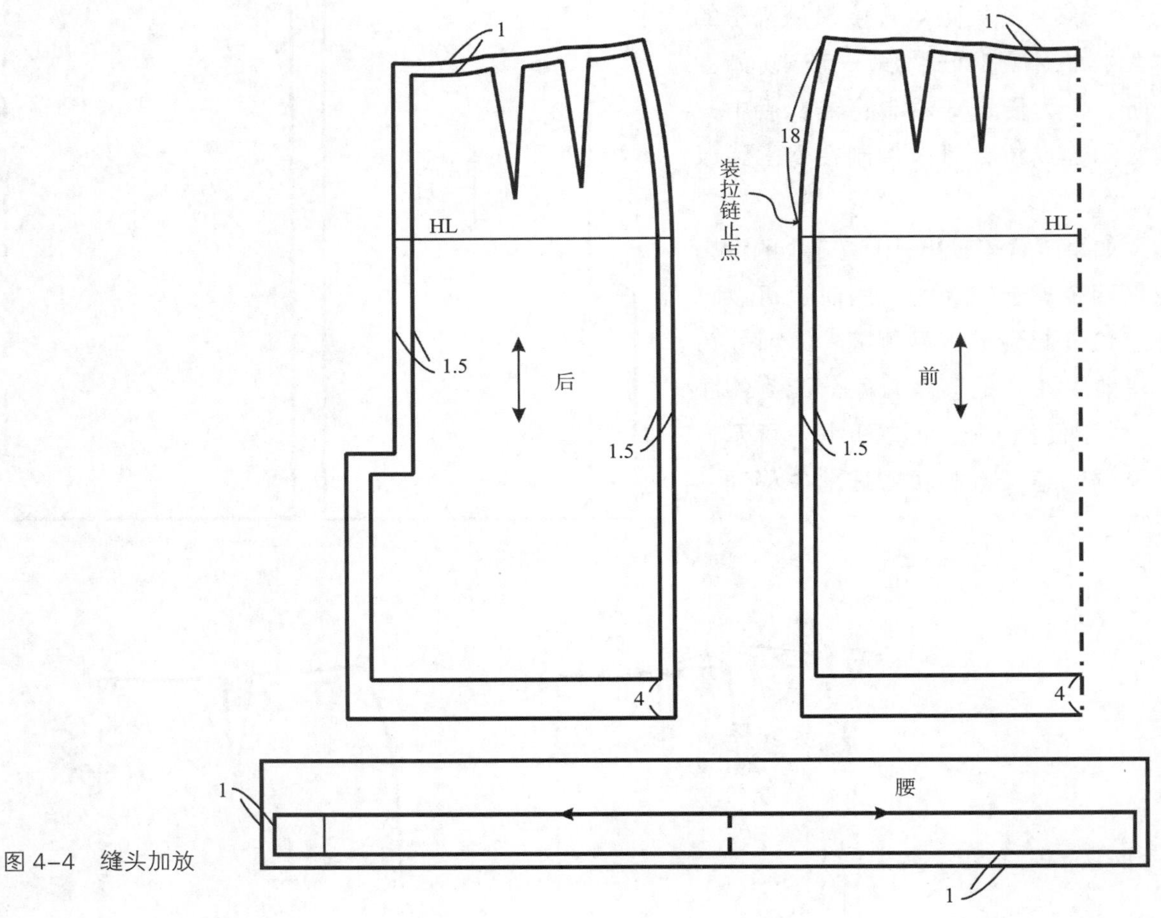

图 4-4　缝头加放

二、应用二

（一）款式特点

直筒裙，装腰，后开衩，后中装拉链，前片做开花省，款式如图 4-5 所示。

（二）成品规格设置

成品规格如表 4-1 所示。各部位的数据也可根据自己测量的值来确定。

（三）结构设计要点说明

后片的结构设计方法与本节应用一相同。如图 4-6 所示，前片将前中省和前侧省转移到腰的中部，也就是合二为一，将省尖点 O_1 向下延伸到 O_2，如图连接 A_1O_2 和 A_2O_2，缝制省道时，将 A_1B_1 和 A_2B_2 缝合。

（四）缝头加放说明

参见本节应用一的缝头加放说明。

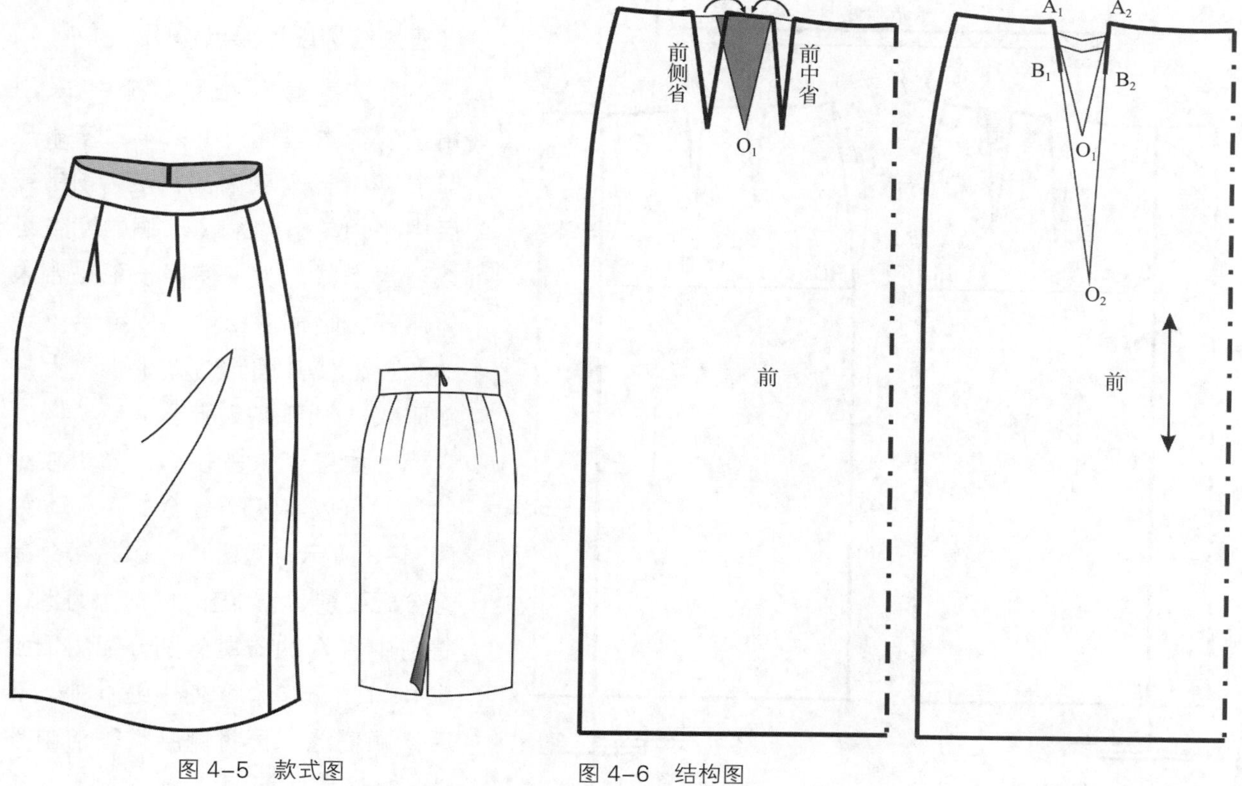

图 4-5 款式图

图 4-6 结构图

三、应用三

（一）款式特点

单折暗裥直筒裙，装腰，前中和（或）后中采用单折暗裥，侧缝装拉链，款式如图 4-7 所示。

图 4-7 款式图

（二）成品规格设置

参见本节应用一的成品规格设置。

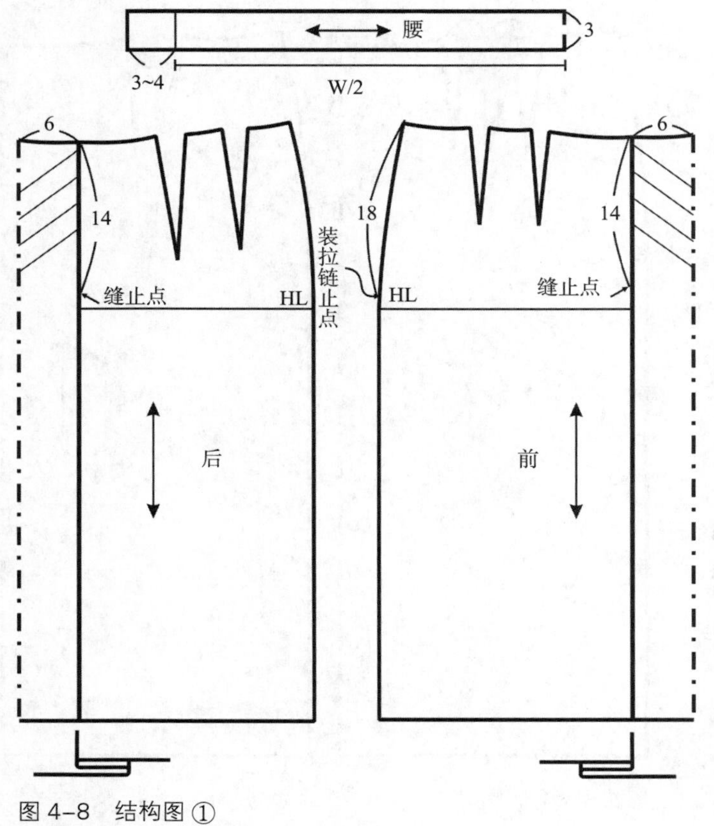

图 4-8　结构图①

（三）结构设计要点说明

①该款直筒裙可以直接采用裙子的基本型样板（见第三章第一节），为便于穿着者的行走，前中或后中采用单折暗裥，暗裥的宽度可以适当增减，为了使裙子更贴合人体腹部，暗裥的上端可以缝合一定的长度，使其固定，减少视觉上的膨胀感，如图 4-8 所示。

②如果腰臀差较小，省道较小的话，可以将两个省合二为一，如图 4-9 所示，同时也可以将部分差量分配到前、后侧缝。以前片为例，将前中省 A 的省量分别分配到侧腰省 a、b、侧缝 c 和前中缝 d 处，然后修顺侧缝，再将侧腰省往前中移动，修顺腰线即可。

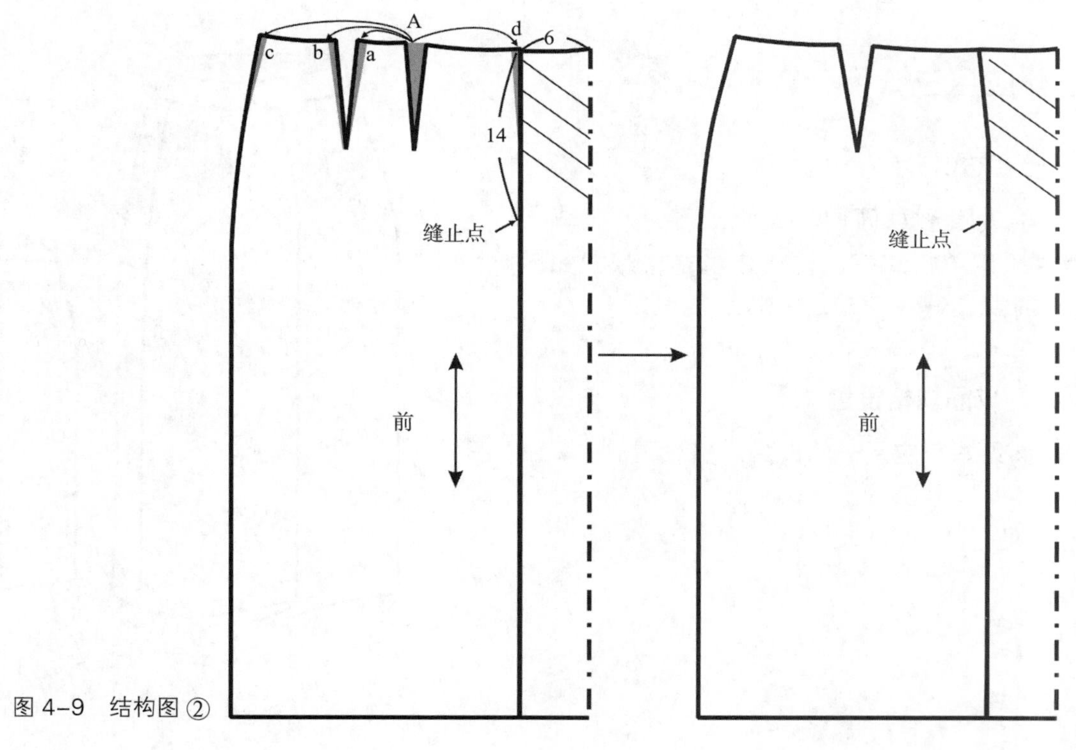

图 4-9　结构图②

（四）缝头加放说明

① 如图 4–10 所示，腰口线加缝头 0.8~1cm。

② 侧缝装拉链缝头至少为 1.5cm。

③ 底边贴边的宽度可以根据设计的需要自行确定，一般为 3~4cm。

④ 腰头的缝头为 1cm。

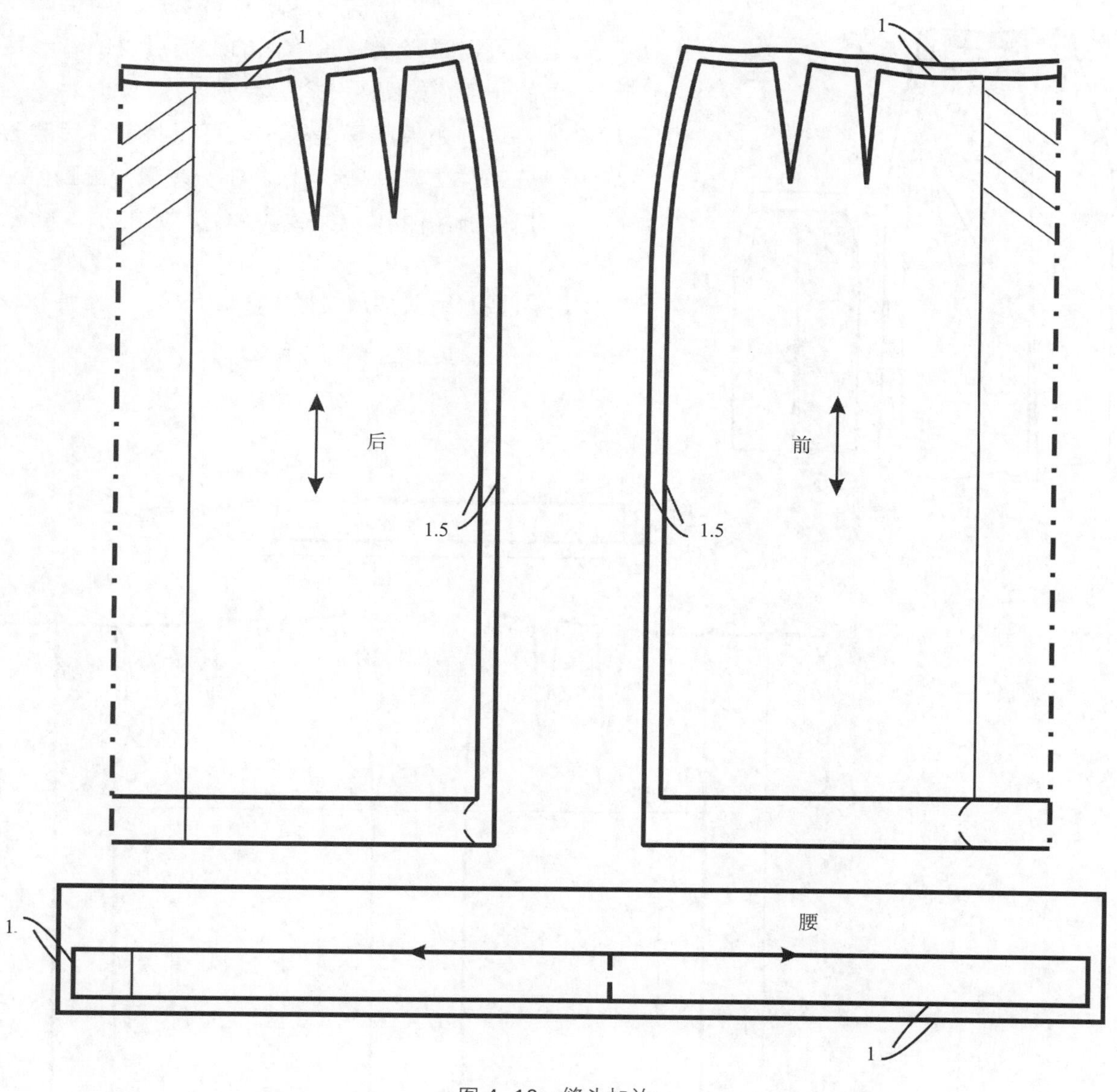

图 4–10 缝头加放

四、应用四

（一）款式特点

对折暗裥直筒裙，装腰，前中和（或）后中采用对折暗裥，侧缝装拉链，款式如图 4–11 所示。

图 4–11　款式图

（二）成品参考规格设置

参见本节应用一的成品规格设置。

（三）结构设计要点说明

① 该款直筒裙可以直接采用裙子的基本型样板（见第三章第一节），为便于穿着者的行走，前中或后中采用对折暗裥，暗裥的宽度可以适当增减，暗裥的上端可以缝合一定的长度，如图 4–12 所示。

② 如果腰臀差较小，可以将前、后腰省分别合二为一，也可以将部分差量分配到前、后中缝或侧缝。制作方法参见应用三。

（四）缝头加放说明

缝头加放参见应用四。

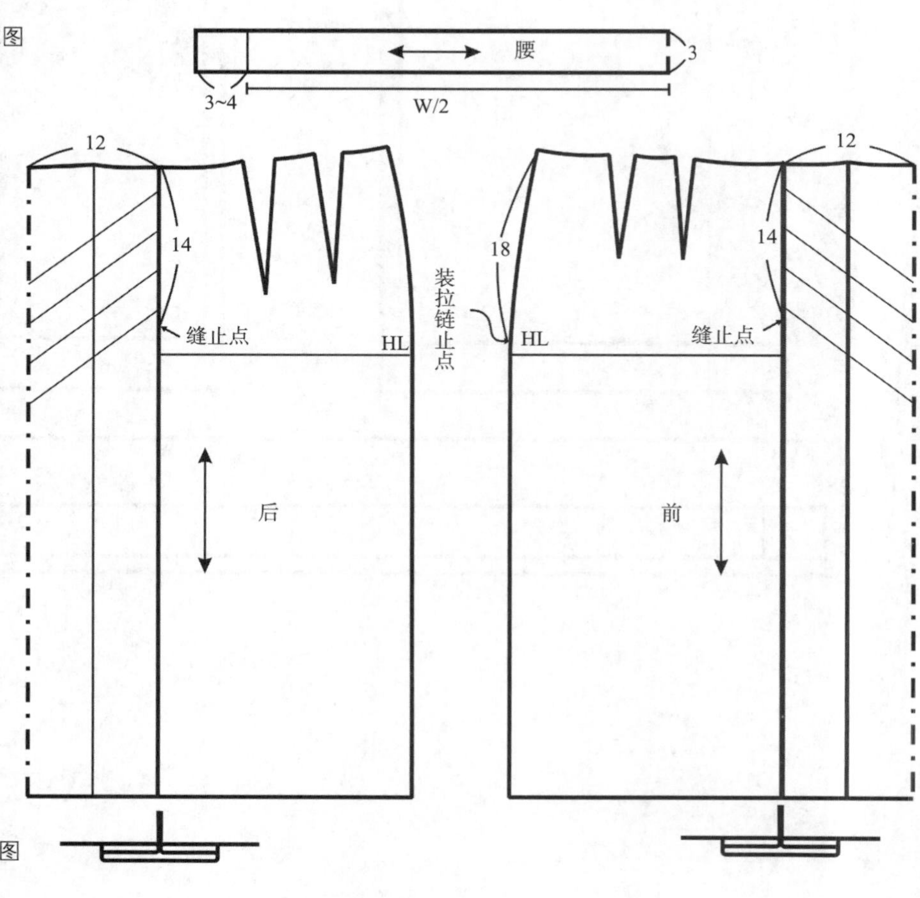

图 4–12　结构图

五、应用五

（一）款式特点

侧开衩直筒裙，装腰，两侧缝开衩，侧缝装拉链，下摆略收进，款式如图 4-13 所示。

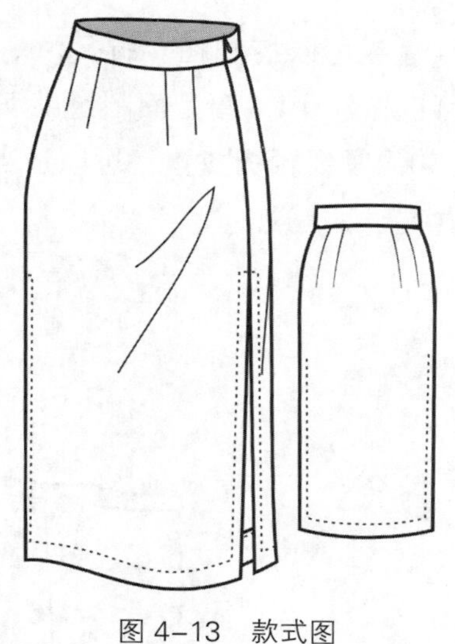

图 4-13　款式图

（二）成品参考规格设置

参见本节应用一的成品规格设置。

（三）结构设计要点说明

① 该款直筒裙采用裙子的基本型样板（见第三章第一节），为便于穿着者的行走，两侧缝开衩，衩的位置可以控制在臀围线向下 20cm 左右，如图 4-14 所示。

② 如果腰臀差较小，也可以将后腰省分别合二为一。

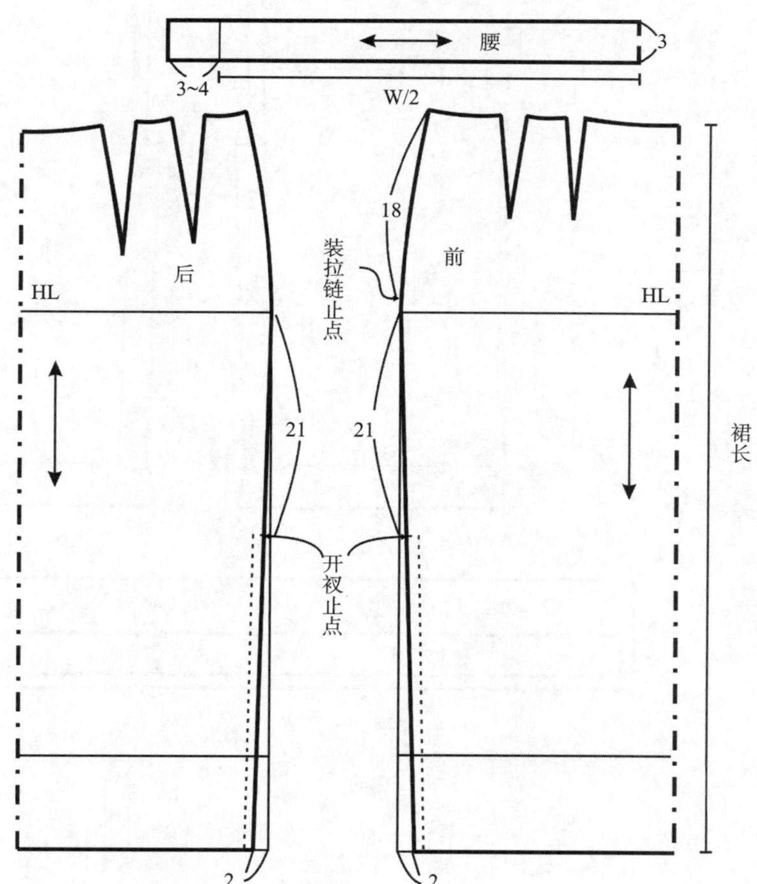

图 4-14　结构图

（四）缝头加放说明

① 如图 4-15 所示，腰口线加缝头 0.8~1cm。

② 侧缝头可以控制在 1~1.5cm，薄型面料缝头可以取 1cm，厚型面料缝头可以取到 1.5cm，如果需要预留放量，可以适当增加，达到 2cm。

③ 开衩贴边可以根据设计的需要自行确定，如果不加里子并且面料的正反面颜色差别较大，建议加宽贴边的宽度，可以避免走路时露出面料反面，影响外观效果。

④ 底边贴边的宽度可以根据设计的需要自行确定。

⑤ 腰头的缝头为 1cm。

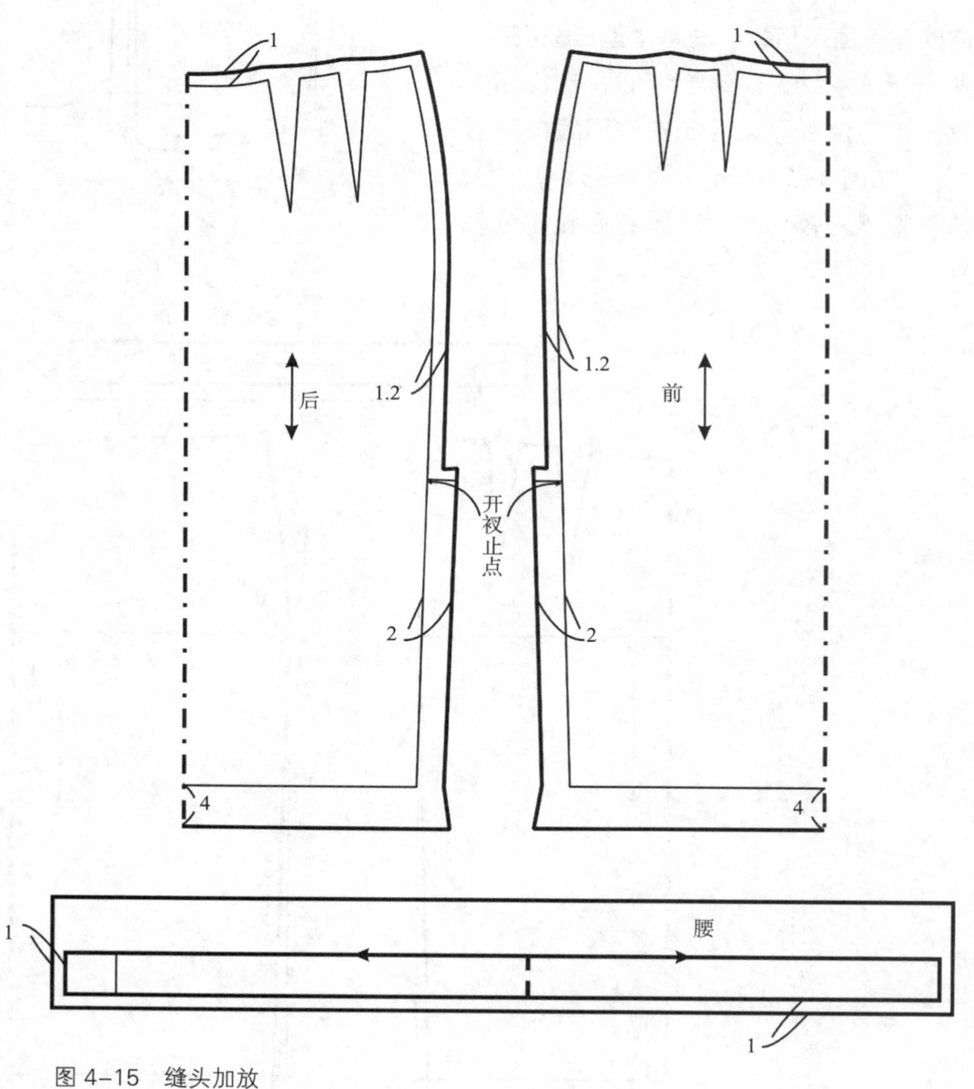

图 4-15　缝头加放

六、应用六

（一）款式特点

高腰侧开衩直筒裙，高腰并连腰，两侧缝开衩，侧缝装拉链，下摆略收进，款式如图 4–16 所示。

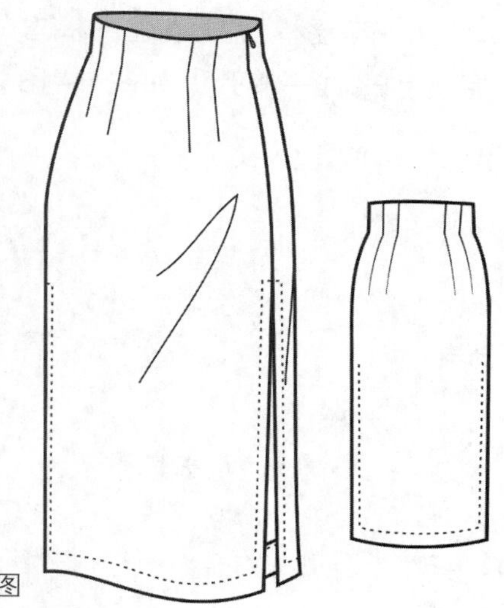

图 4–16　款式图

（二）成品规格设置

参见本节应用一的成品规格设置。

（三）结构设计要点说明

① 该款直筒裙采用裙子的基本型样板（见第三章第一节），为便于穿着者的行走，两侧缝开衩，衩的位置可以控制在臀围线向下 20cm 左右。

② 如果腰臀差较小，也可以将腰省合并，合并后的省道偏大，可将部分量分配到侧缝。

③ 腰省从腰口线向上作垂线交新的腰口线，由于高腰并连腰，新的腰口线在人体实际腰围以上，其围度大于人体实际腰围，将省道上边缘在垂直线的基础上向内分别收进 0.2~0.3cm，以满足人体的需要，如图 4–17 所示。

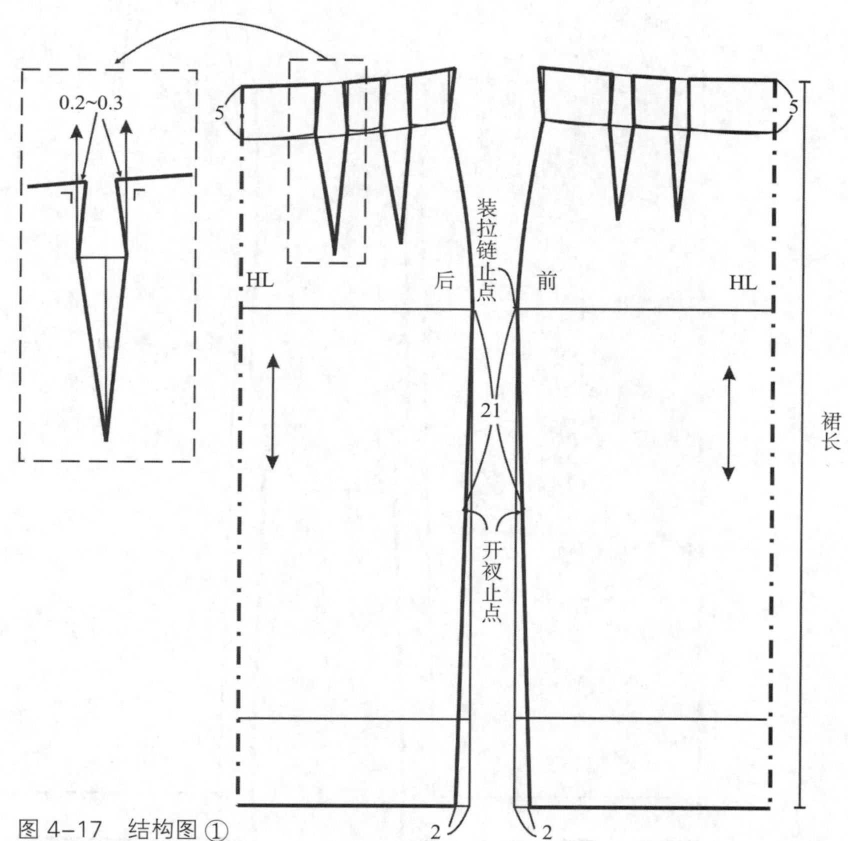

图 4–17　结构图 ①

④ 前腰和后腰贴边，将省道合并，前、后分别形成一整片，如图 4–18 所示。

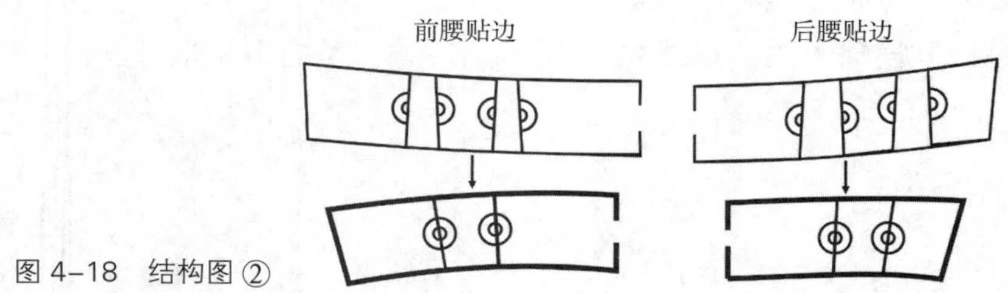

图 4–18　结构图 ②

（四）缝头加放说明

缝头加放如图 4–19 所示。

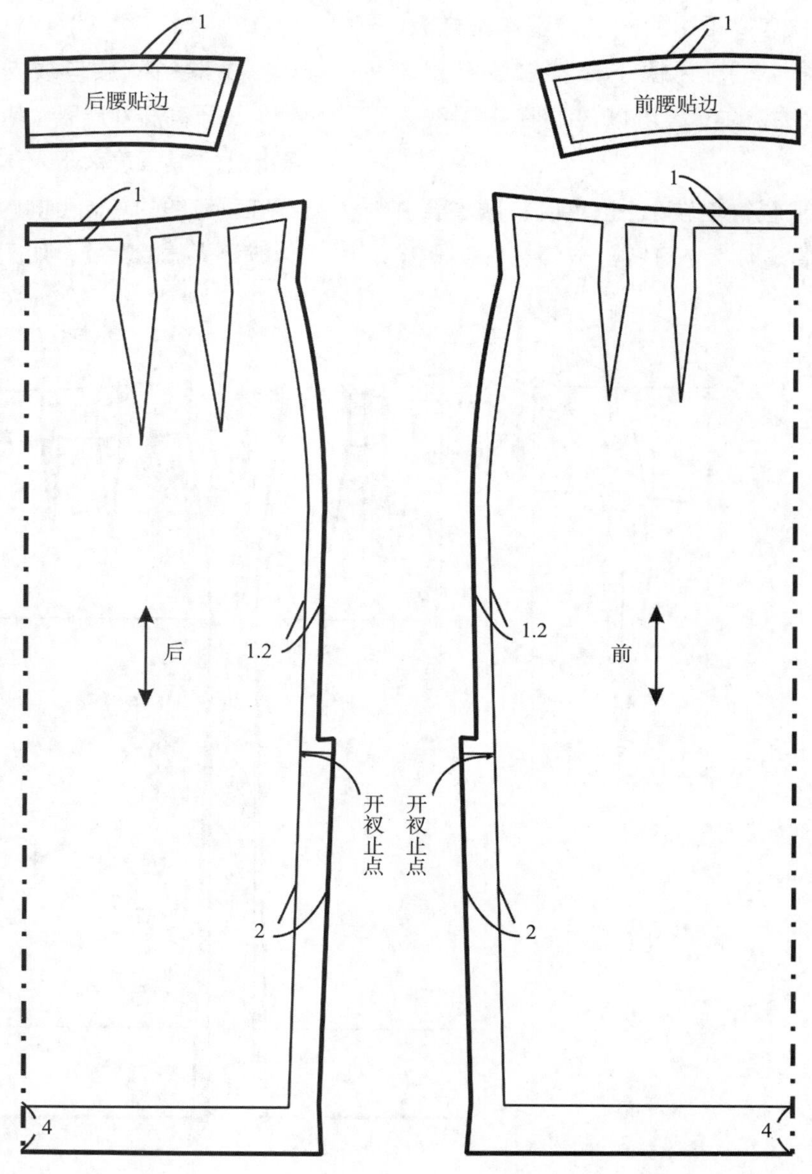

图 4–19　缝头加放

七、应用七

（一）款式特点

垂褶筒裙，后中开衩并装拉链，前片款式如图 4–20 所示。

图 4–20　款式图

（二）成品参考规格设置

参见本节应用一的成品规格设置。

（三）结构设计要点说明

① 该款直筒裙采用裙子的基本型样板（见第三章第一节），长度可以根据事先设计确定；裙子的后片制作方法参见应用一。

② 外层装饰片制作。将左右前片对齐，确定波浪位置 A_1B_1、A_2B_2 到 A_nB_n，其中 n 为悬垂的褶的数量，如图 4–21 所示。

③ 为达到款式图上的装饰片左侧悬垂效果，将腰线向外延伸 13cm，画装饰片底边的造型线。

④ 将右片的前侧省和前中省的两个省尖点移至 A_1B_1 线上，将左片的前侧省和前中省两个省道合并为一个省，过该省的省尖点 O_1

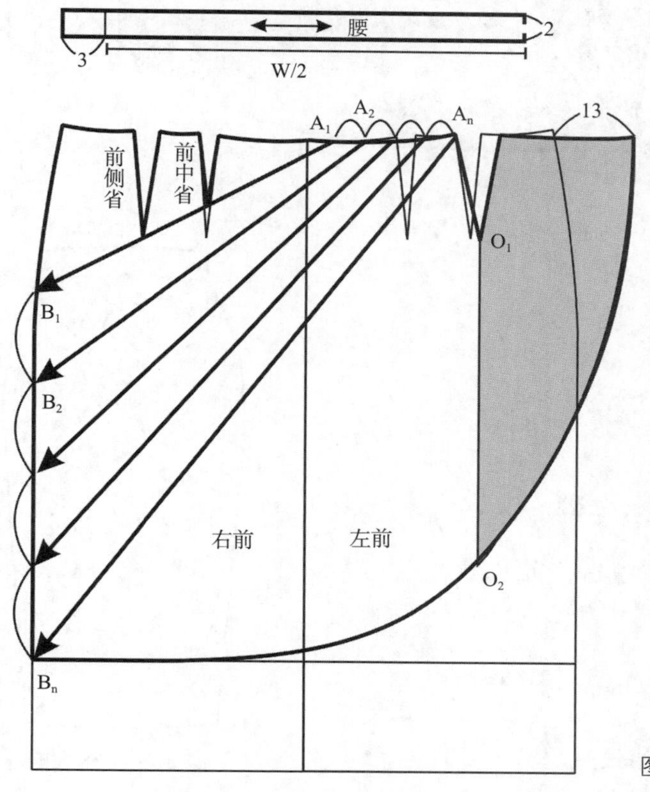

图 4–21　结构图

向下作垂线交装饰片底边的造型线于 O_2。

⑤ 将 A_1B_1、A_2 B_2 到 A_nB_n 剪开并展开，展开量的大小可以根据设计、面料的情况确定；同时合并右片的前侧省和前中省。

⑥ 如图 4-22 所示，将左前片的 O_1 O_2 剪开，并合并左前的省道。

⑦ 画顺底边弧线，修顺腰口弧线。

⑧ 确定折裥上边缘线。

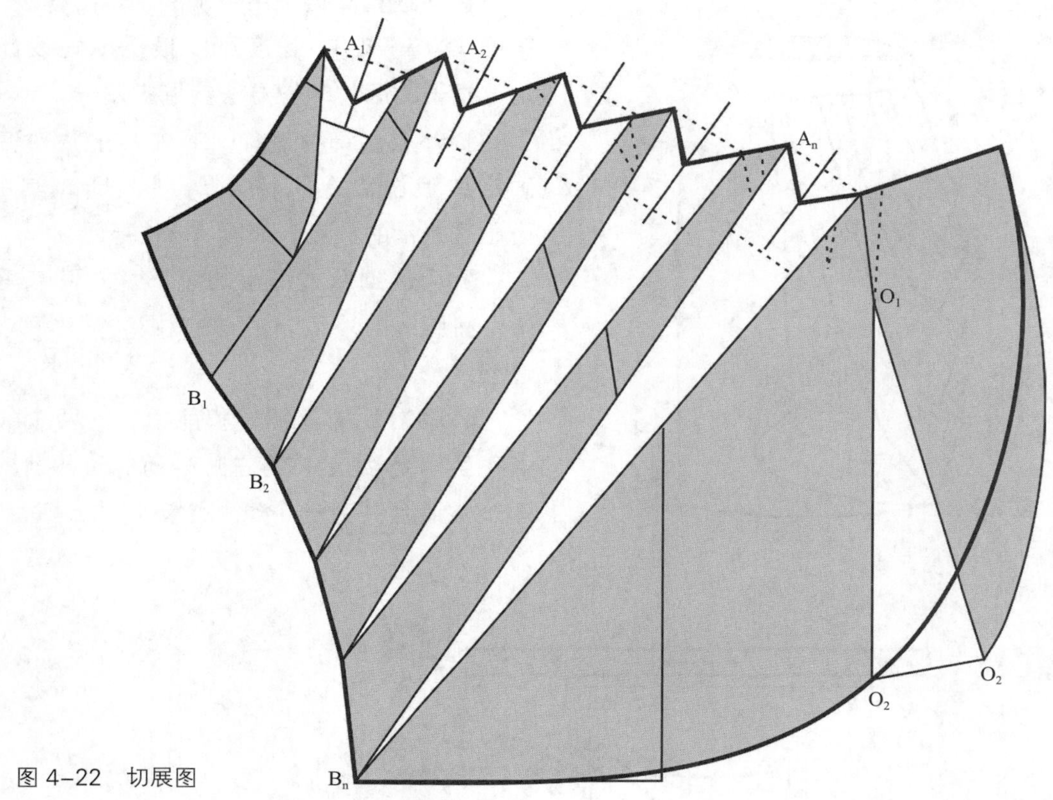

图 4-22　切展图

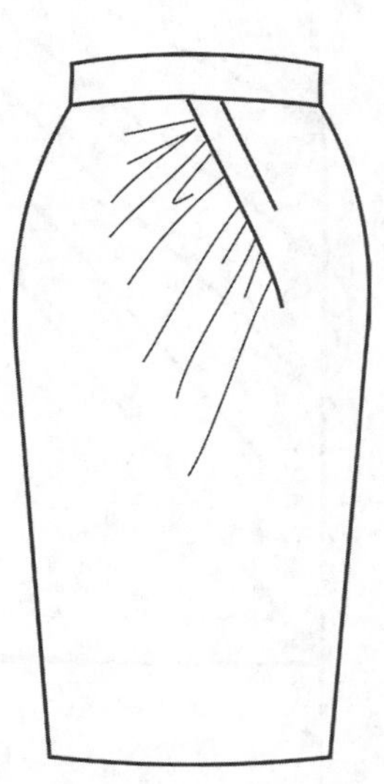

图 4-23　款式图

八、应用八

（一）款式特点

抽褶筒裙，后中开衩并装拉链，前片款式如图 4-23 所示。

（二）成品规格设置

参见本节应用一的成品规格设置。

（三）结构设计要点说明

① 该款直筒裙采用裙子的基本型样板（见第三章第一节），长度可以根据事先设计确定；裙子的前、后片制作方法参见应用一。

② 如图 4–24 所示，将左右前片对齐，确定抽褶的展开位置 A_1B_1、A_2B_2 到 A_nB_n，其中 n 越大，展开相同的褶量，侧缝越顺。

③ 为达到款式图上的效果，将右侧省道的省尖点移到 A_nB_n 上；左侧前侧省的省尖点也向下移动 4cm。

④ 如图 4–25 所示，将弧线 O_1O_2 剪开和 A_1A_n 剪开，合并左前的两个省道并画顺腰口弧线。

⑤ 将 A_1B_1、A_2B_2 到 A_nB_n 剪开，并展开，展开量的大小可以根据设计、面料的情况确定；同时合并右侧的省道，画顺腰口弧线和右侧缝线。

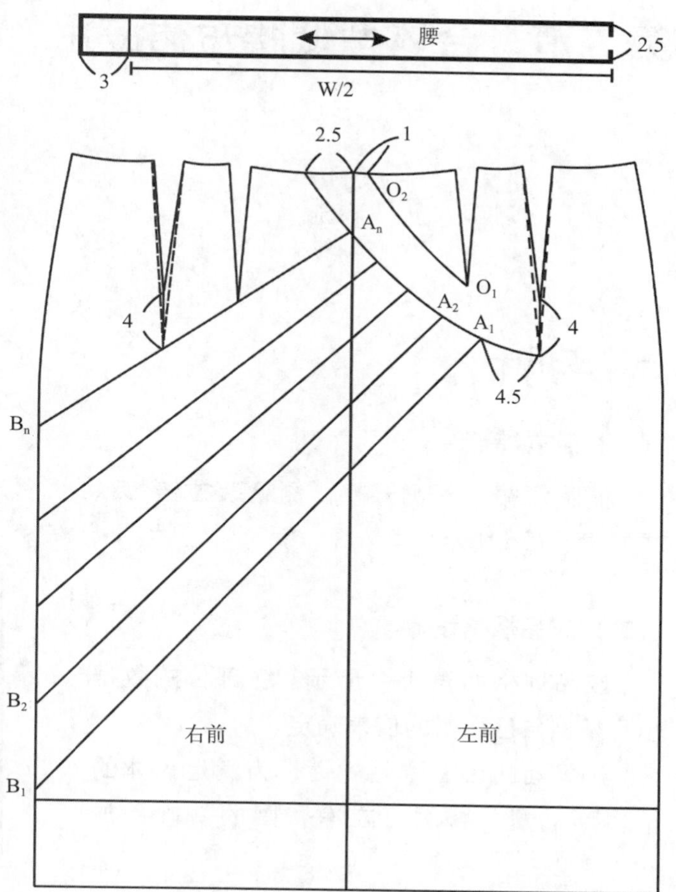

图 4–24 结构图

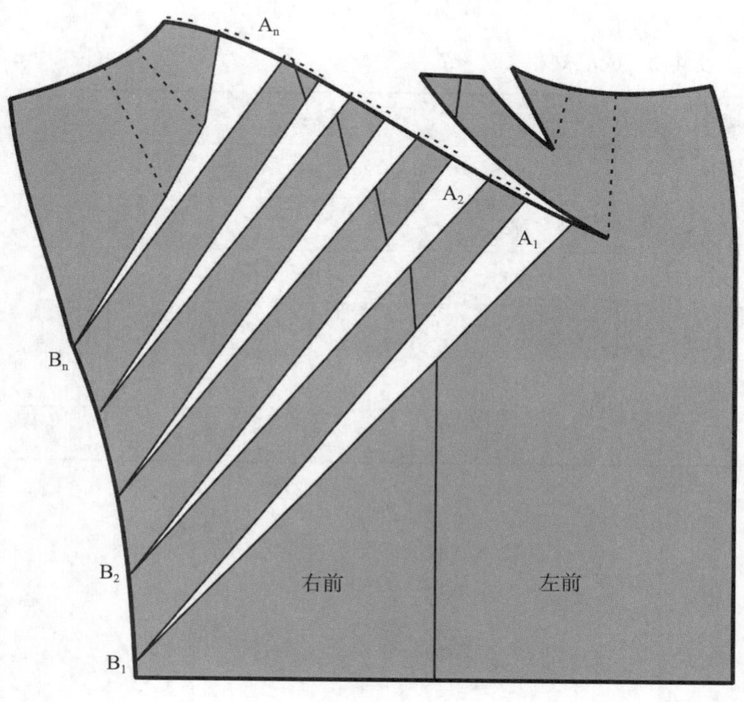

图 4–25 切展图

第二节 合体型低腰短裙应用

一、应用一

（一）款式特点

低腰短裙，两侧开衩，侧缝装拉链，款式如图 4–26 所示。

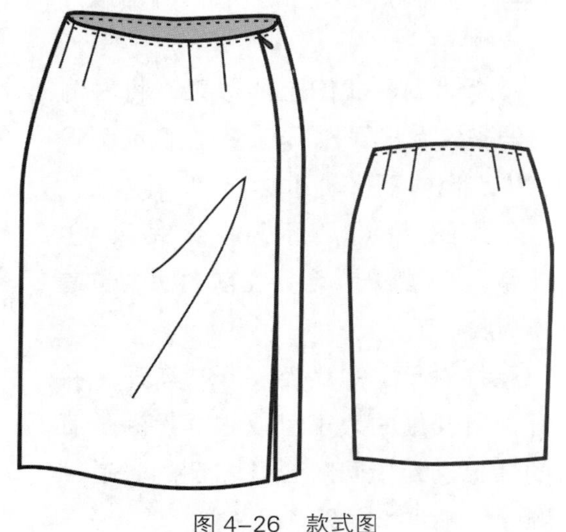

图 4–26 款式图

（二）成品规格设置

成品规格如表 4–2 所示。各部位的数据也可根据自己测量的值来确定。

如果面料没有弹性的话，为满足人体的基本活动量，臀围可在净臀围的基础上加 4cm 或以上。

表 4–2 成品规格 单位：cm

号型	裙长	腰围	臀围	臀长	腰头贴边宽
150/60A	46	60	88	16	4
155/64A	47.5	64	92	17	4
160/68A	49	68	94	18	4
165/72A	50.5	72	96	19	4
170/76A	53	76	100	20	4
175/80A	54.5	80	104	21	4

（三）结构设计要点说明

① 该款低腰短裙可以在裙子的基本型样板上进行结构设计，腰围线平行向下 3cm 或者根据设计需要向下作腰围线的平行线，得到新的腰线，如图 4–27 所示。

② 由于基本型腰线以下都存在一定的松量，为了更加合体，可将侧缝向里收进 0.2~0.4cm，如果新的腰围更低，收进的量还需再适当增加；也可以增加省道量来减少腰围的量。

③ 为便于穿着者的行走，两侧缝开衩，衩长可根据设计需要来定。

④ 如果腰臀差较小，或新的腰线较低，可以将前、后腰省分别合二为一，同时也可以适当增加侧缝收进的量。

⑤ 腰口贴边，将省道合并，前、后腰贴边分别做成一整片。

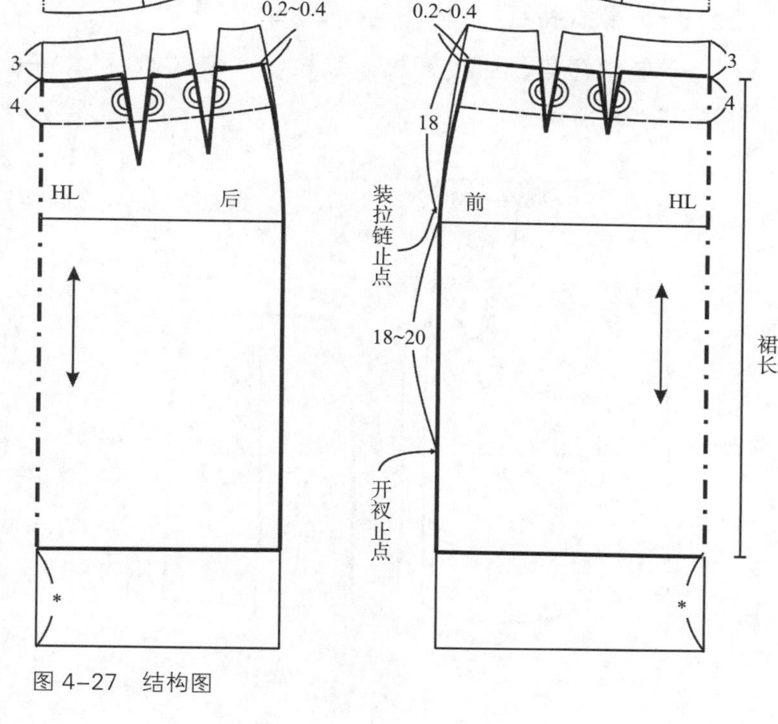

图 4–27　结构图

（四）缝头加放说明

① 如图 4–28 所示，腰口线加缝头 0.8~1cm。

② 由于侧缝装拉链和开衩，侧缝头可以控制在 1.2~1.5cm，如果需要预留放量可以适当增加，达到 2cm；开衩贴边为 2cm。

③ 底边贴边的宽度可以根据设计的需要自行确定。

④ 腰头的缝头为 0.8~1cm。

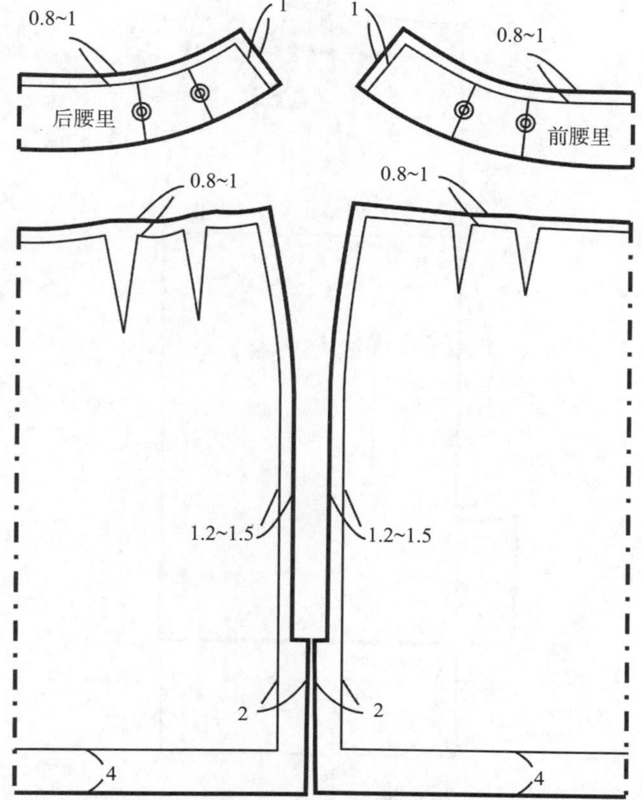

图 4–28　缝头加放

二、应用二

（一）款式特点

低腰短裙，后中开衩，装拉链，款式如图 4–29 所示。

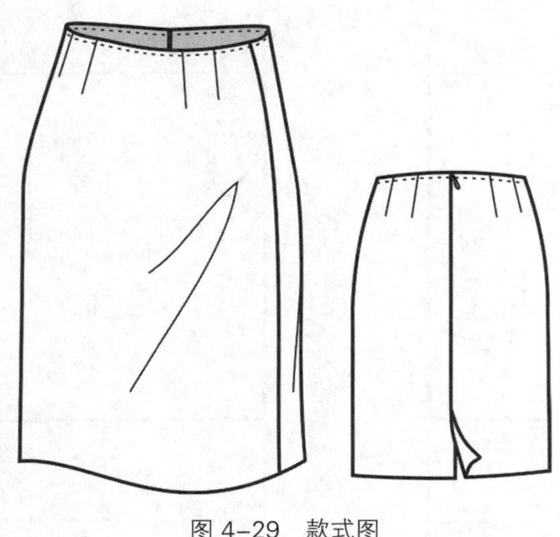

图 4–29 款式图

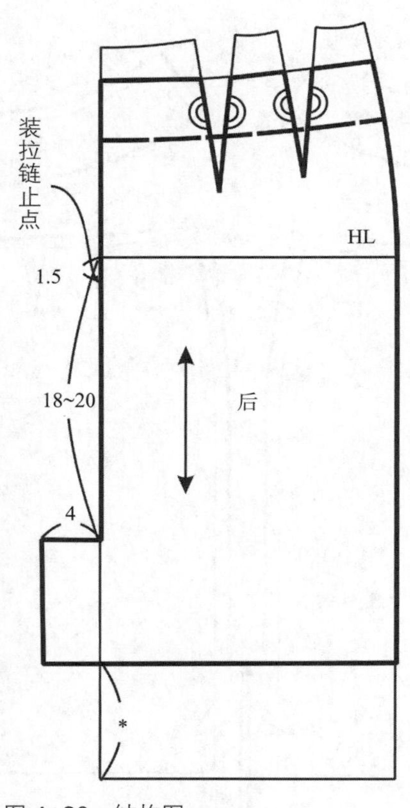

图 4–30 结构图

（二）成品规格设置

参见本节应用一的成品规格设置。

（三）结构设计要点说明

① 前、后片制图与应用一相同。

② 后中开衩，衩长可根据设计需要来定，后中开衩，如图 4–30 所示。

（四）缝头加放说明

① 如图 4–31 所示，腰口线加缝头 0.8~1cm。

② 侧缝头可以控制在 1~1.5cm，薄型面料缝头可以取 1cm，厚型面料缝头可以取到 1.5cm，如果需要预留放量，可以适当增加，达到 2cm。

③ 后中缝装拉链缝头为 1.5cm。

④ 底边贴边的宽度可以根据设计的需要自行确定。

⑤ 腰头的缝头为 0.8~1cm。

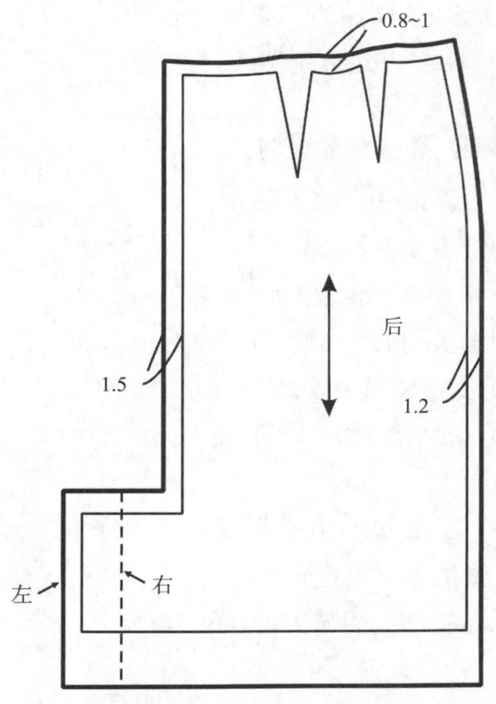

图 4–31 缝头加放

三、应用三

（一）款式特点

低腰A字六片短裙，侧缝装拉链，款式如图4-32所示。

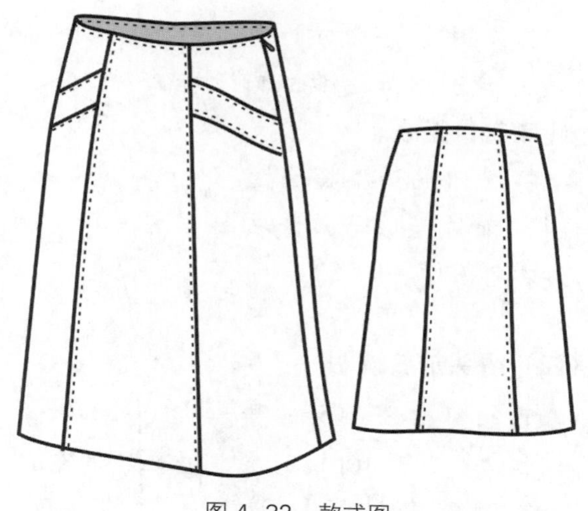

图4-32 款式图

（二）成品规格设置

参见本节应用一的成品规格设置。

（三）结构设计要点说明

①在本节应用一的基础上做结构设计，将前、后片侧省量分别分配到前、后中省和侧缝。

②过前中和后中省的省尖点向下作垂线，交底边线，然后分别向外2cm，如图4-33所示。

③前、后侧缝也向外2cm，加大裙摆量，根据设计需要，也可以大于2cm。

④在臀围线以上做出袋口位，袋口条的宽度和倾斜度可以自行设计。

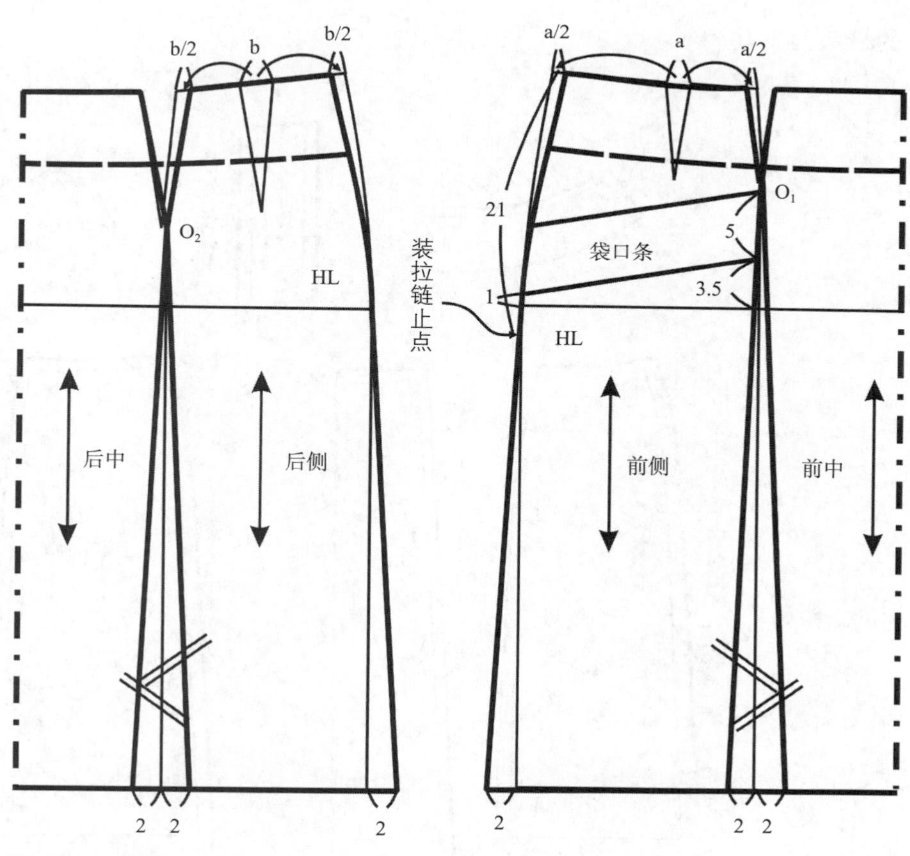

图4-33 结构图

⑤ 如图 4–34 所示，将各裁片分别剪开，修正底边线和腰口弧线。

⑥ 腰口贴边，将省道合并，前片连成一片，后片左右各一片。

（四）缝头加放说明

① 如图 4–35 所示，腰口线加缝头 0.8~1cm。

② 侧缝装拉链，缝头至少为 1.5cm。

③ 分割缝的缝头可控制在 1~1.5cm。

④ 底边贴边的宽度可以根据设计的需要自行确定。

⑤腰头的缝头为 1cm。

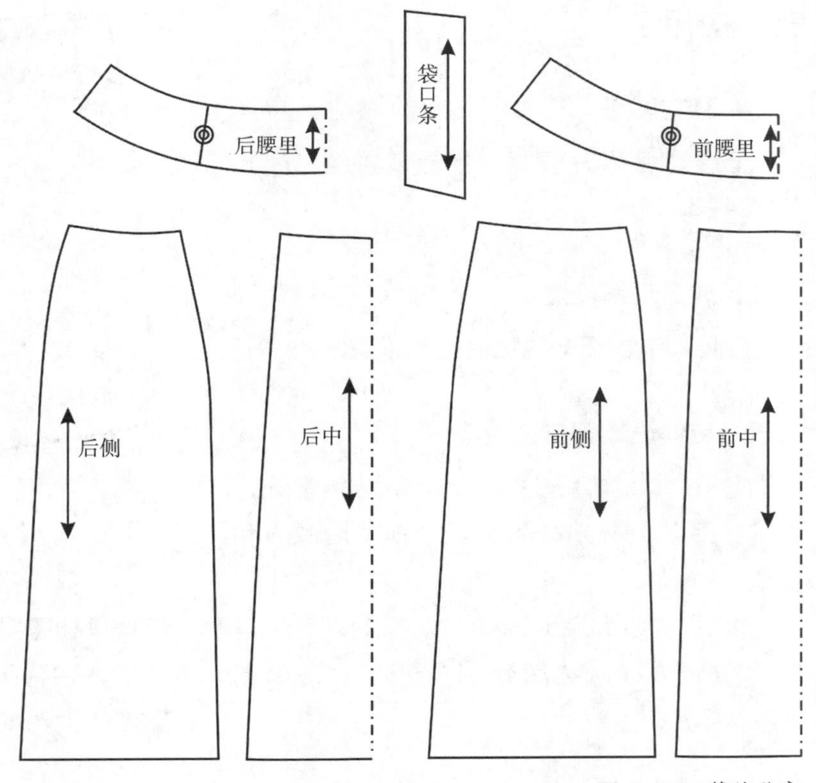

图 4–34　裁片分离

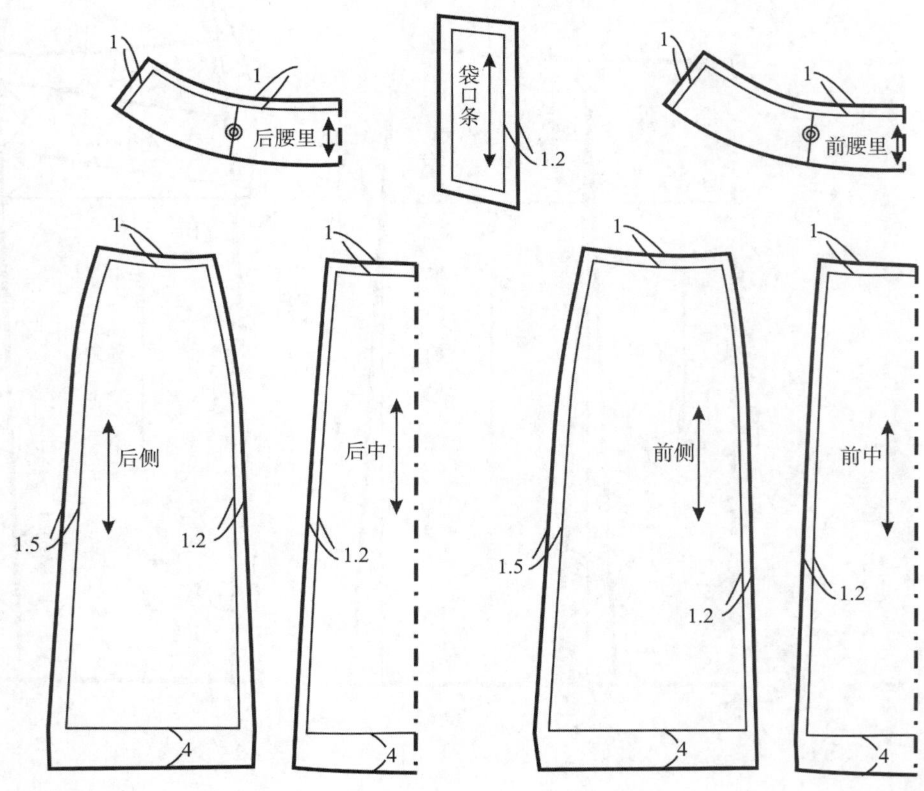

图 4–35　缝头加放

四、应用四

（一）款式特点

低腰 A 字暗裥短裙，侧缝装拉链，款式如图 4–36 所示。

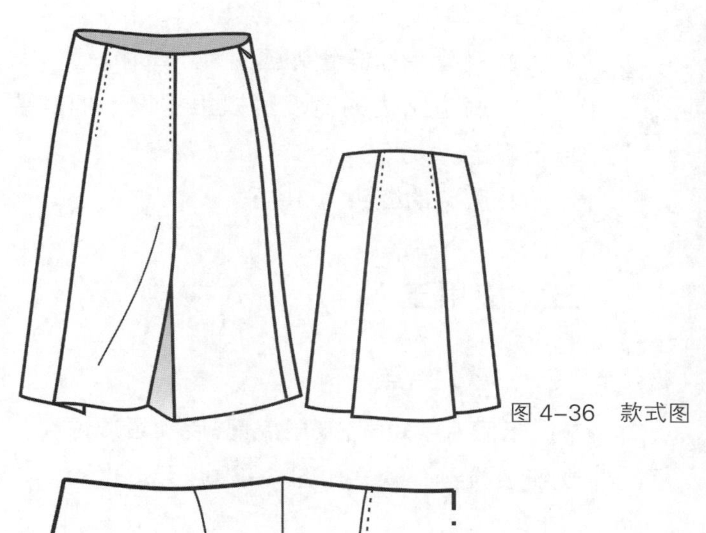

图 4–36　款式图

（二）成品规格设置

参见本节应用一的成品规格设置。

（三）结构设计要点说明

① 在本节应用三的基础上做结构设计，后片不变，将前中和前侧片底边对齐，平行展开 10cm；后片作图方法相同。展开的量即为折裥量。

② 为了使裙子更贴合人体腹部，暗裥的上端可以缝合一定的长度，使其固定，减少视觉上的膨胀感；缝止点为臀围线以上 7cm 处，如图 4–37 所示。

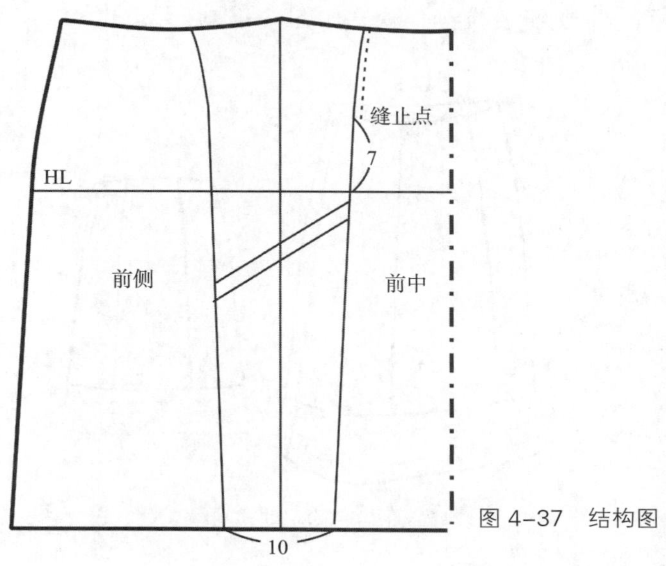

图 4–37　结构图

（四）缝头加放说明

① 如图 4–38 所示，腰口线缝头 0.8~1cm。

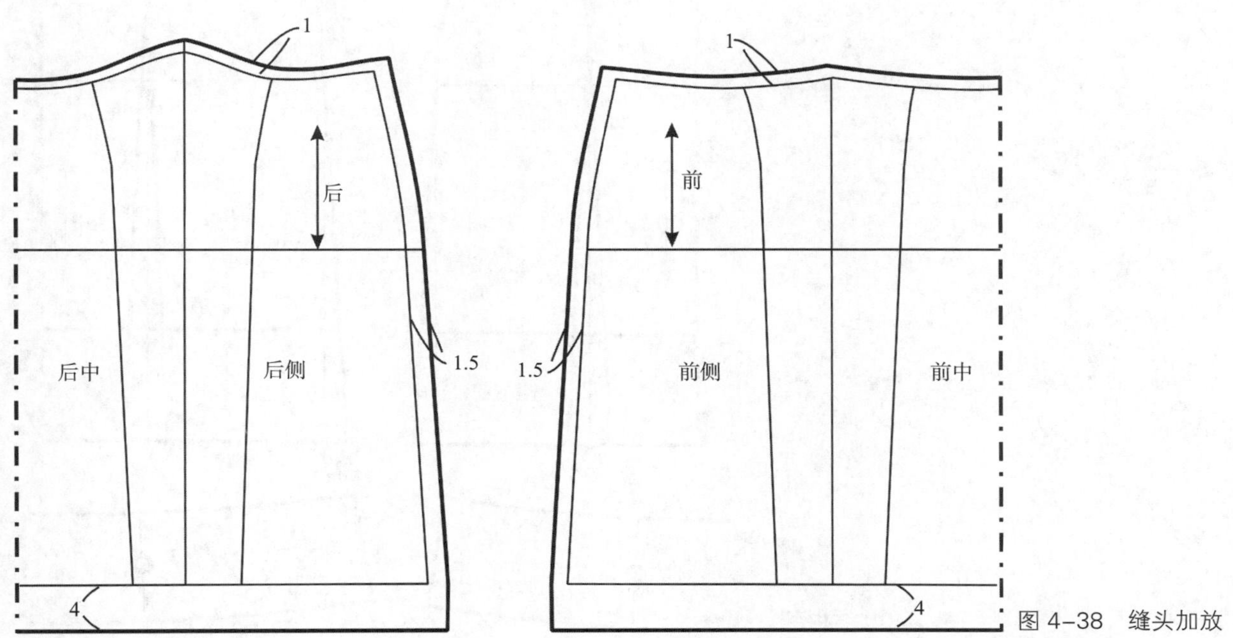

图 4–38　缝头加放

②侧缝装拉链缝头至少为 1.5cm。

③底边贴边的宽度可以根据设计的需要自行确定。

④腰头的缝头为 1cm。

五、应用五

（一）款式特点

低腰A字短裙，双层底摆，底摆缉装饰线，侧缝装拉链，款式如图 4-39 所示。

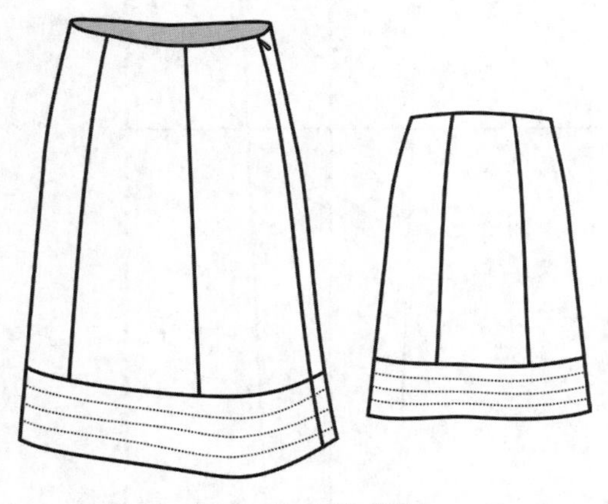

图 4-39　款式图

（二）成品规格设置

参见本节应用一的成品规格设置。

（三）结构设计要点说明

①在本节应用三的基础上做结构设计。

②距离底边 10cm 作下摆的分割线，如图 4-40 所示。

③分别合并前、后下摆。

（四）缝头加放说明

①如图 4-41 所示，腰口线缝头 0.8~1cm。

②侧缝装拉链缝头至少为 1.5cm。

③底摆采用双层面料，缝头为 1cm。

④腰里缝头为 1cm。

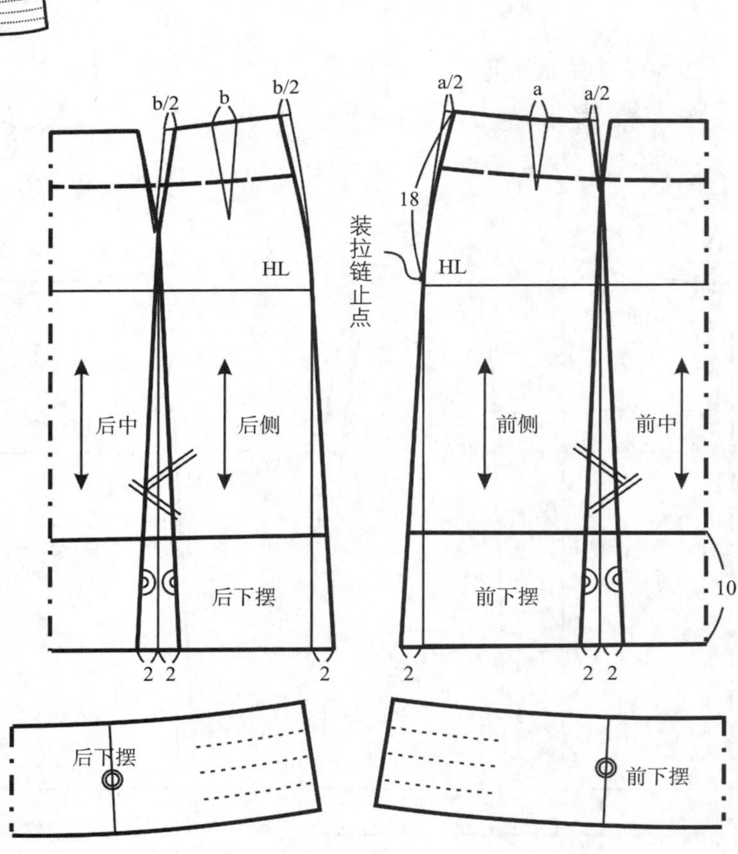

图 4-40　结构图

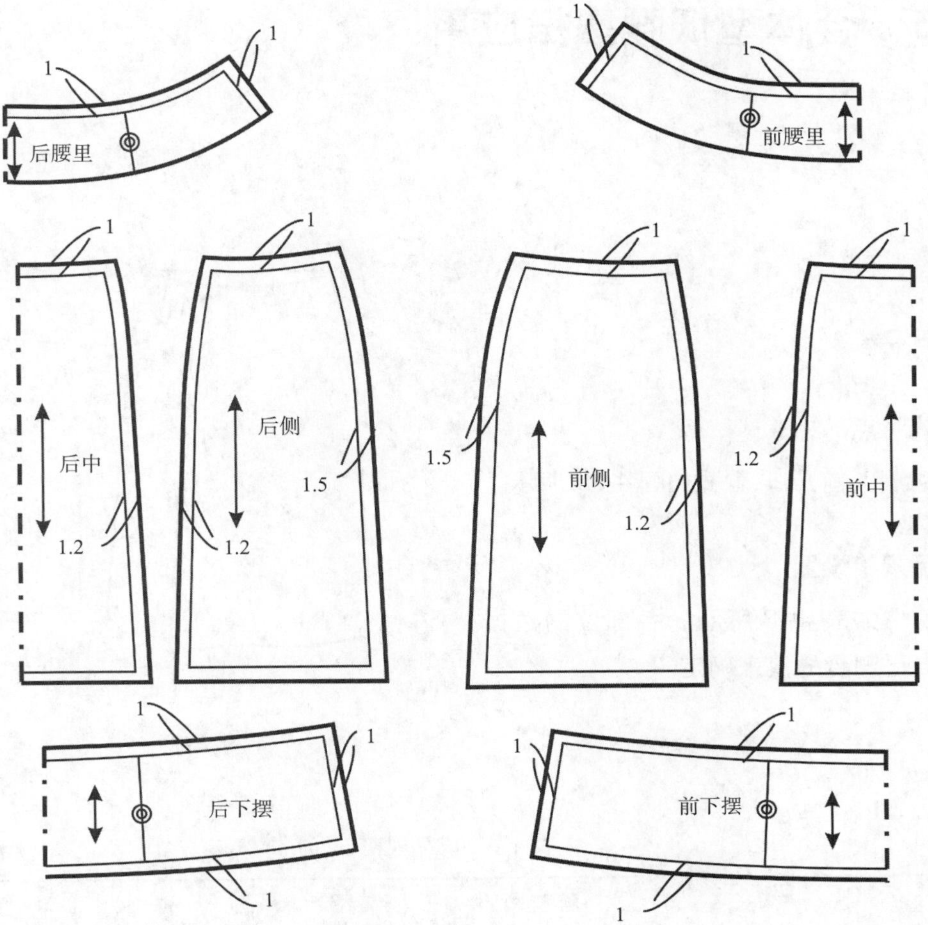

图 4-41 缝头加放

第三节　合体型低腰裹裙应用

一、应用一

（一）款式特点

低腰短裹裙，前开口，款式如图 4–42 所示。

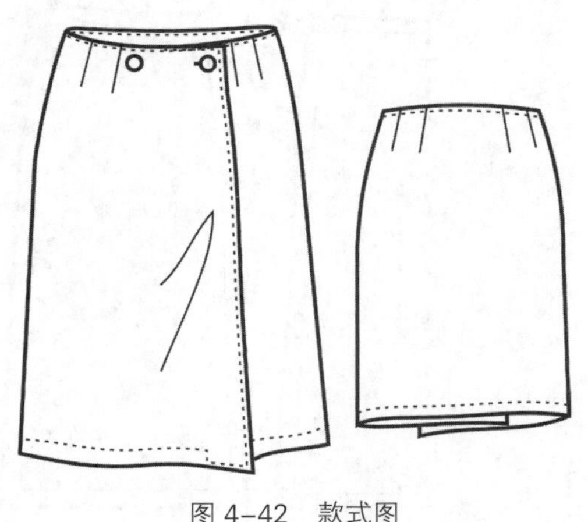

图 4–42　款式图

（二）成品规格设置

成品规格如表 4–3 所示。各部位的数据也可根据自己测量的值来确定。

表 4-3　成品规格　　单位：cm

号型	裙长	腰围	臀围	臀长	腰头贴边宽
150/60A	46	60	88	16	3
155/64A	47.5	64	92	17	3
160/68A	49	68	94	18	3
165/72A	50.5	72	96	19	3
170/76A	53	76	100	20	3
175/80A	54.5	80	104	21	3

如果面料没有弹性的话，为满足人体的基本活动量，臀围可在净臀围的基础上加4cm 或 4cm 以上。

（三）结构设计要点说明

①该款低腰短裹裙在本章第二节应用一的基础上进行结构设计，从前中线向外加宽一定量作为包裹量，包裹量的大小可根据设计进行适当的增减，如图 4–43 所示。

②后片直接应用本章第二节应用一的后片。

③如需要调整长度，可根据设计进行调整。

④腰口贴边。将省道合并，后片为一整片，前片左、右各一片。

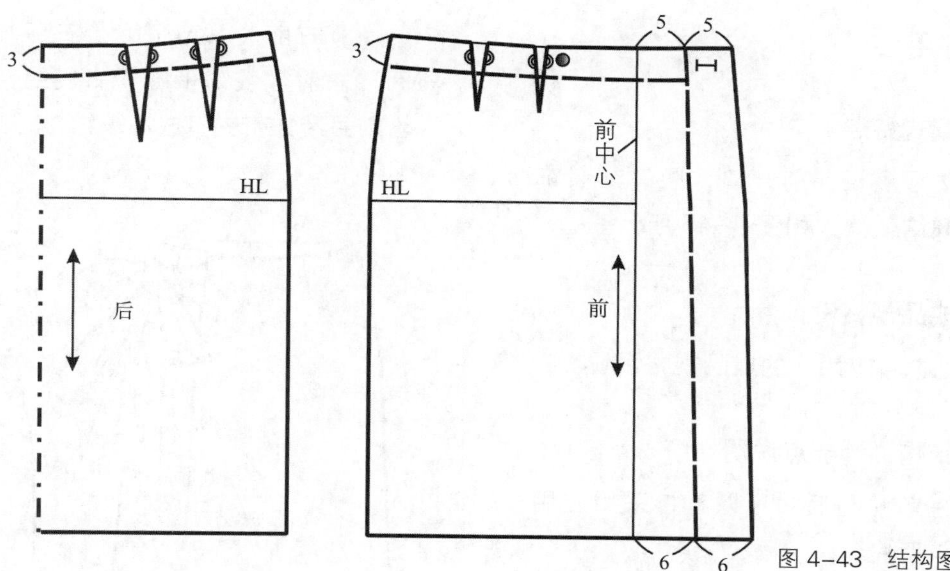

图 4-43　结构图

（四）缝头加放说明

①如图4-44所示，腰口线缝头0.8~1cm。

②侧缝头可以控制在1~1.5cm，薄型面料缝头可以取1cm，厚型面料缝头可以取到1.5cm，如果需要预留放量，可以适当增加，达到2cm。

③底边贴边的宽度为4cm，也可以根据设计的需要自行确定。

④腰里及前贴边缝头为1cm。

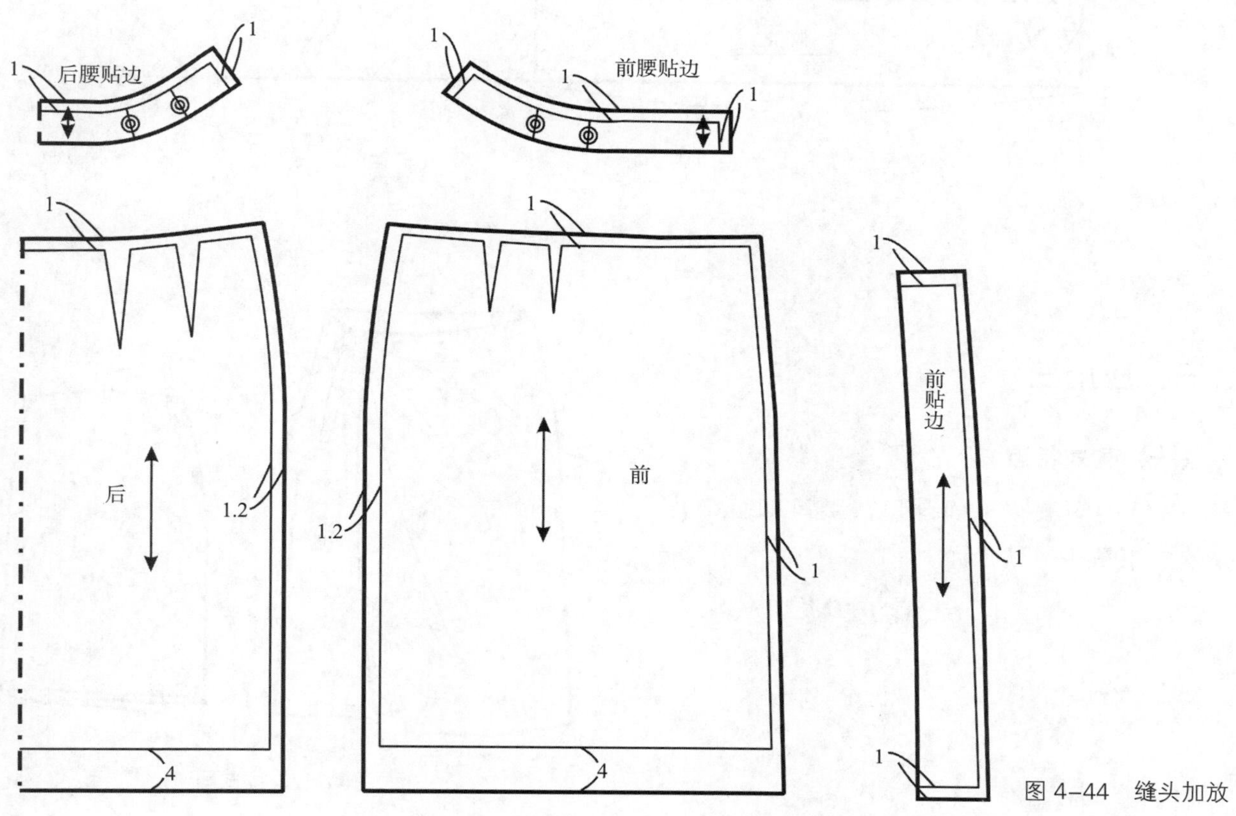

图 4-44　缝头加放

二、应用二

（一）款式特点

低腰短裹裙，前开口，腰口加装饰带，打成蝴蝶结，款式如图 4–45 所示。

（二）成品规格设置

参见本节应用一的成品规格设置。

（三）结构设计要点说明

① 左前片与后片可以直接采用应用一的左前片与后片。

② 该款在本节应用一的基础上，右前片增加装饰腰带，结构图如图 4–46 所示。

③ 右前片装饰带缝于右前片与前贴边之间，左前片装饰带缝于右侧缝，绕过后腰与右前片装饰带夹打成蝴蝶结，如图 4–45 所示。

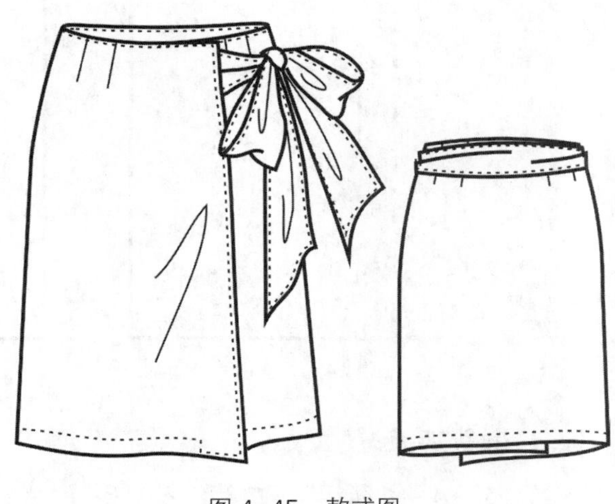

图 4–45　款式图

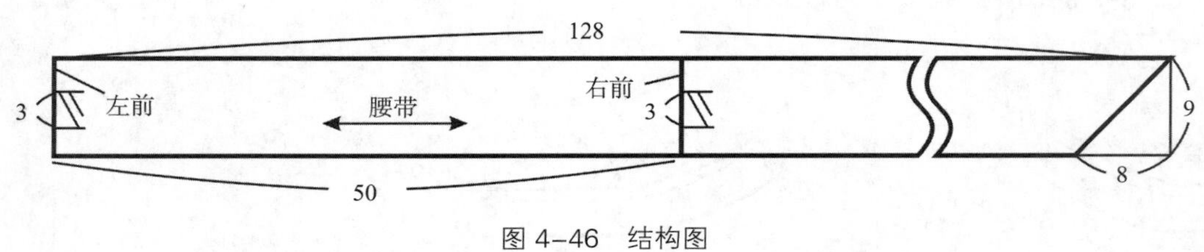

图 4–46　结构图

三、应用三

（一）款式特点

低腰短裹裙，前开口，腰口加装饰片，款式如图 4–47 所示。

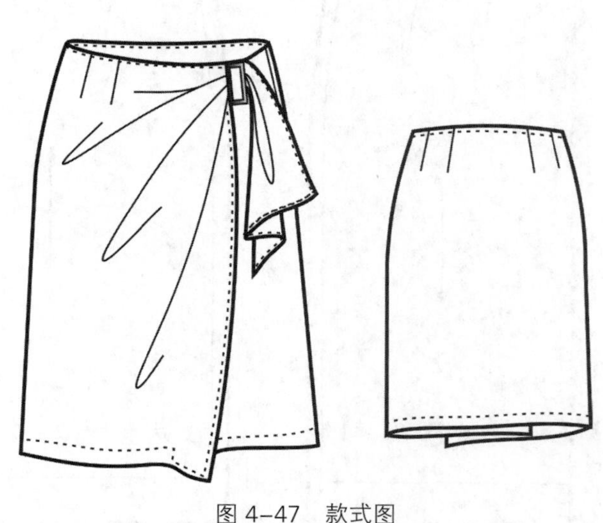

图 4–47　款式图

（二）成品规格设置

参见本节应用一的成品规格设置。

（三）结构设计要点说明

①该款前、后片与本节应用一相同。

②右前片增加装饰片部分，如图 4–48 所示。

③扣环夹缝在左侧腰处。

④穿着时，装饰片穿过扣环。

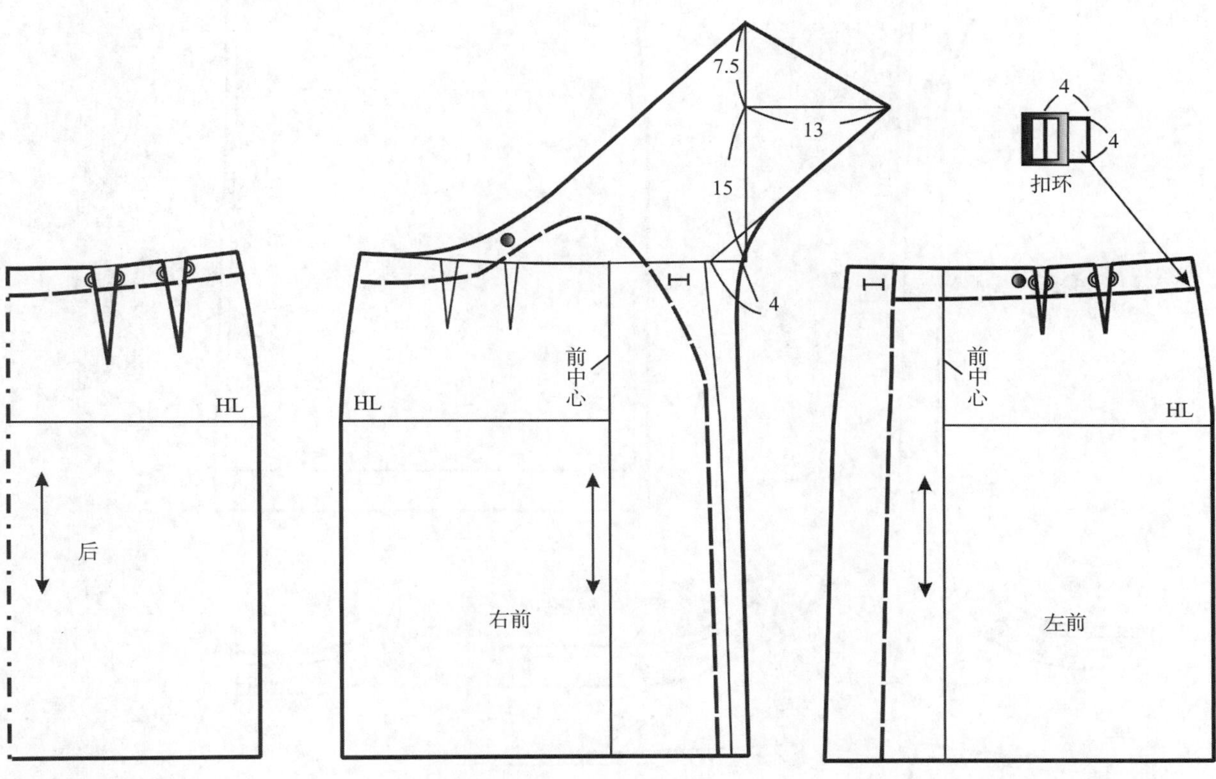

图 4–48　结构图

（四）缝头加放说明

①如图4–49所示，腰口线缝头0.8~1cm。

②侧缝头可以控制在 1~1.5cm，薄型面料缝头可以取 1cm，厚型面料缝头可以取到 1.5cm，如果需要预留放量，可以适当增加，达到 2cm。

③底边贴边的宽度为 4cm，也可以根据设计的需要自行确定。

④腰里、左右前贴边及装饰腰带缝头均为 1cm。

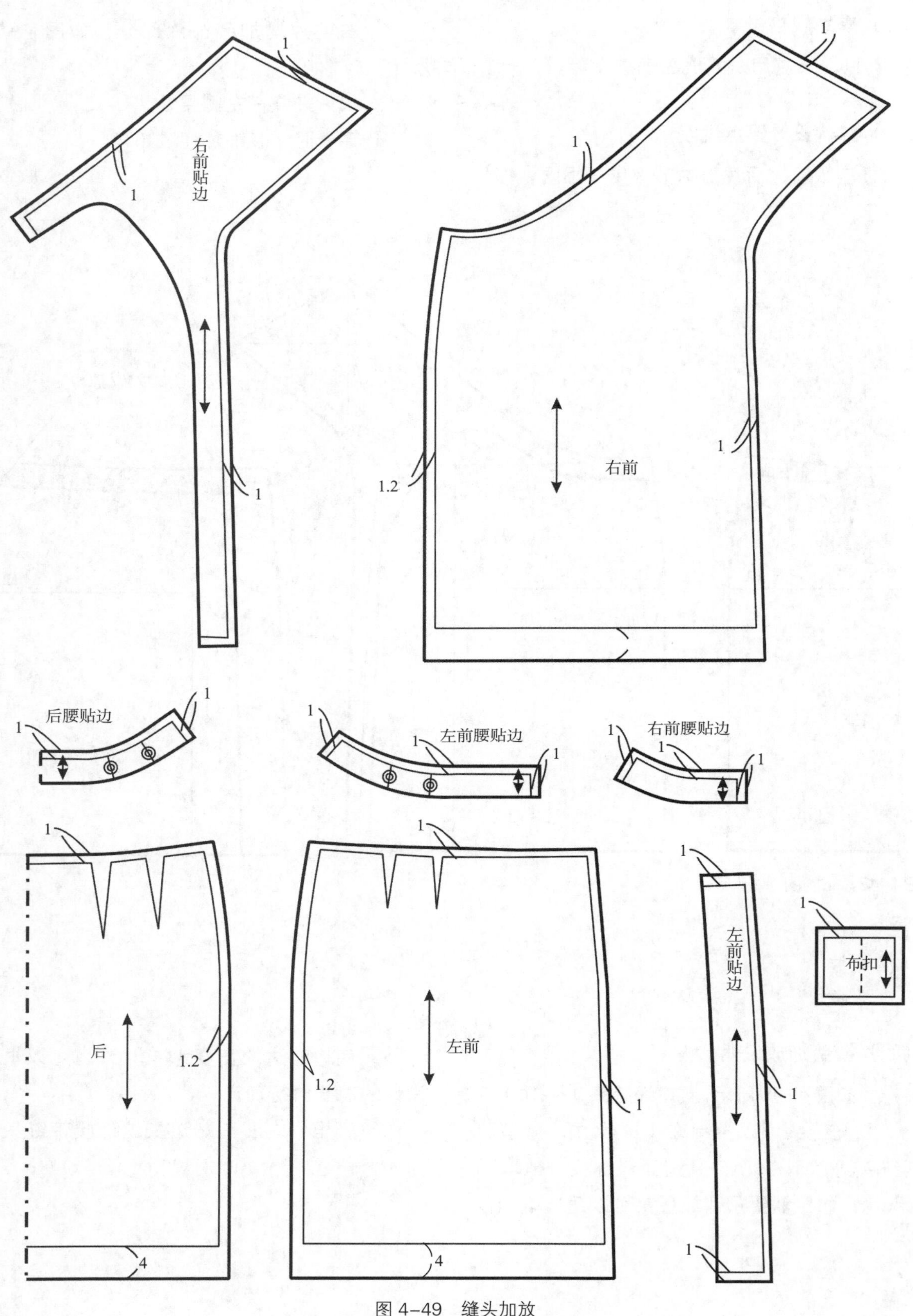

图 4-49　缝头加放

四、应用四

（一）款式特点

育克低腰短裹裙，前开口，后口袋，款式如图 4–50 所示。

（二）成品规格设置

参见本节应用一的成品规格设置。

（三）结构设计要点说明

① 该款前、后片基于本节应用一结构进行调整，前、后下摆各增加 2cm，画顺侧缝线，如图 4–51 所示。

② 过前片省尖点作水平线为育克线的辅助线，然后作育克线平行于腰口线，后片育克的宽度与前片相同。

③ 将前、后育克剪下，省道线合并成整片。

④ 将两后省合并，或者可以通过缩缝和侧缝去除部分量将后省道去除。

⑤ 后片加口袋。

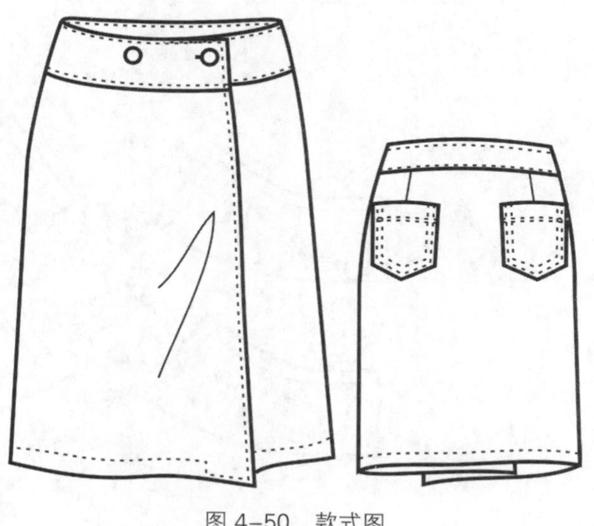

图 4–50 款式图

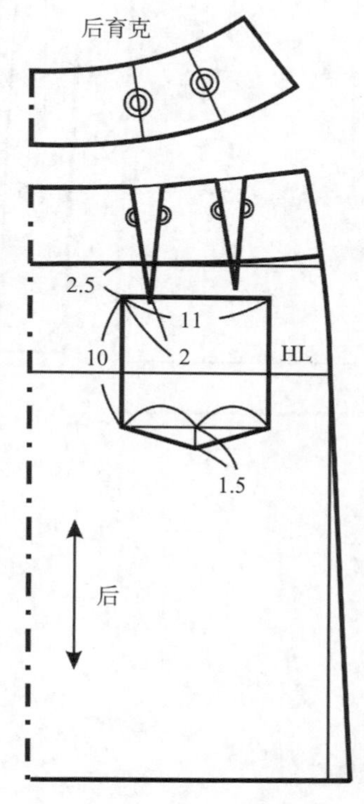

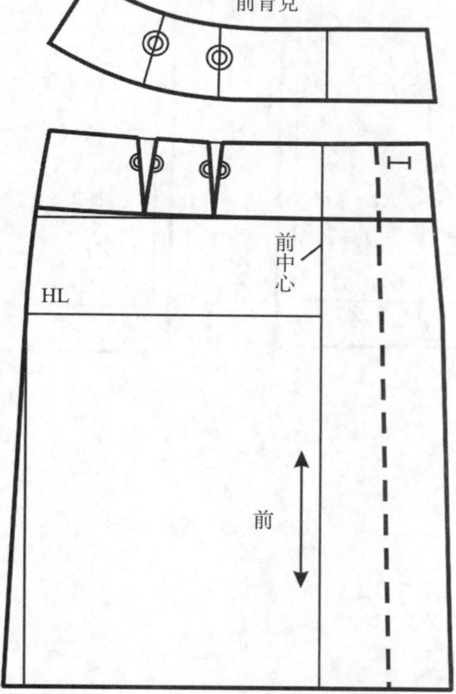

图 4–51 结构图

（四）缝头加放说明

①如图 4–52 所示，腰口线加缝头 0.8~1cm。

②侧缝头可以控制在 1~1.5cm，薄型面料缝头可以取 1cm，厚型面料缝头可以取到 1.5cm，如果需要预留放量，可以适当增加，达到 2cm。

③底边及后口袋底边贴边的宽度为 4cm，也可以根据设计的需要自行确定。

④腰里，左、右前贴边及育克面和里缝头均为 1cm。

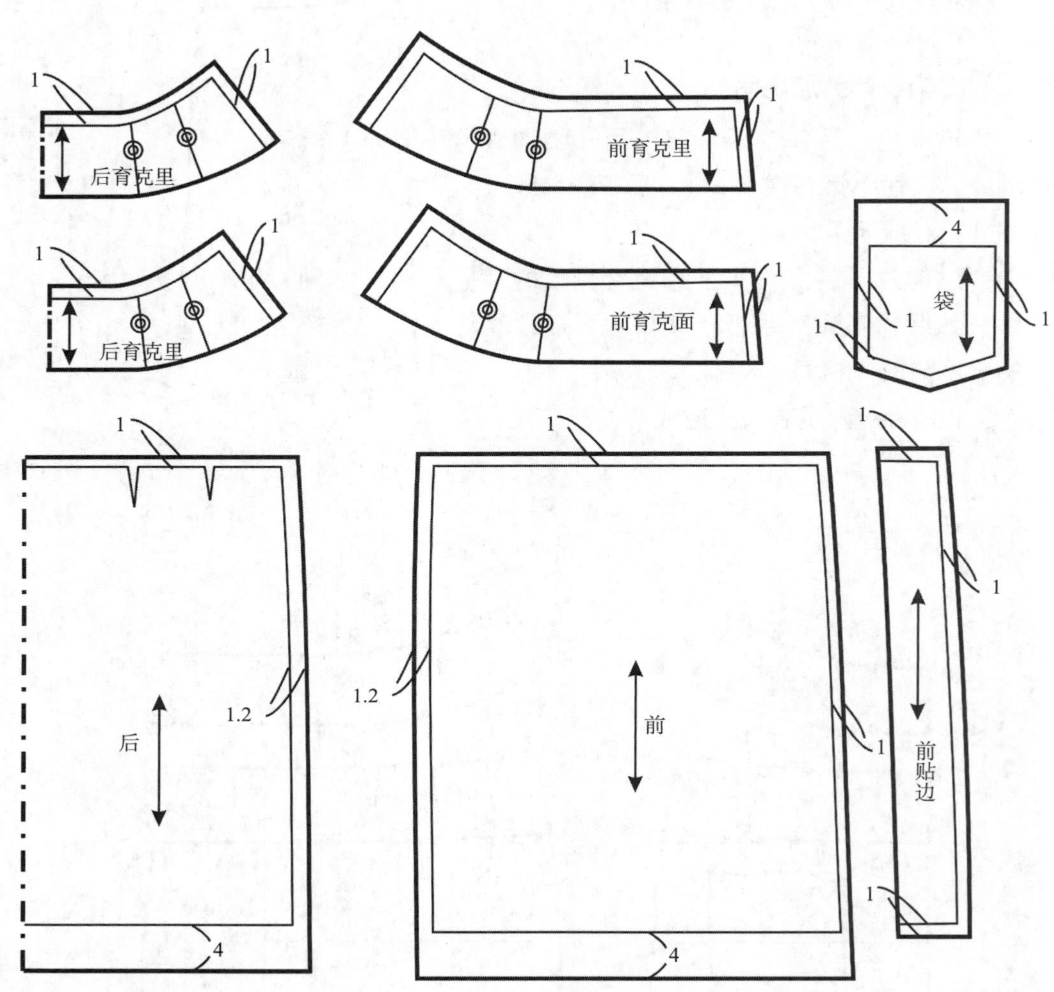

图 4–52　缝头加放

第四节　宽松型裙子应用

一、应用一

（一）款式特点

腰口松紧带宽松型短裙，款式如图 4–53 所示。

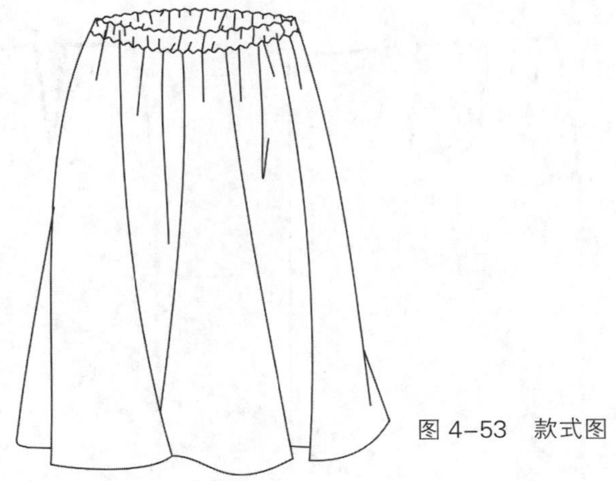

图 4–53　款式图

（二）成品规格设置

成品规格如表 4–4 所示。各部位的数据也可根据自己测量的值来确定。

臀围的大小可以根据面料的厚薄或款式的设计确定。

表 4–4　成品规格　　　　单位 :cm

号型	裙长	臀围	臀长
150/60A	46	108	16
155/64A	47.5	112	17
160/68A	49	114	18
165/72A	50.5	116	19
170/76A	53	120	20
175/80A	54.5	124	21

（三）结构设计要点说明

① 该款在基础型基础上进行结构设计，根据设计调整裙子的长度。

② 如图 4–54 所示合并前片的前中省，前侧省作为腰围的抽缩量，下摆相应增大，画顺底边线；如果需要更大的下摆可以合并部分或全部前侧省。

③ 如图 4–55 所示，然后再将前中线外移增加松量 x，x 值可以根据事先设定的要求进行增加；注意变化后的腰围要大于臀围，否则无法穿脱，如果腰围小于臀围，则需要在侧缝加拉链以便于穿脱。

④ 由于属于宽松裙子，前、后片结构可以相同。

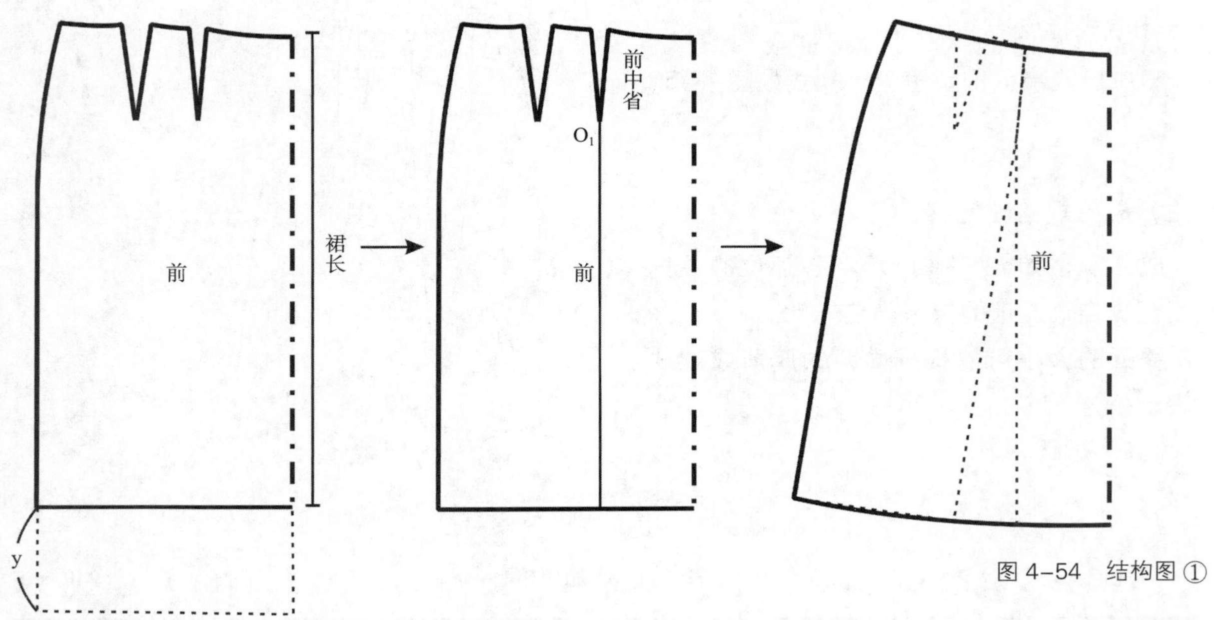

图 4–54　结构图 ①

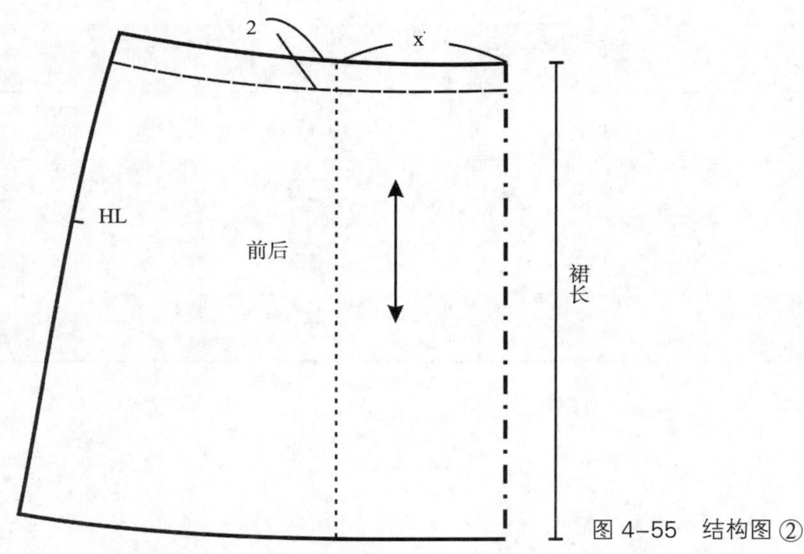

图 4–55　结构图 ②

（四）缝头加放说明

① 由于抽松紧带，腰口贴缝头宽度取2~2.5cm，如图 4–56 所示。

② 侧缝头可以控制在 1~1.5cm。

③ 底边贴边的宽度为 4cm，也可以根据设计的需要自行确定。

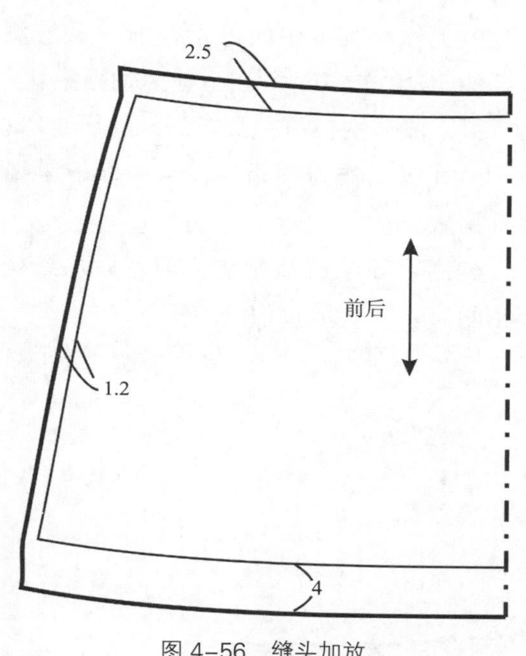

图 4–56　缝头加放

二、应用二

成品规格、结构设计与本节应用一相同。不同处是裙摆抽带。只要裙下摆穿抽带，打结即可，如图 4–57 所示。

抽带制图和缝头加放如图 4–58 所示。

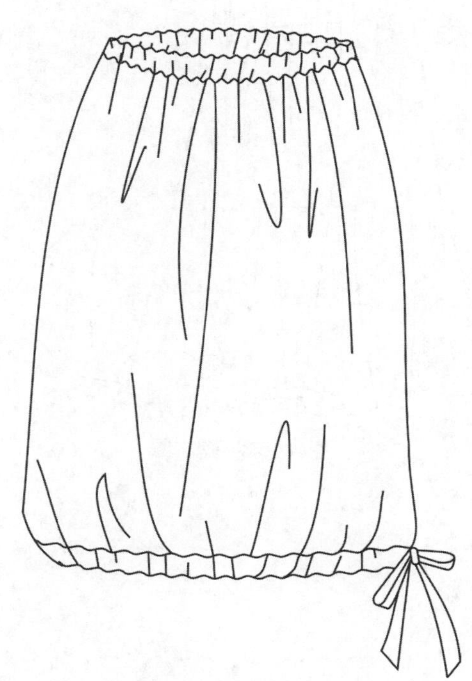

图 4–57　款式图

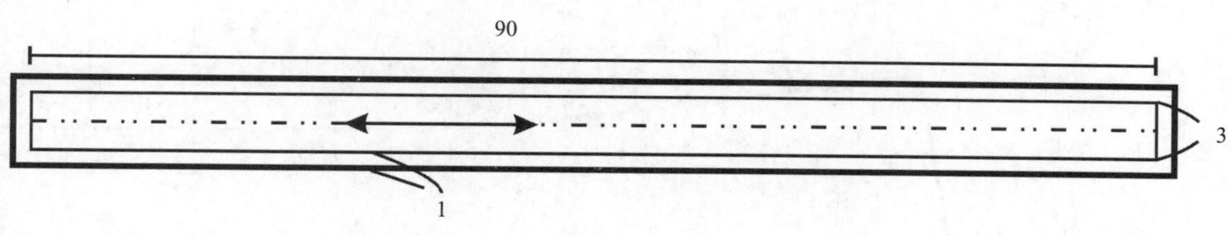

图 4–58 结构图

三、应用三

（一）款式特点

腰口松紧带三节裙，款式如图 4–59 所示。

图 4–59　款式图

（二）成品规格设置

成品规格参见本节应用一。

（三）结构设计要点说明

① 该款在本节应用一结构设计的基础上进行，将距离腰口线 16cm 作腰口线的平行线，再将裙长向下延长 15cm，如图 4–60 所示将裙子分为上段、中段和下段。

② 上段不变；中段分别在前中及前侧分别延伸 10cm 或 10cm 以上作为抽褶量。

③ 下段分别在前中及前侧分别延伸 25cm 或 25cm 以上作为抽褶量，与中段的差量即为抽褶量。

④ 由于属于宽松裙子，前、后片结构可以相同。

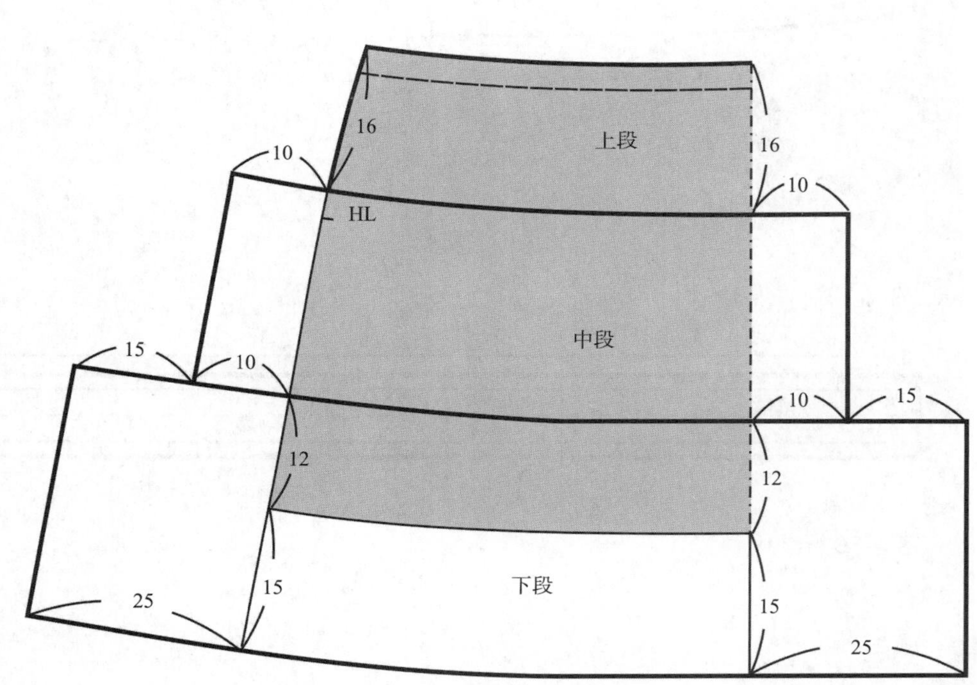

图 4–60　结构图

（四）缝头加放说明

① 如图 4-61 所示，由于抽松紧带，腰口贴宽度取 2~2.5cm。

② 侧缝头可以控制在 1~1.5cm。

③ 各段间接缝头为 1cm。

④ 底边贴边的宽度为 4cm，也可以根据设计的需要自行确定。

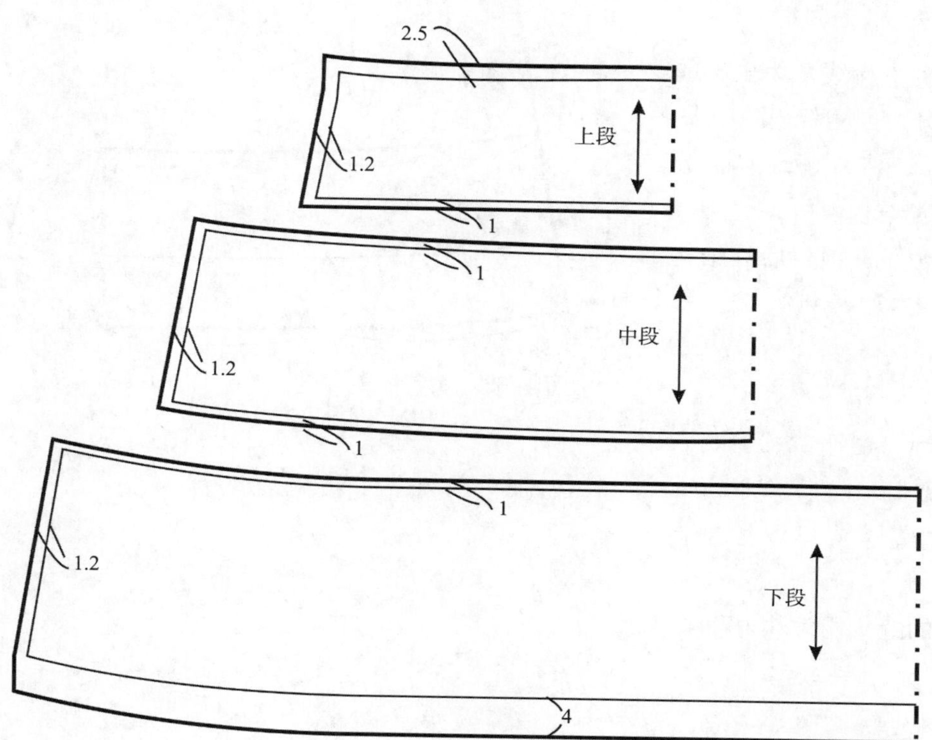

图 4-61　缝头加放

四、应用四

（一）款式特点

腰口松紧带蓬蓬裙,款式如图 4-62 所示。

（二）成品规格设置

成品规格参见本节应用一。

图 4-62　款式图

（三）结构设计要点说明

① 该款在本节应用一结构设计的基础上进行，将裙长向下延长到需要的长度，并将底边进行两等分，标出 A_1、B_1 两点，如图 4-63 所示。

② 向上作底边线的平行线，为里布的底边线，并进行四等分，如图标出 A_2、B_2 两点；为自然形成蓬松，将 A_1、B_1 两点分别与 A_2、B_2 两点对齐缝合。

③ 由于属于宽松裙子，前、后片结构可以相同。

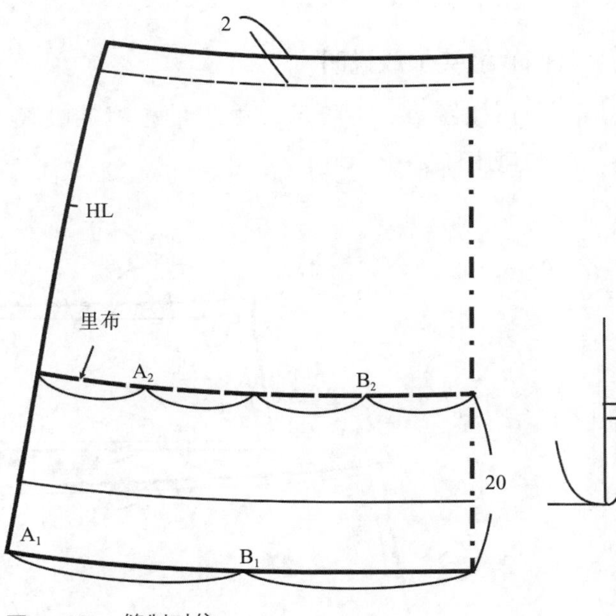

图 4-63　缝制对位

（四）缝头加放说明

① 如图 4-64 所示，由于抽松紧带，裙面腰口贴缝头宽度取 3cm。

② 裙里与面的侧缝缝头可以控制在 1~1.5cm。

③ 裙里与面底边的缝头均为 1cm。

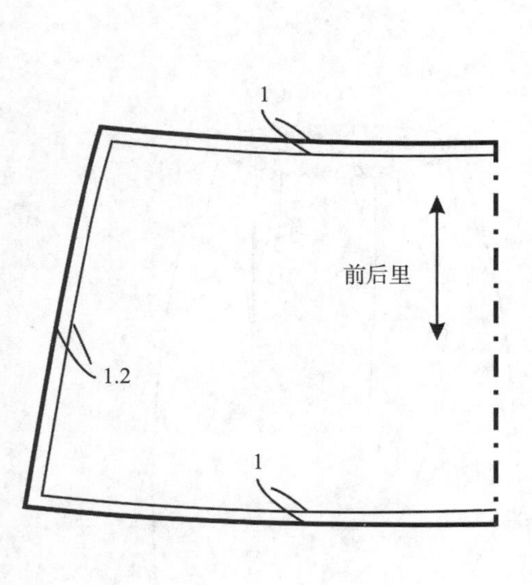

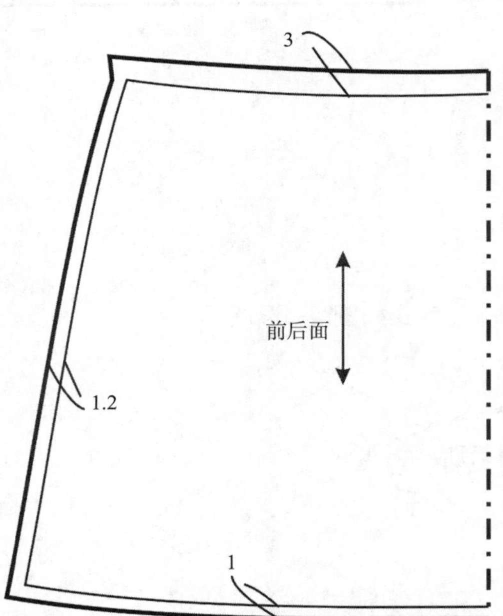

图 4-64　缝头加放

第五章

裙装结构设计实例

第一节　直筒裙

一、直筒裙一

（一）款式特点

装腰直筒型裙，右前侧开衩，后中缝装拉链，款式如图 5–1 所示。

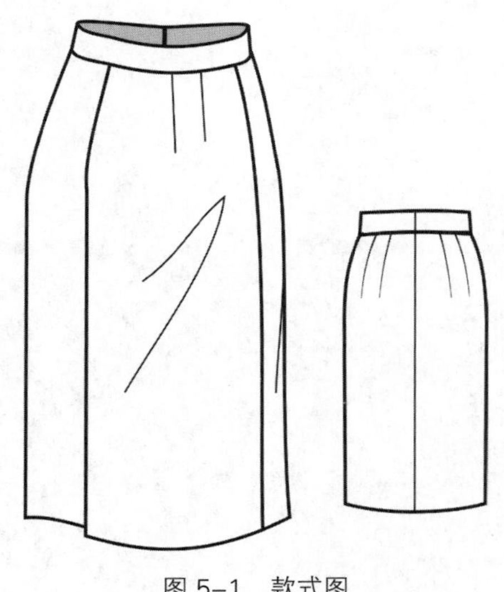

图 5–1　款式图

（二）成品规格设置

成品规格如表 5–1 所示。各部位的数据也可根据自己测量的值来确定。

如果面料没有弹性的话，为满足人体的基本活动量，臀围可在净臀围的基础上加 4cm 或 4cm 以上。

表 5–1　成品规格　　单位：cm

号型	裙长	腰围	臀围	臀长	腰头宽
150/60A	66.5	60	88	16	2.5
155/64A	68.5	64	92	17	2.5
160/68A	70.5	68	94	18	2.5
165/72A	72.5	72	96	19	2.5
170/76A	74.5	76	100	20	2.5
175/80A	76.5	80	104	21	2.5

（三）结构设计要点说明

① 该款中长裙在基础型裙子上进行结构设计，长度在基础型裙子的基础上向下延长，裙子底边线达到裙长的要求，前、后底边侧缝分别向外增加 0.5cm 并画顺侧缝线，如图 5-2 所示。

② 将前右臀围线进行两等分，过两等分点作垂线，将右前的两腰省量转移到该垂线处，如果转移后的省道偏大，也可将部分省道量转移到侧缝，画顺纵向分割线和侧缝线。

③ 确定右前侧开衩位、经向线和装拉链止点即可。

（四）缝头加放说明

缝头加放参见第四章的相关内容，以下款式均同。

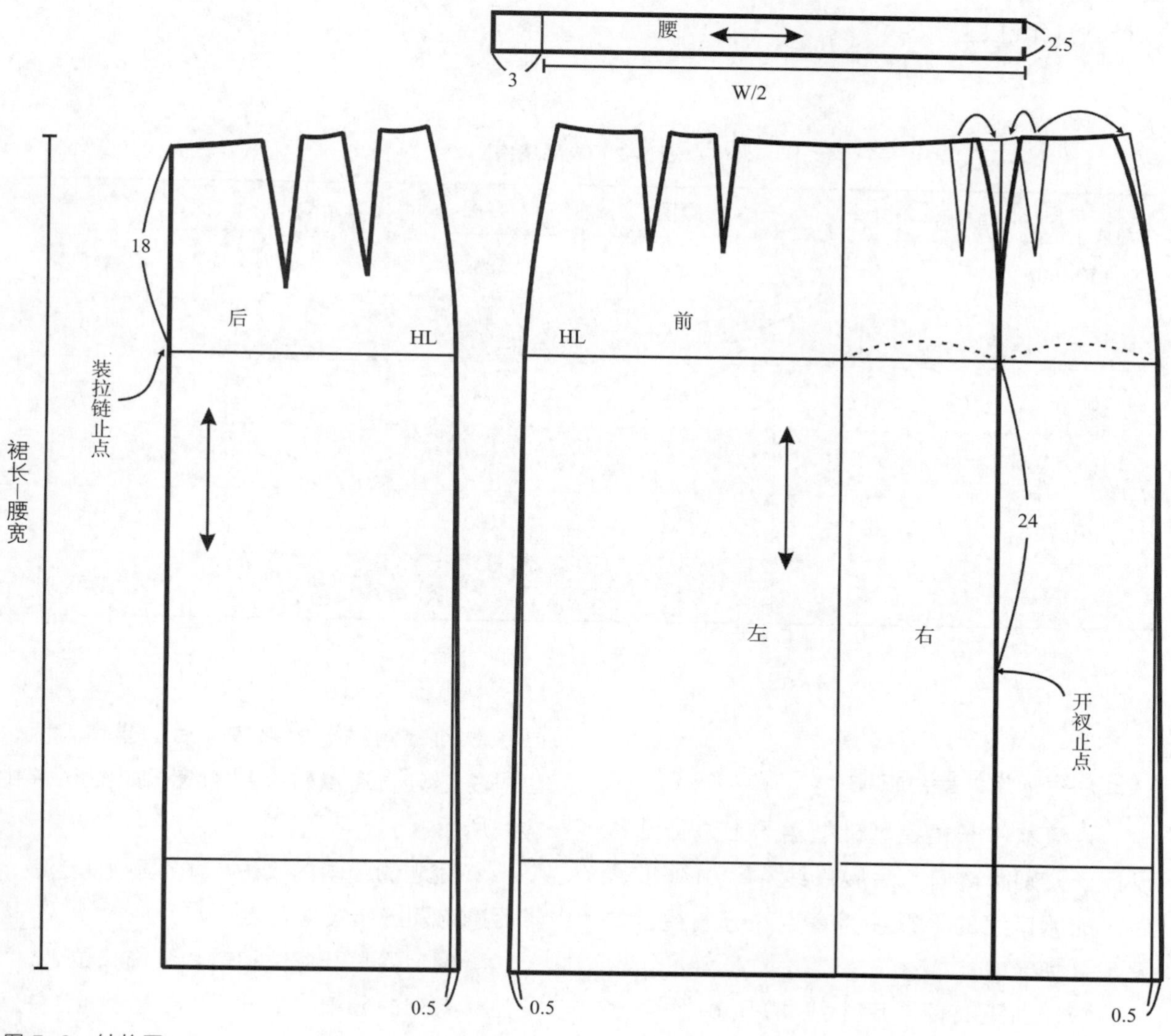

图 5-2　结构图

二、直筒裙二

（一）款式特点

低腰育克直筒型裙，后片分割缝开衩，侧缝装拉链，款式如图 5-3 所示。

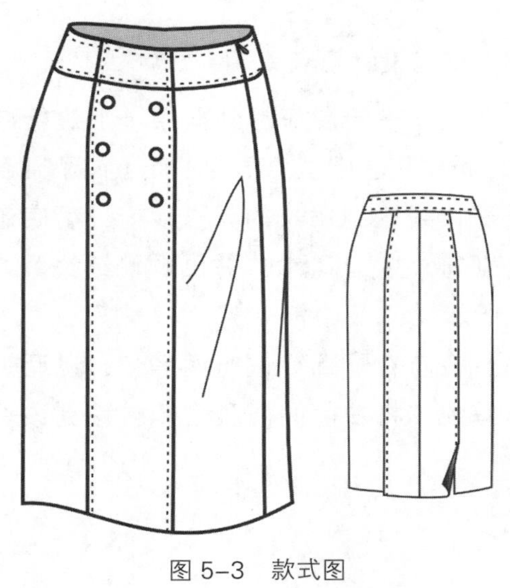

图 5-3　款式图

（二）成品规格设置

成品规格如表 5-2 所示。各部位的数据也可根据自己测量的值来确定。

如果面料没有弹性的话，为满足人体的基本活动量，臀围可在净臀围的基础上加 4cm 或 4cm 以上。

表 5-2　成品规格　　单位：cm

号型	裙长	腰围	臀围	臀长	育克宽
150/60A	54	60	88	16	4.5
155/64A	56	64	92	17	4.5
160/68A	58	68	94	18	4.5
165/72A	60	72	96	19	4.5
170/76A	62	76	100	20	4.5
175/80A	64	80	104	21	4.5

（三）结构设计要点说明

① 该款中长裙在基础型裙子上进行结构设计，分别距离前、后腰口线 4.5cm 作前、后片的腰口线的平行线为育克的分割线，如图 5-4 所示。

② 分别距离前、后中线 10.5cm 作垂线为纵向分割线的辅助线，并与育克分割线相交，然后将前、后省道分别转至该垂线处，画顺纵向分割线；如果转移后的省道偏大，也可将部分省道量转移到侧缝，如图 5-4 中虚线所示。

③ 底边侧缝向内收进 1cm 画顺侧缝线，然后确定侧缝装拉链止点。

④ 确定后片开衩位和前片装饰扣位。

⑤ 育克的分割线剪开，将省道分别合并，修顺腰口线和育克底边线。

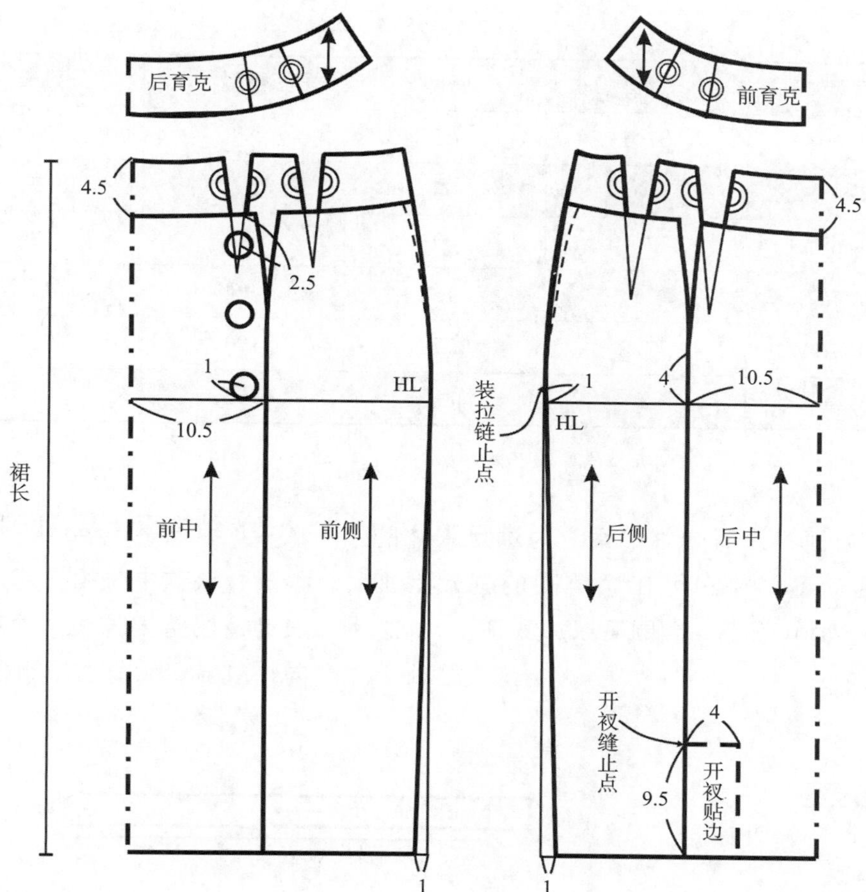

图 5-4　结构图

三、直筒裙三

（一）款式特点

装腰不对称折裥型直筒裙，后中缝装拉链，款式如图 5-5 所示。

（二）成品规格设置

成品规格如表 5-3 所示。各部位的数据也可根据自己测量的值来确定。

图 5-5　款式图

表 5-3　成品规格　　　　单位：cm

号型	裙长	腰围	臀围	臀长	腰头宽
150/60A	67.5	61	88	16	2.5
155/64A	70	65	92	17	2.5
160/68A	72.5	69	94	18	2.5
165/72A	75	73	96	19	2.5
170/76A	77.5	77	100	20	2.5
175/80A	80	81	104	21	2.5

如果面料没有弹性的话，为满足人体的基本活动量，臀围可在净臀围的基础上加 4cm 或 4cm 以上，腰围可以加放 0~2cm。

（三）结构设计要点说明

① 该款中长裙在基础型裙子上进行结构设计，调整裙长线，确定裙长后，底边侧缝向外放出 0.5cm 画顺侧缝线，如图 5-6 所示。

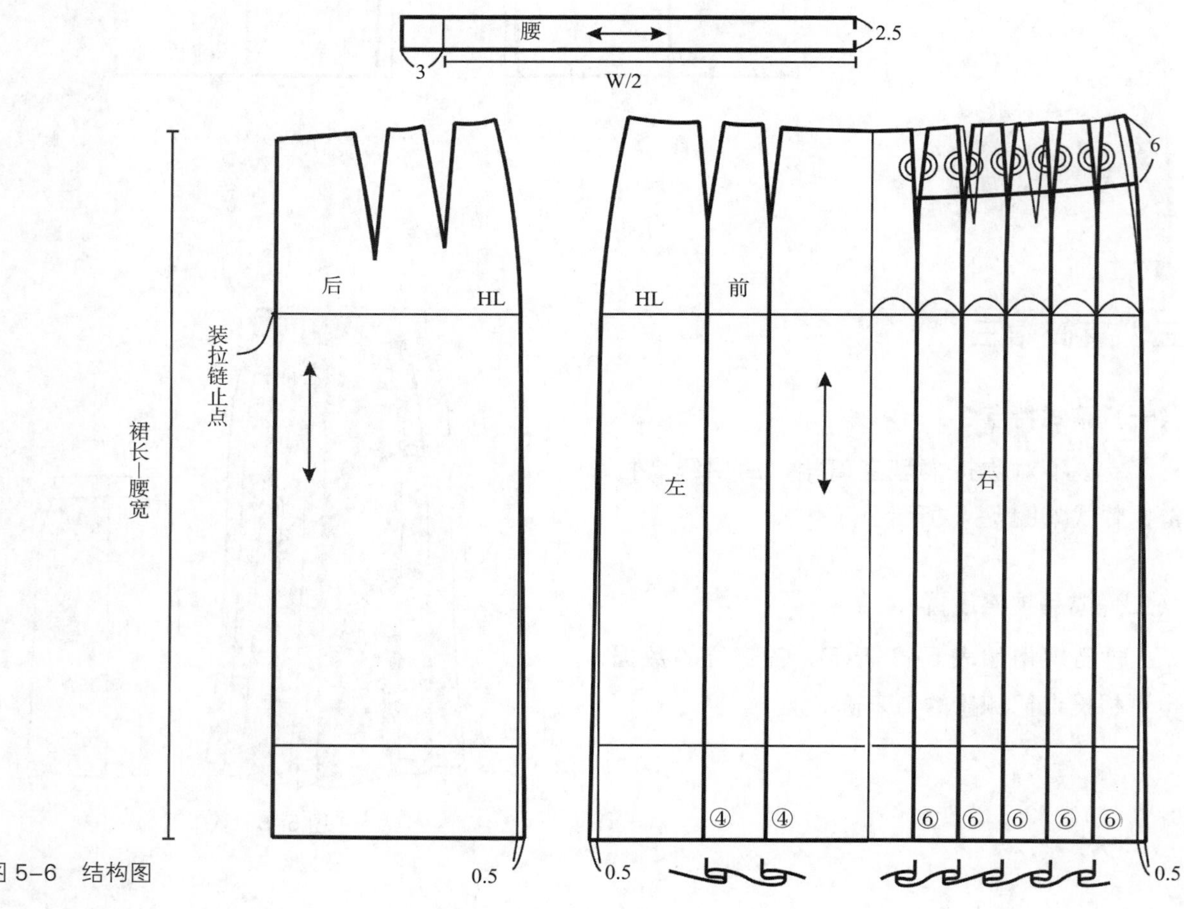

图 5-6　结构图

② 确定后中缝片装拉链止点，如果左右后片不分开的话，可以将拉链装在侧缝处。

③ 过左前片两个省尖点作两条垂线。

④ 将右臀围线进行 6 等分，并过等分点作 5 条垂线。

⑤ 然后将右前片腰省量及部分侧缝撇去量转至 5 个垂直线处，形成新的省尖点。

⑥ 在距离右前腰口线 6cm 画平行线。

⑦ 剪开右前腰口线的平行线，合并省道，形成一片，画顺腰口线，如图 5-7 所示。

⑧ 剪开左边两条垂线，分别平移 4cm 作为折裥量。

⑨ 剪开右边 5 条垂线，分别拉开距离为 6cm 作为折裥量。

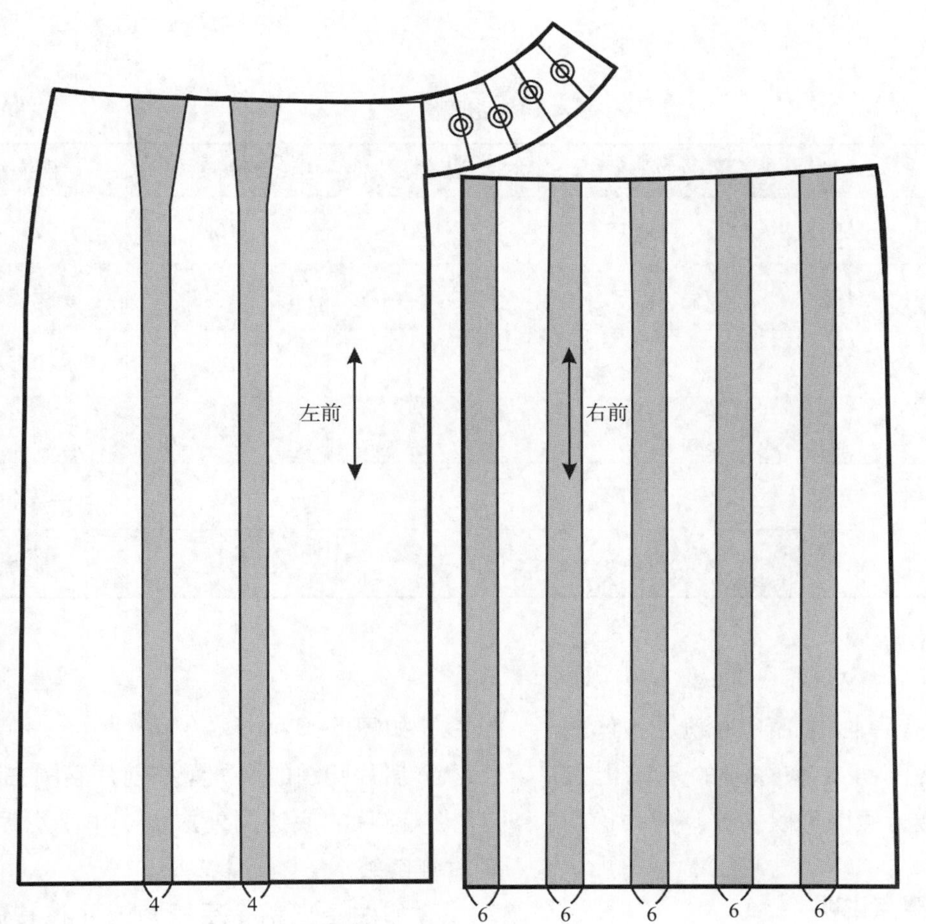

图 5-7　切展图

四、直筒裙四

（一）款式特点

装腰直筒型波浪裙角裙，侧缝装拉链，款式如图 5–8 所示。

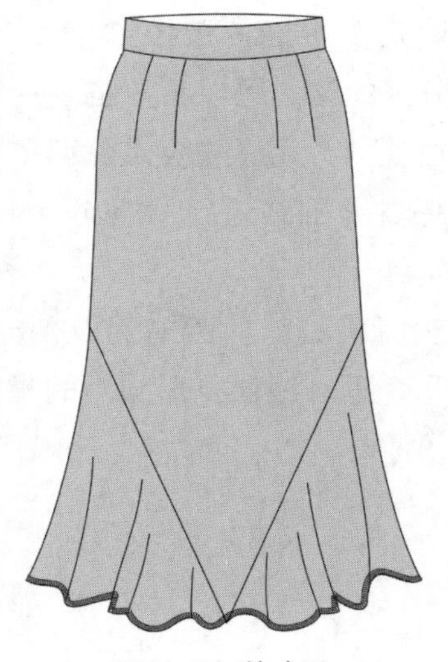

图 5–8　款式图

（二）成品规格设置

成品规格如表 5–4 所示。各部位的数据也可根据自己测量的值来确定。

表 5–4　成品规格　　单位 :cm

号型	裙长	腰围	臀围	臀长	腰头宽
150/60A	69.5	61	92	16	2.5
155/64A	72	65	96	17	2.5
160/68A	74.5	69	98	18	2.5
165/72A	77	73	100	19	2.5
170/76A	79.5	77	104	20	2.5
175/80A	82	81	108	21	2.5

如果面料没有弹性的话，为满足人体的基本活动量，臀围可在净臀围的基础上加 4cm 或 4cm 以上，腰围可以加放 0~2cm。

（三）结构设计要点说明

① 该款中长裙在基础型裙子上进行结构设计，延长前、后中线确定裙长，然后将后片臀围线向外延长 2cm，然后向下作垂线，向上作侧缝线；腰口线侧缝处向外放出 1cm；底边向外放出 1cm，然后画顺后片侧缝线，如图 5–9 所示。

② 后片腰围的增加量在前片腰围去除。

③ 前片的底边向外放出 1cm，然后画顺前片侧缝线。

④ 如图画出前、后裙角，并将其进行 6 等分。

⑤ 然后剪开裙角并展开，展开量如图 5–10 所示，展开量的大小可以根据设计来确定，然后画顺裙角上下弧线。

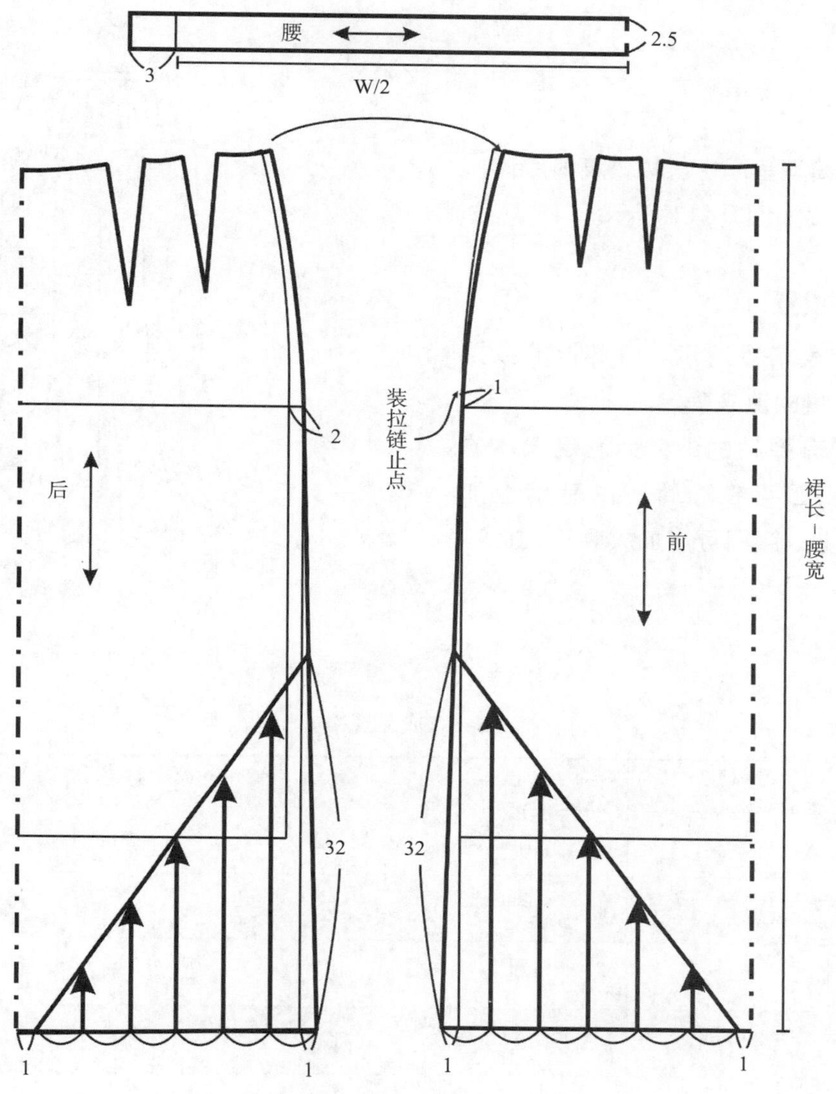

图 5-9 结构图

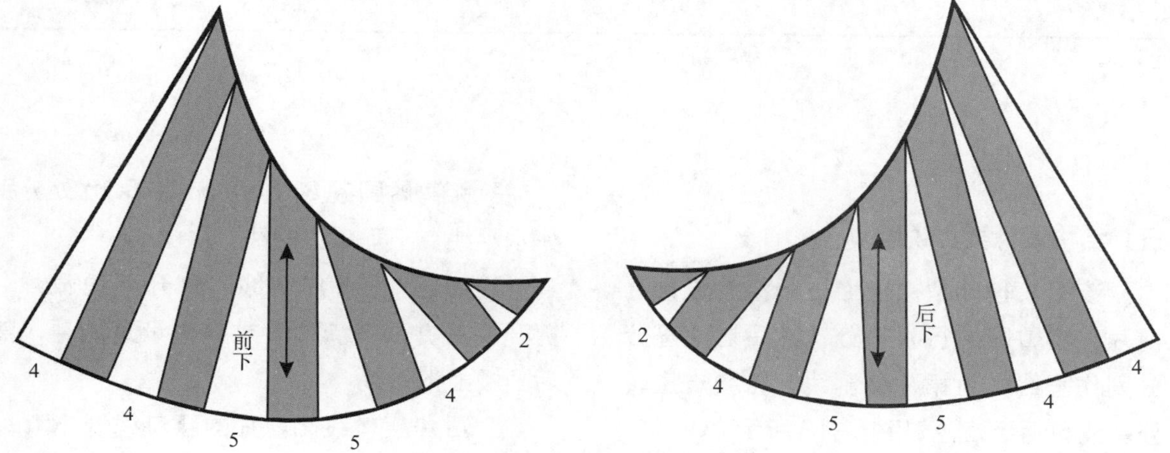

图 5-10 切展图

五、直筒裙五

（一）款式特点

装腰八片直筒型鱼尾中长裙，波浪底边，侧缝装拉链，款式如图 5–11 所示。

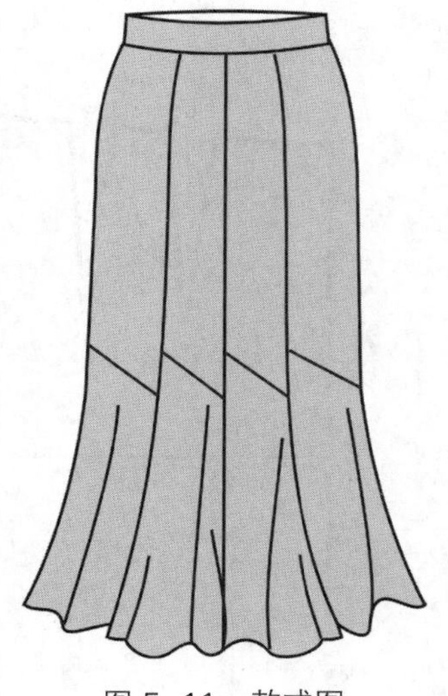

图 5–11　款式图

（二）成品规格设置

成品规格如表 5–5 所示。各部位的数据也可根据自己测量的值来确定。

如果面料没有弹性的话，为满足人体的基本活动量，臀围可在净臀围的基础上加 4cm 或 4cm 以上，腰围可以加放 0~2cm。

表 5–5　成品规格　　单位 :cm

号型	裙长	腰围	臀围	臀长	腰头宽
150/60A	69.5	61	92	16	2.5
155/64A	72	65	96	17	2.5
160/68A	74.5	69	98	18	2.5
165/72A	77	73	100	19	2.5
170/76A	79.5	77	104	20	2.5
175/80A	82	81	108	21	2.5

（三）结构设计要点说明

① 该裙在基础型裙子上进行结构设计，取前片，将臀围进行 4 等分，然后过 4 等分点分别作垂线作为裙片分割线，将腰省量转至分割线和侧缝处，如图 5–12 所示。

② 画顺侧缝和分割缝。

③ 距离臀围线 23.5cm 和 28.5cm 处分别作水平线交于垂直分割线。

④ 如图 5–12 作斜线，分开下边裁片，剪开中线并展开 12cm 或事先设定的量，然后画顺上下弧线。

⑤ 后片腰口线比前片的腰口线低 1cm，其他部位与前片相同。

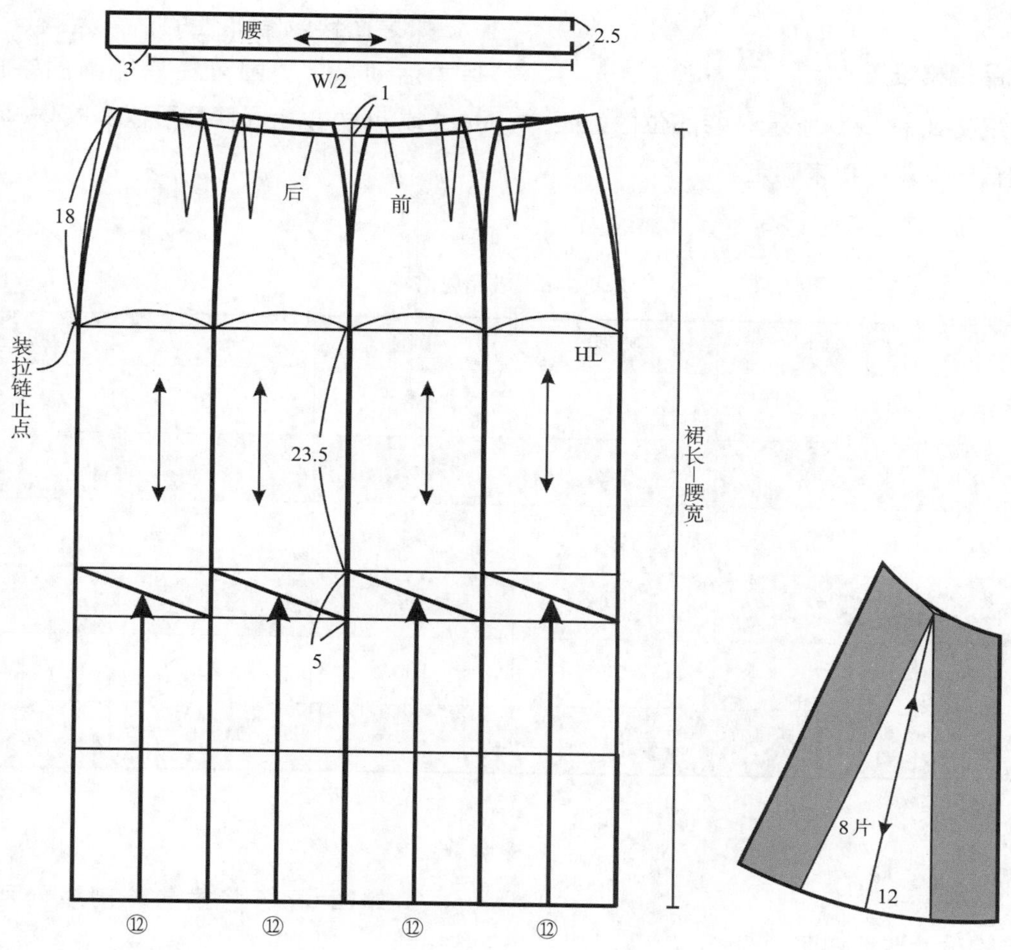

图 5-12　结构图与切展图

六、直筒型裙六

（一）款式特点

六片装腰直筒型不对称鱼尾中长裙，波浪底边，侧缝装拉链，款式如图 5-13 所示。

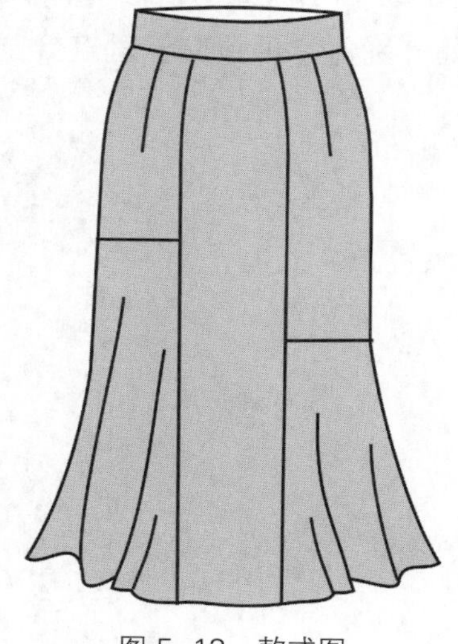
图 5-13　款式图

（二）成品规格设置

成品规格如表 5-6 所示。各部位的数据也可根据自己测量的值来确定。

如果面料没有弹性的话，为满足人体的基本活动量，臀围可在净臀围的基础上加 4cm 或 4cm 以上，腰围可以加放 0~2cm。

表 5-6　成品规格　　单位 :cm

号型	裙长	腰围	臀围	臀长	腰头宽
150/60A	67.5	61	88	16	2.5
155/64A	70	65	92	17	2.5
160/68A	72.5	69	94	18	2.5
165/72A	75	73	96	19	2.5
170/76A	77.5	77	100	20	2.5
175/80A	80	81	104	21	2.5

（三）结构设计要点说明

① 该款中长裙在基础型裙子上进行结构设计，过前、后片前中省的省尖点分别作垂线作为裙片分割线。

② 如图 5-14 所示，距离臀围线 10cm 和 22cm 处分别作水平线交于垂直分割线。

③ 如图 5-14 将横向分割线分别进行 3 等分。

④ 将前、后侧片分别对接成一整片，然后，剪开等分线并展开 4cm 或事先设定的量，然后画顺上下弧线，如图 5-15 所示。

⑤ 在侧缝确定装拉链止点。

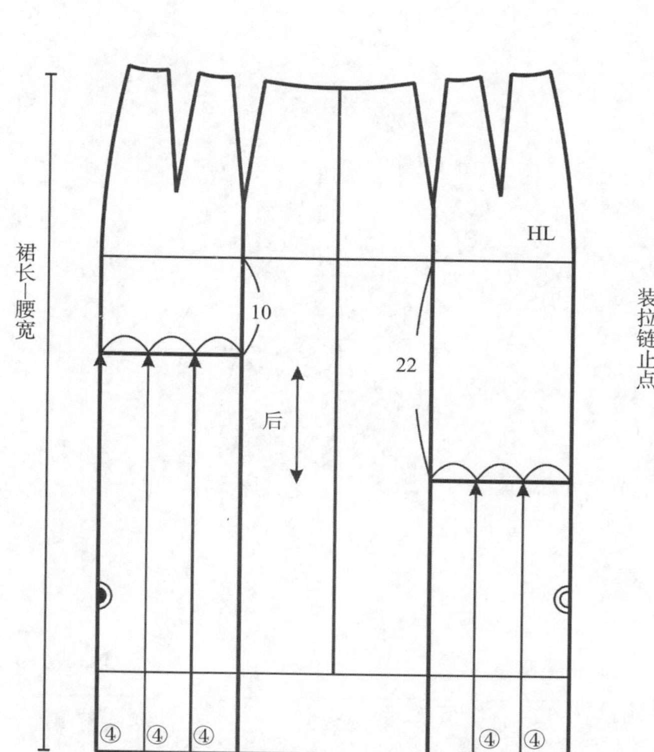

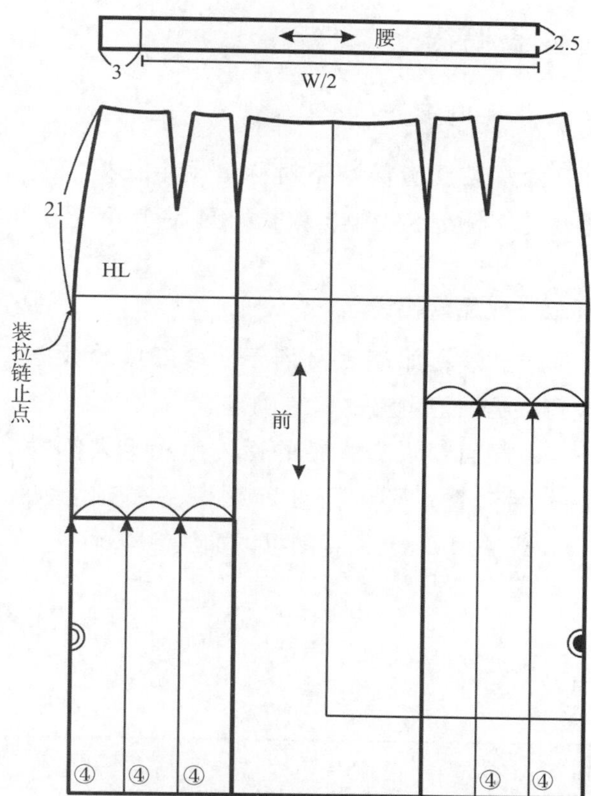

图 5-14 结构图

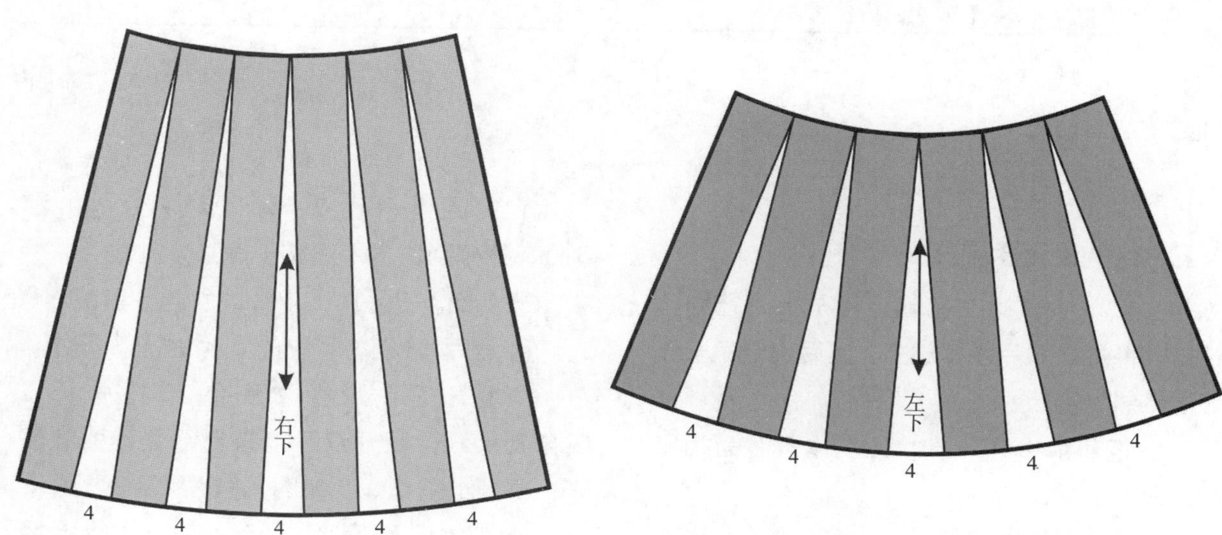

图 5-15 切展图

七、直筒裙七

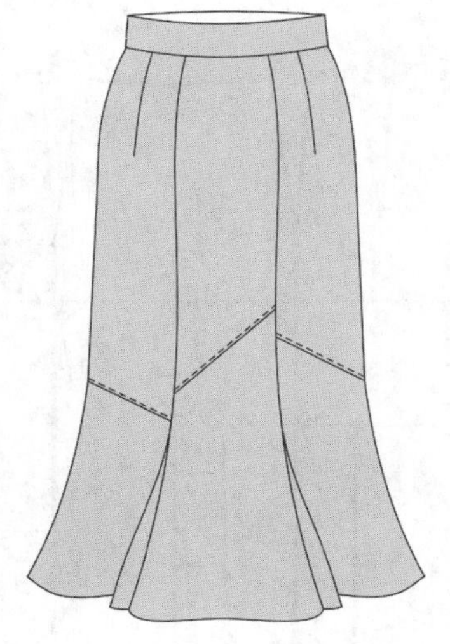

图 5-16　款式图

（一）款式特点

六片装腰直筒型不对称鱼尾中长裙，波浪底边，侧缝装拉链，款式如图 5-16 所示。

（二）成品规格设置

成品规格如表 5-7 所示。各部位的数据也可根据自己测量的值来确定。

如果面料没有弹性的话，为满足人体的基本活动量，臀围可在净臀围的基础上加 4cm 或 4cm 以上，腰围可以加放 0~2cm。

表 5-7　成品规格　　单位 :cm

号型	裙长	腰围	臀围	臀长	腰头宽
150/60A	74	61	92	16	2
155/64A	76	65	96	17	2
160/68A	78	69	98	18	2
165/72A	80	73	100	19	2
170/76A	82	77	104	20	2
175/80A	84	81	108	21	2

（三）结构设计要点说明

① 该款中长裙在基础型裙子上进行结构设计，将左右前片并排放齐，然后确定裙长，如图 5-17 所示。

② 距离前中线 11cm 分别作垂线为裙子的纵向分割线。

③ 将前中省转移至纵向分割线处，将侧腰省向侧缝移动到如图 5-17 的位置。

④ 如图 5-17，距离底边线 27cm 和 32cm 处分别作水平线交于垂直分割线。

⑤ 如图 5-17 作出 3 片的斜向分割线。

⑥ 然后，分别将下段的 3 片进行 3 等分。

⑦ 剪开 3 等分线，如图 5-18 将 A、B、C 分别展开，展开量可以按自己设计的量展开，画顺上下弧线，如图 5-18 所示。

⑧ 在侧缝确定装拉链止点，并标出经向线。

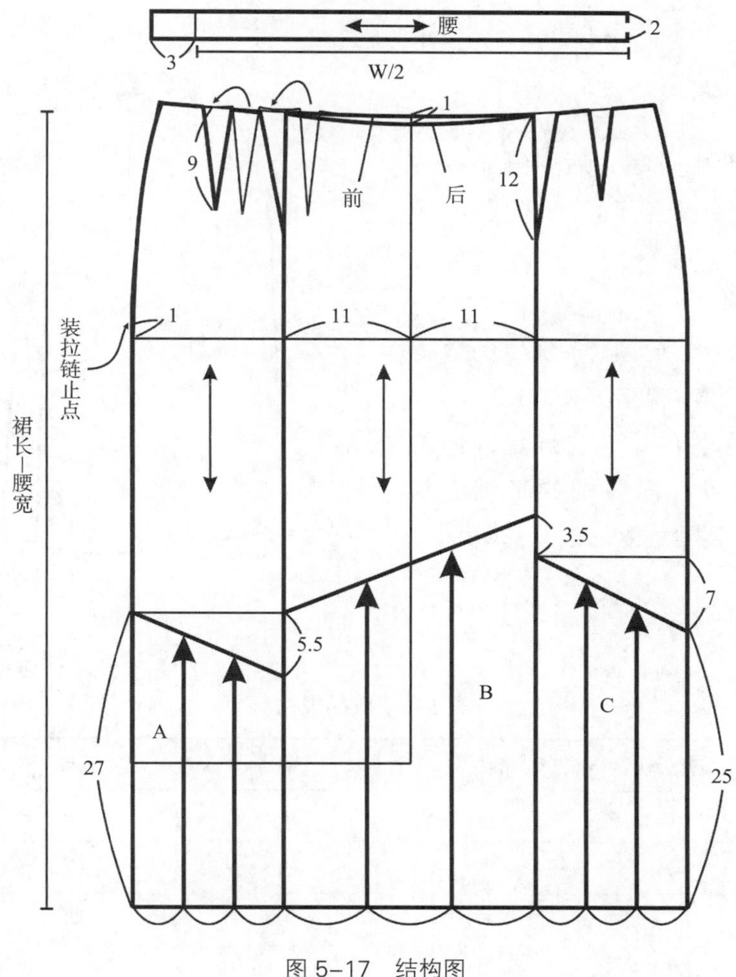

图 5-17　结构图

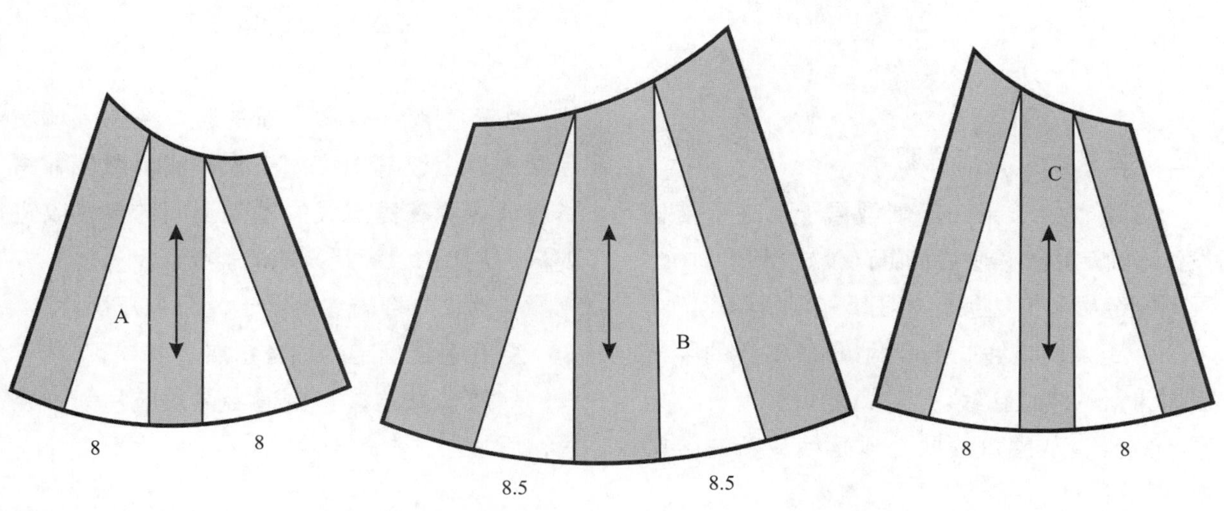

图 5-18　切展图

八、直筒裙八

（一）款式特点

高腰连腰直筒型中长裙，后中缝开衩并装拉链，款式如图 5–19 所示。

图 5–19　款式图

（二）成品规格设置

成品规格如表 5–8 所示。各部位的数据也可根据自己测量的值来确定。

如果面料没有弹性的话，为满足人体的基本活动量，臀围可在净臀围的基础上加 4cm 或 4cm 以上，腰围可以加放 0~2cm。

表 5–8　成品规格　　单位 :cm

号型	裙长	腰围	臀围	臀长	腰头宽
150/60A	61	61	92	16	5
155/64A	63	65	96	17	5
160/68A	65	69	98	18	5
165/72A	67	73	100	19	5
170/76A	69	77	104	20	5
175/80A	71	81	108	21	5

（三）结构设计要点说明

① 该款中长裙在基础型裙子上进行结构设计，确定裙长，底边侧缝向外放出 2.5cm，画顺侧缝线和底边线，如图 5–20 所示。

② 距离腰口线向上 5cm 作腰口线的平行线，为新的腰口弧线。

③ 腰省从腰口线向上作垂线交新的腰口线，由于高腰并连腰，新的腰口线在人体实际腰围以上，其围度大于人体实际腰围，将省道上边缘在垂直线的基础上向内分别收进 0.2~0.3cm，以满足人体的需要。

④ 为便于穿着者的行走，后中开衩。

⑤ 在侧缝确定装拉链止点。

⑥ 腰口贴边，将省道合并，前片为一整片，后片左、右各一片。

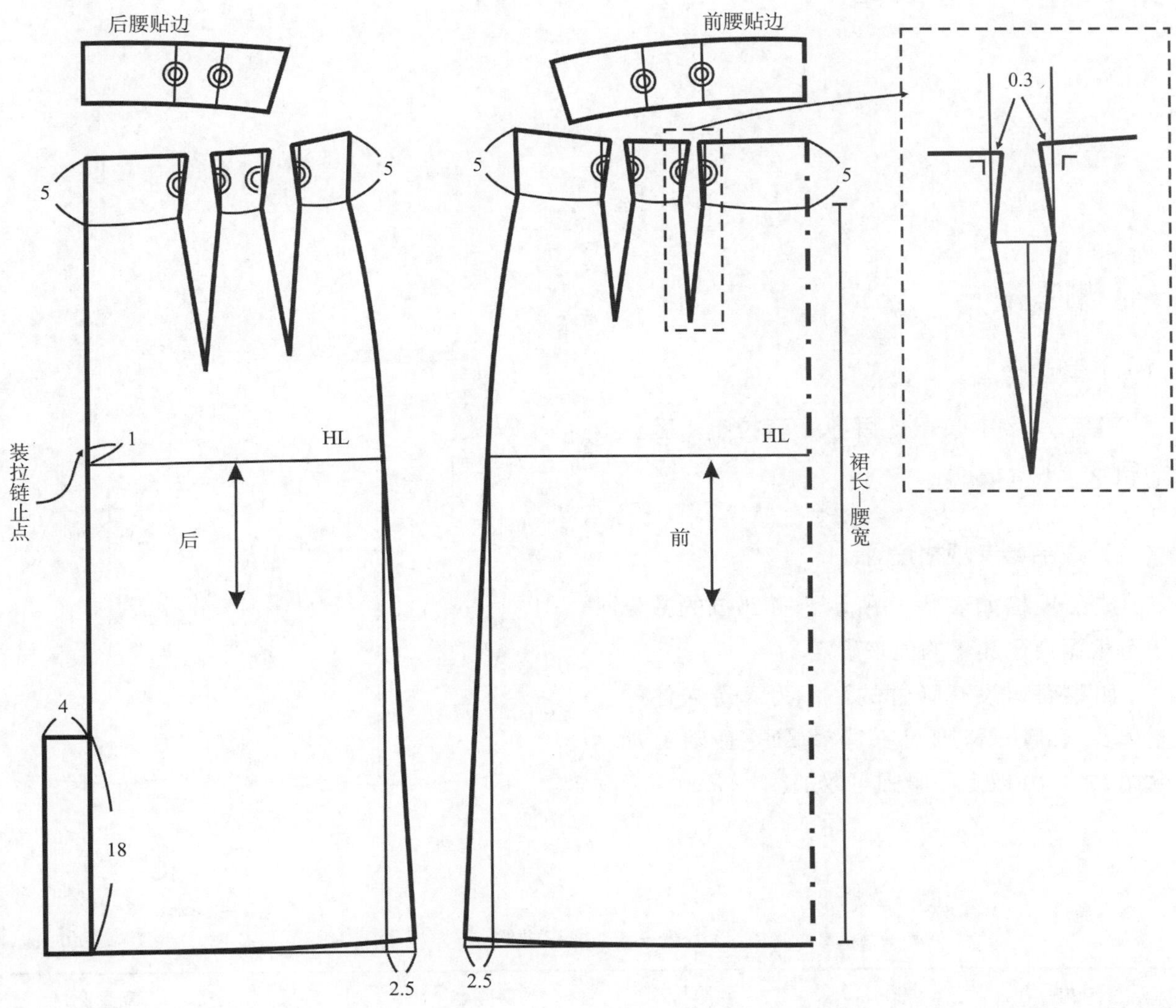

图 5-20　结构图

第二节　喇叭裙

一、喇叭裙一

（一）款式特点

育克 A 字中长裙，后中缝装拉链，款式如图 5–21 所示。

（二）成品参考规格设置

成品规格如表 5–9 所示。各部位的数据也可根据自己测量的值来确定。

如果面料没有弹性的话，为满足人体的基本活动量，臀围可在净臀围的基础上加 4cm 或 4cm 以上，腰围可以加放 0~2cm。

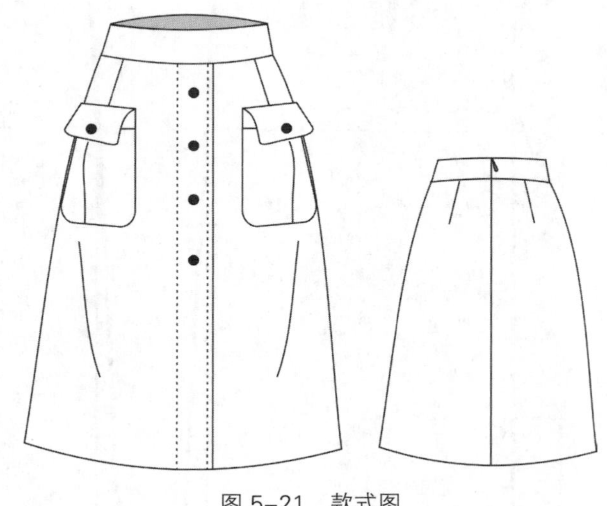

图 5–21　款式图

表 5–9　成品规格　　单位 :cm

号型	裙长	腰围	臀围	臀长	育克宽
150/60A	61	61	92	16	3.8
155/64A	63	65	96	17	3.8
160/68A	65	69	98	18	3.8
165/72A	67	73	100	19	3.8
170/76A	69	77	104	20	3.8
175/80A	71	81	108	21	3.8

（三）结构设计要点说明

①该裙在基础型裙子上进行结构设计，确定裙长，底边侧缝向外放出3cm，画顺侧缝线和底边线，如图5-22所示。

②距离腰口线3.8cm作腰口线的平行线。

③将两腰省量合为一个省道，并转移到中间位置，如果转移后的省道偏大，也可将部分省道量转移到侧缝。

④沿育克的分割线剪开，将省道分别合并，育克上、下边线画顺。

⑤如图5-22画前门襟。

⑥确定前开衩的长度和钉扣位。

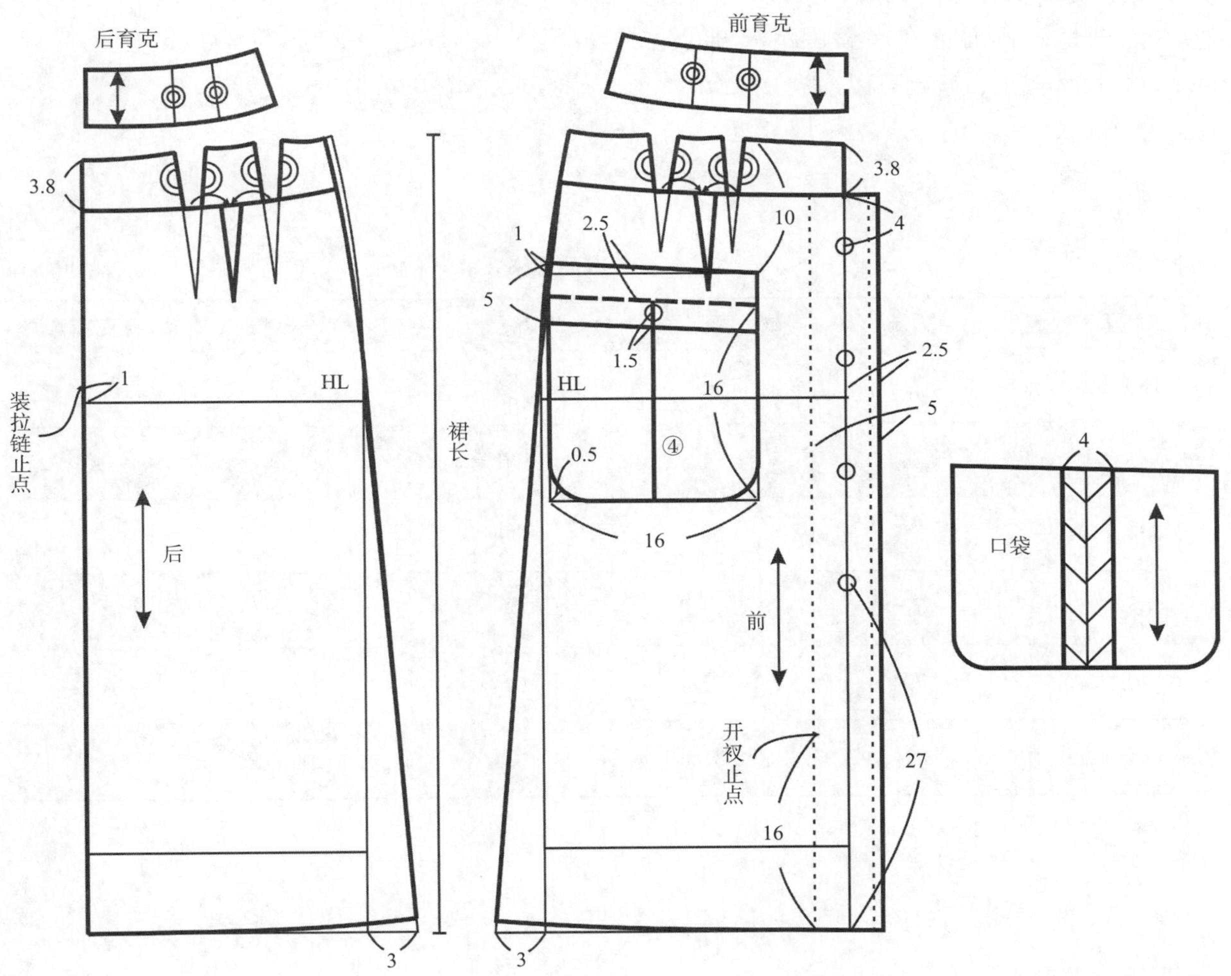

图5-22 结构图

二、喇叭裙二

（一）款式特点

低腰育克折裥微喇叭型中长裙，侧缝装拉链，款式如图 5-23 所示。

图 5-23 款式图

（二）成品参考规格设置

成品规格如表 5-10 所示。各部位的数据也可根据自己测量的值来确定。

如果面料没有弹性的话，为满足人体的基本活动量，臀围可在净臀围的基础上加 4cm 或 4cm 以上，腰围可以加放 0~2cm。

表 5-10 成品规格 单位 :cm

号型	裙长	腰围	臀围	臀长	育克宽
150/60A	71	61	92	16	6
155/64A	73	65	96	17	6
160/68A	75	69	98	18	6
165/72A	77	73	100	19	6
170/76A	79	77	104	20	6
175/80A	81	81	108	21	6

（三）结构设计要点说明

①该裙在基础型前裙片上进行结构设计，确定裙长，侧缝向外放出 3cm 并画顺底边线，前、后片相同，如图 5-24 所示。

①距离腰口线向下 6cm 作腰口线的平行线，为育克的分割线。

③将育克线以下裙片的省道转移至侧缝，并画顺侧缝线。

④前、后中线向外放出 12cm 画新的前、后中心线，12cm 为折裥量，折裥的分配如图所示。

⑤在侧缝确定装拉链止点。

⑥沿育克的分割线剪开，将省道合并，前、后片形成各一整片。

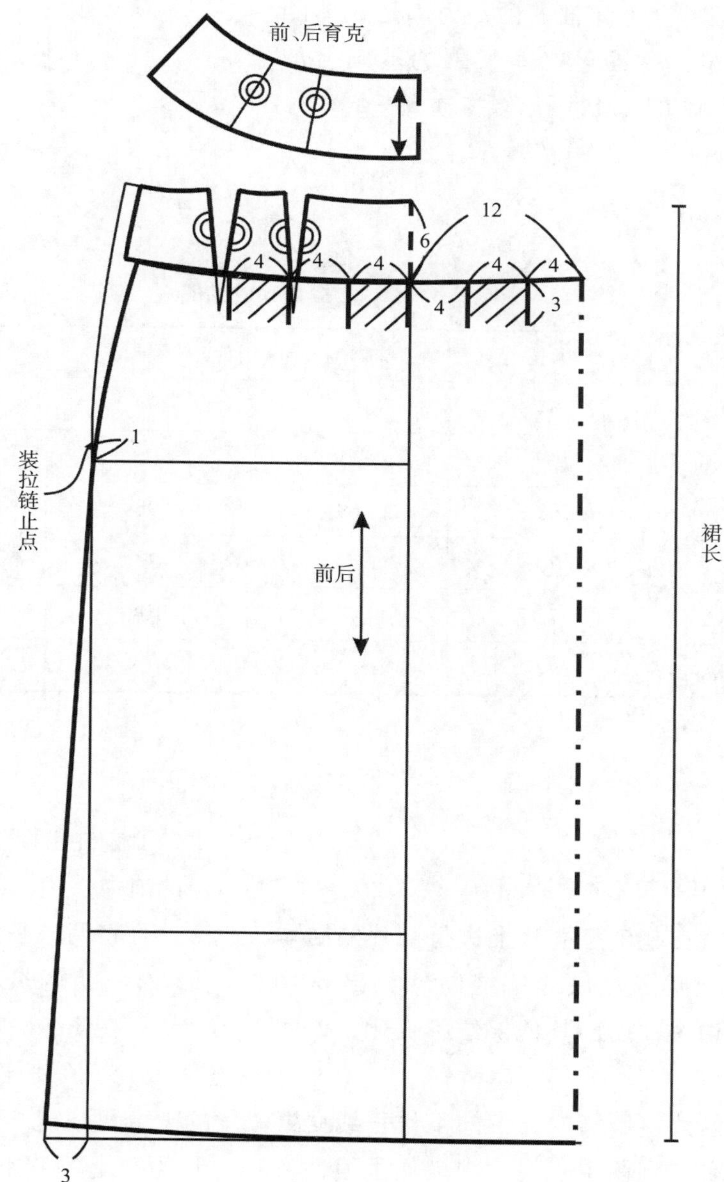

图 5-24　结构图

三、喇叭裙三

（一）款式特点

装腰前折裥微喇叭中长裙，侧缝装拉链，款式如图 5-25 所示。

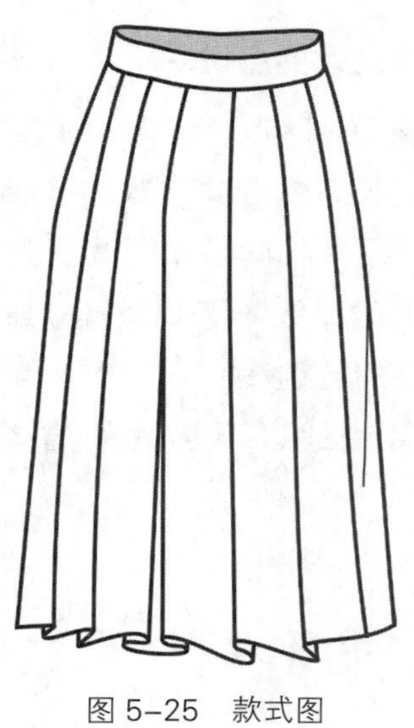

图 5-25　款式图

（二）成品规格设置

成品规格如表 5-11 所示。各部位的数据也可根据自己测量的值来确定。

如果面料没有弹性的话，为满足人体的基本活动量，臀围可在净臀围的基础上加 4cm 或 4cm 以上，腰围可以加放 0~2cm。

表 5-11　成品规格　　单位：cm

号型	裙长	腰围	臀围	臀长	腰头宽
150/60A	64	61	92	16	2
155/64A	66	65	96	17	2
160/68A	68	69	98	18	2
165/72A	70	73	100	19	2
170/76A	72	77	104	20	2
175/80A	74	81	108	21	2

（三）结构设计要点说明

① 该裙在基础型裙片上进行前片的结构设计，确定裙长，底边侧缝向外放出 3cm 并画顺底边线，后面其他部位不变化，如图 5-26 所示。

② 过前片侧腰省的省尖向下作垂线交臀围线，过交点到前中心线的中点作垂线，将前中省移至该垂线处。

③ 前中心线向外侧平行移动 4cm，确定新的前中心线，该 4cm 为前中的折裥量。

④ 将两条垂线剪开并展开，展开量即为折裥量，折裥的分配如图 5-27 所示。

⑤ 在侧缝确定装拉链止点。

⑥ 为了使裙子更贴合人体腹部，暗裥的上端可以缝合一定的长度，使其固定，减少视觉上的膨胀感；缝止点为臀围线以上 4cm 处。

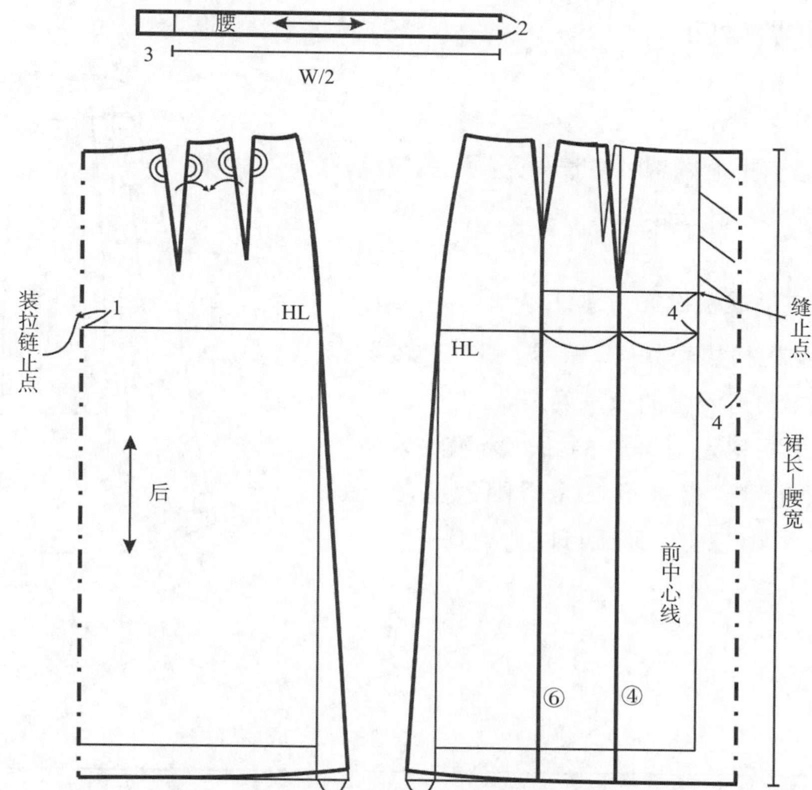

图 5-26　结构图

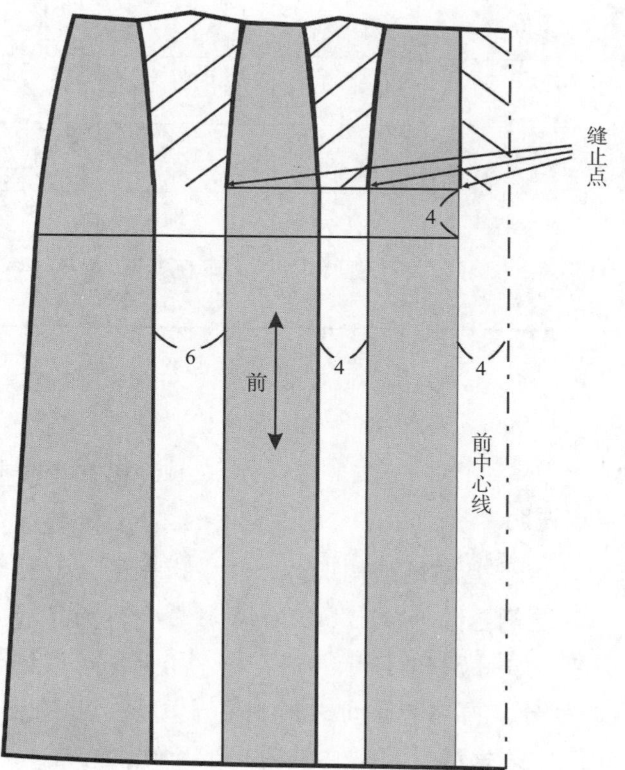

图 5-27　切展图

四、喇叭裙四

（一）款式特点

装腰前折裥微喇叭中长裙，侧缝装拉链，款式如图 5–28 所示。

（二）成品规格设置

成品规格如表 5–12 所示。各部位的数据也可根据自己测量的值来确定。

如果面料没有弹性的话，为满足人体的基本活动量，臀围可在净臀围的基础上加 4cm 或 4cm 以上，腰围可以加放 0~2cm。

图 5–28　款式图

表 5–12　成品规格　　单位 :cm

号型	裙长	腰围	臀围	臀长	腰头宽
150/60A	68	61	92	16	2
155/64A	70	65	96	17	2
160/68A	72	69	98	18	2
165/72A	74	73	100	19	2
170/76A	76	77	104	20	2
175/80A	78	81	108	21	2

（三）结构设计要点说明

① 该裙在基础型裙子上进行结构设计，确定裙长，前、后底边侧缝向外放出 5cm，画顺侧缝线和底边线，如图 5–29 所示。

② 将前臀围 4 等分，再将 AB 间进行 3 等分，如图 5–29 作 4 条垂线，将前中省和侧省移至 4 条垂线处。

③ 沿垂线剪开，并展开，展开的量即为折裥量，如图 5–30 所示。

④ 为了使裙子更贴合人体腹部，暗裥的上端可以缝合一定的长度，使其固定，减少视觉上的膨胀感；缝止点为臀围线以上 5cm 处。

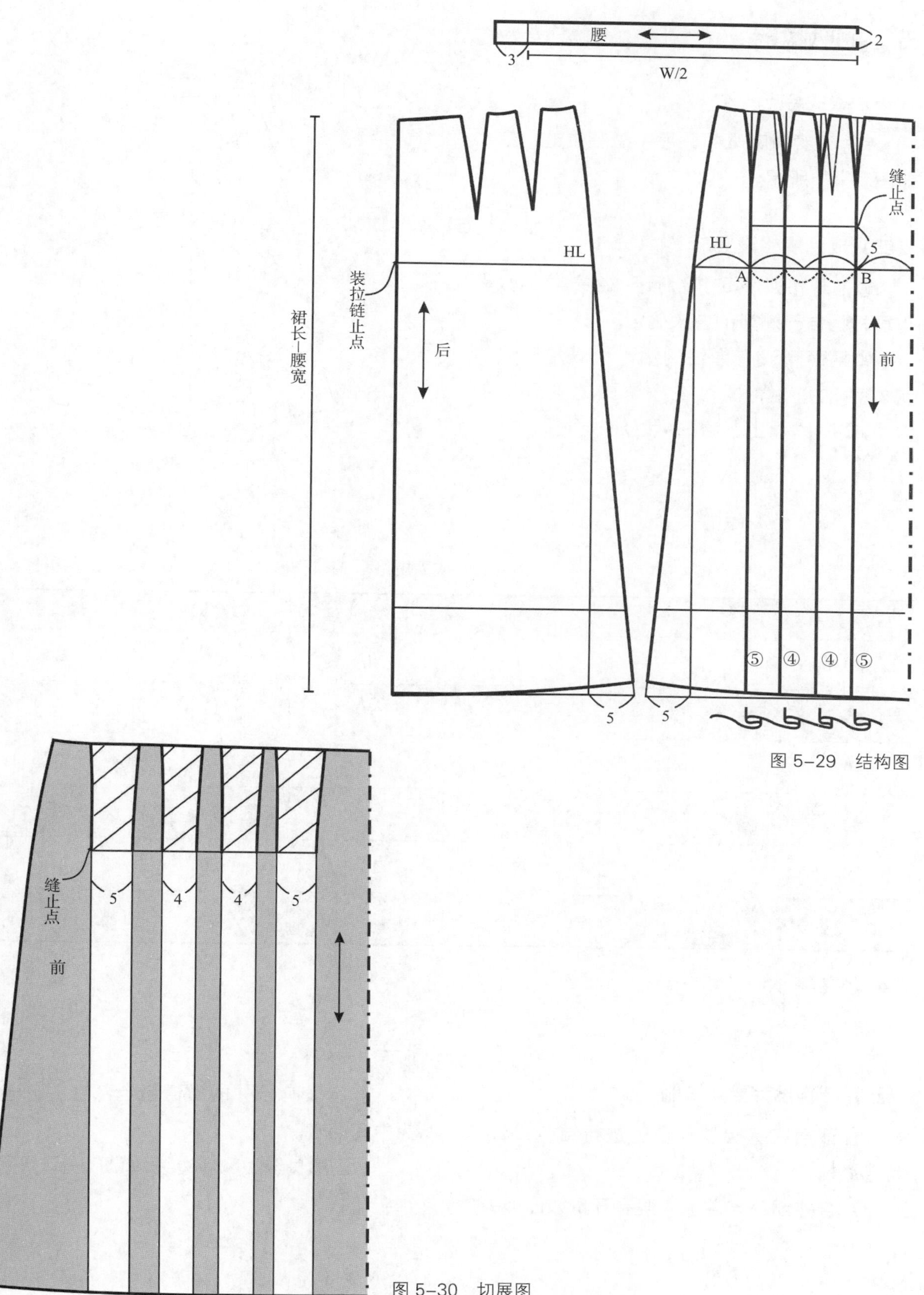

图 5-29 结构图

图 5-30 切展图

五、喇叭裙七

（一）款式特点

4 片有腰省喇叭裙，后中缝装拉链，款式如图 5-31 所示。

图 5-31 款式图

（二）成品规格设置

成品规格如表 5-13 所示。各部位的数据也可根据自己测量的值来确定。

如果面料没有弹性的话，为满足人体的基本活动量，臀围可在净臀围的基础上加 4cm 或 4cm 以上，腰围可以加放 0~2cm。

表 5-13 成品规格 单位：cm

号型	裙长	腰围	臀围	臀长	腰头宽
150/60A	61	61	92	16	2.5
155/64A	63	65	96	17	2.5
160/68A	65	69	98	18	2.5
165/72A	67	73	100	19	2.5
170/76A	69	77	104	20	2.5
175/80A	71	81	108	21	2.5

（三）结构设计要点说明

① 该裙在基础型裙子上进行结构设计，确定裙长。

② 合并部分省道，底摆展开量如图 5-32 所示。

③ 将没有合并的省道量全部合并并转移为中间的省。

④ 画顺侧缝线和底边线，如图 5-33 所示。

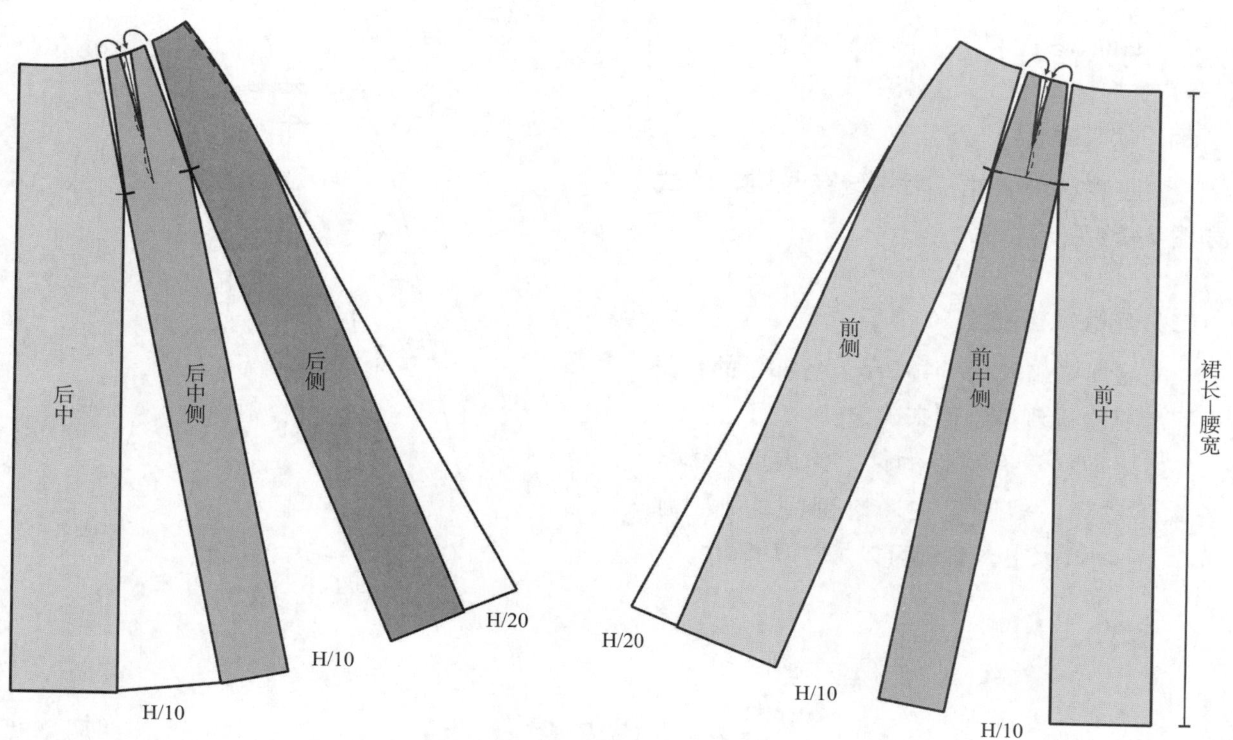

图 5–32 展开图

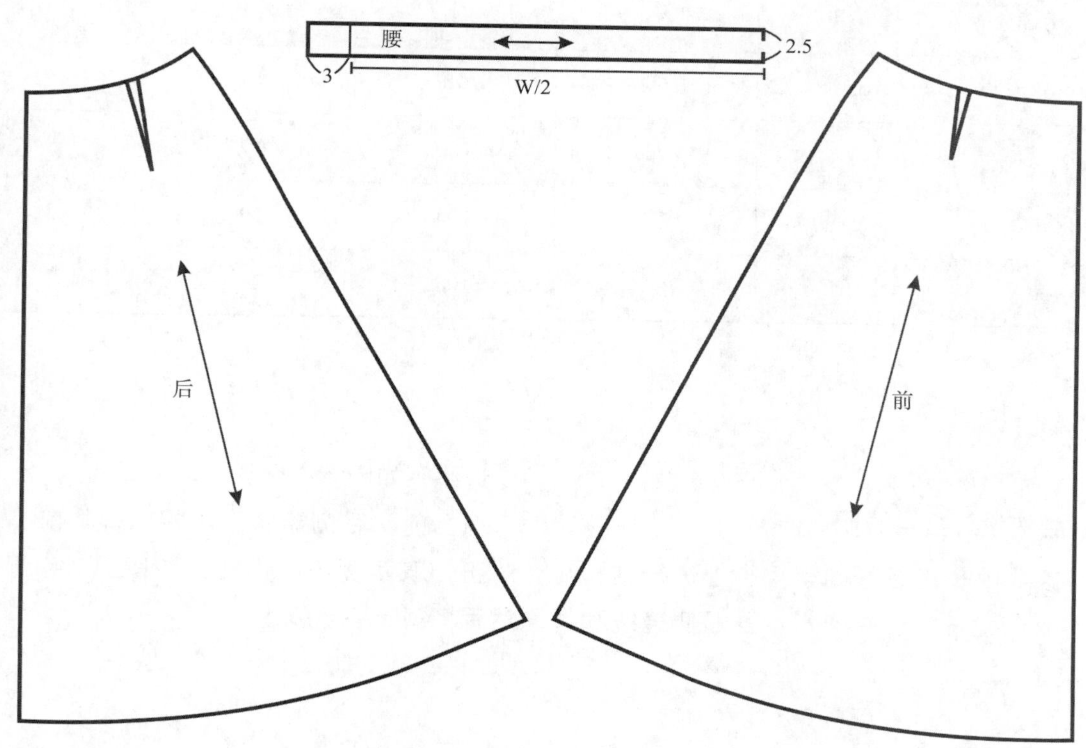

图 5–33 分离纸样

六、喇叭裙八

（一）款式特点

装腰喇叭中长裙，后中缝装拉链，款式如图 5–34 所示。

图 5–34　款式图

（二）成品规格设置

成品规格如表 5–14 所示。各部位的数据也可根据自己测量的值来确定。

如果面料没有弹性的话，为满足人体的基本活动量，臀围可在净臀围的基础上加 4cm 或 4cm 以上，腰围可以加放 0~2cm。

表 5–14　成品规格　　单位：cm

号型	裙长	腰围	臀围	臀长	腰头宽
150/60A	61	61	92	16	3
155/64A	63	65	96	17	3
160/68A	65	69	98	18	3
165/72A	67	73	100	19	3
170/76A	69	77	104	20	3
175/80A	71	81	108	21	3

（三）结构设计要点说明

① 该款中长裙在基础型裙子上进行结构设计，确定裙长，合并腰省，画顺侧缝线和底边线，如图 5–35 所示。

② 前、后侧缝斜度不相同，将前、后片对正，取两侧缝的中线，如图 5–36 所示，然后将侧缝移至虚线处。

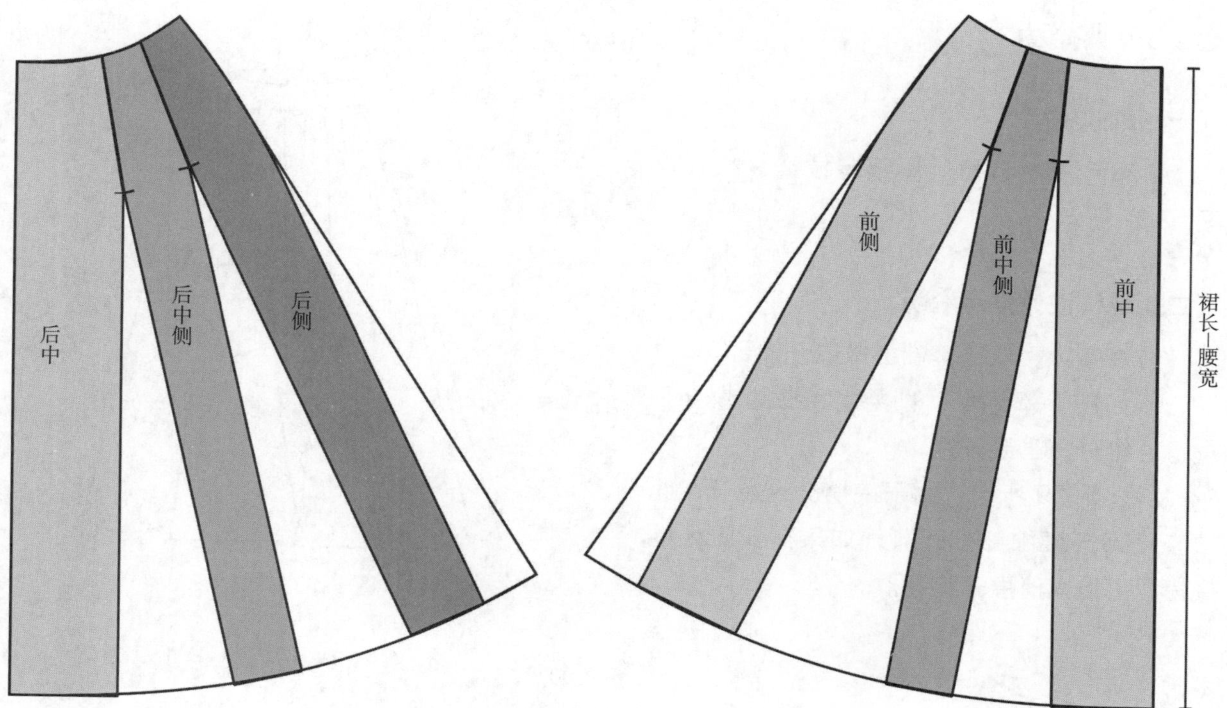

图 5-35　展开图

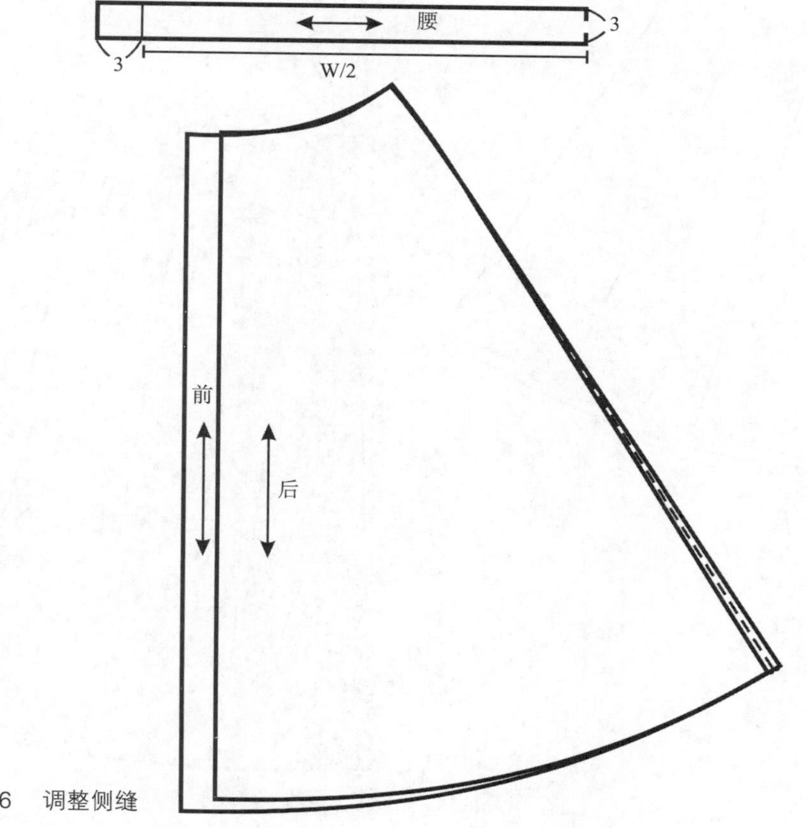

图 5-36　调整侧缝

七、喇叭裙九

（一）款式特点

腰部碎褶喇叭裙，侧缝装拉链，款式如图 5–37 所示。

图 5–37　款式图

（二）结构设计要点说明

① 在喇叭裙八的基础上做展开即可。

② 如图 5–38 裙片的腰线和底边线分别进行 4 等分，画展开线。

如图 5–39 所示，由于底摆已经展开，此次直接展开腰围部分即可，如果需要更大的底摆，可以同时展开底摆。

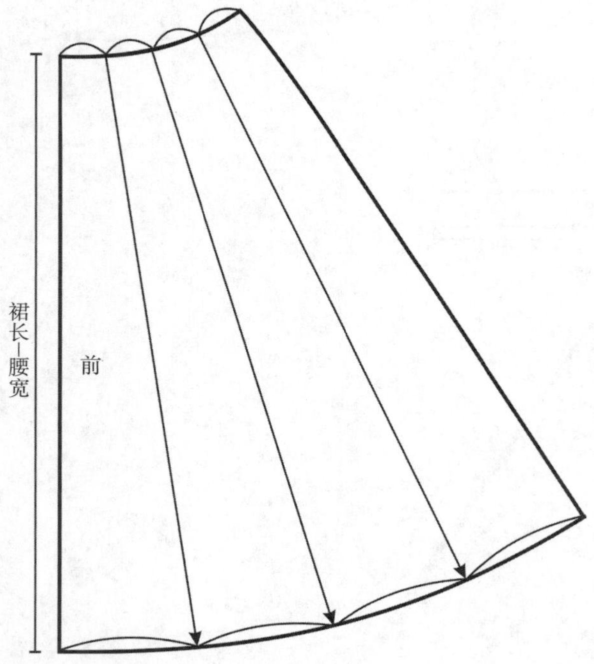

图 5–38　画等分线

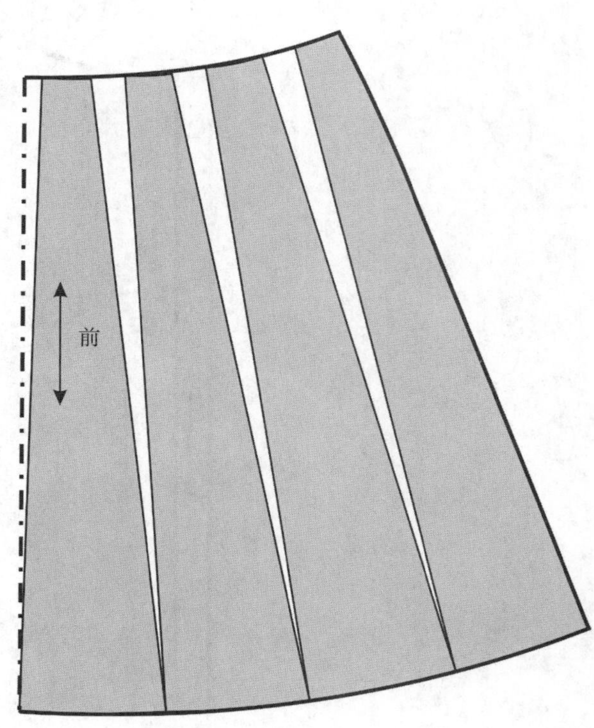

图 5–39　纸样展开

八、喇叭裙十

（一）款式特点

装腰前折裥微喇叭中长裙，后中缝装拉链，款式如图 5-40 所示。

（二）成品规格设置

成品规格如表 5-15 所示。各部位的数据也可根据自己测量的值来确定。

如果面料没有弹性的话，为满足人体的基本活动量，臀围可在净臀围的基础上加 4cm 或 4cm 以上，腰围可以加放 0~2cm。

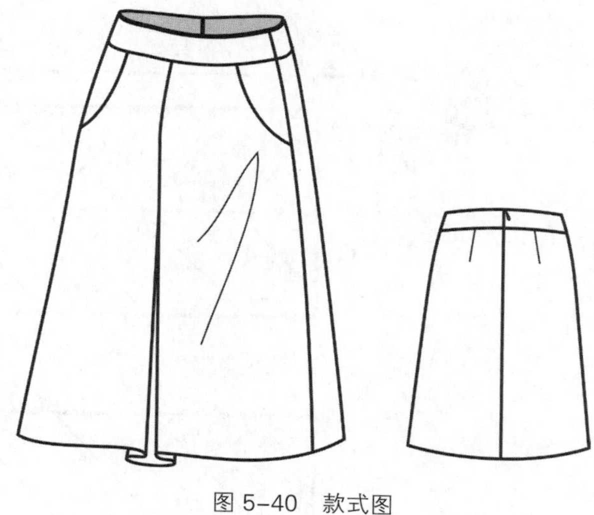

图 5-40　款式图

表 5-15　成品规格

单位 :cm

号型	裙长	腰围	臀围	臀长	腰头宽
150/60A	68	61	92	16	3
155/64A	70	65	96	17	3
160/68A	72	69	98	18	3
165/72A	74	73	100	19	3
170/76A	76	77	104	20	3
175/80A	78	81	108	21	3

（三）结构设计要点说明

① 该款中长裙在基础型裙子上进行结构设计，确定裙长，如图 5-41 所示。

② 将纸样展开，合并部分前中省、前侧省、后中省和后侧省，合并的多少依据需要展开的下摆量确定。

③ 将后片未转移的省量如图转移成为一个新省，新省的位置介于原来两省之间。

④ 将前片未转移的省量如图转移到袋口处。

⑤ 将前中心线向外延伸 7.5cm，作为折裥量。

⑥ 再作宽 15cm、长为裙长减 3cm 的矩形作为裥底；如果布料宽度允许的话，也可以将左右前片与裥底裁成一片。

⑦ 前、后腰将省道合并，前片形成一整片，后片左右各一片。

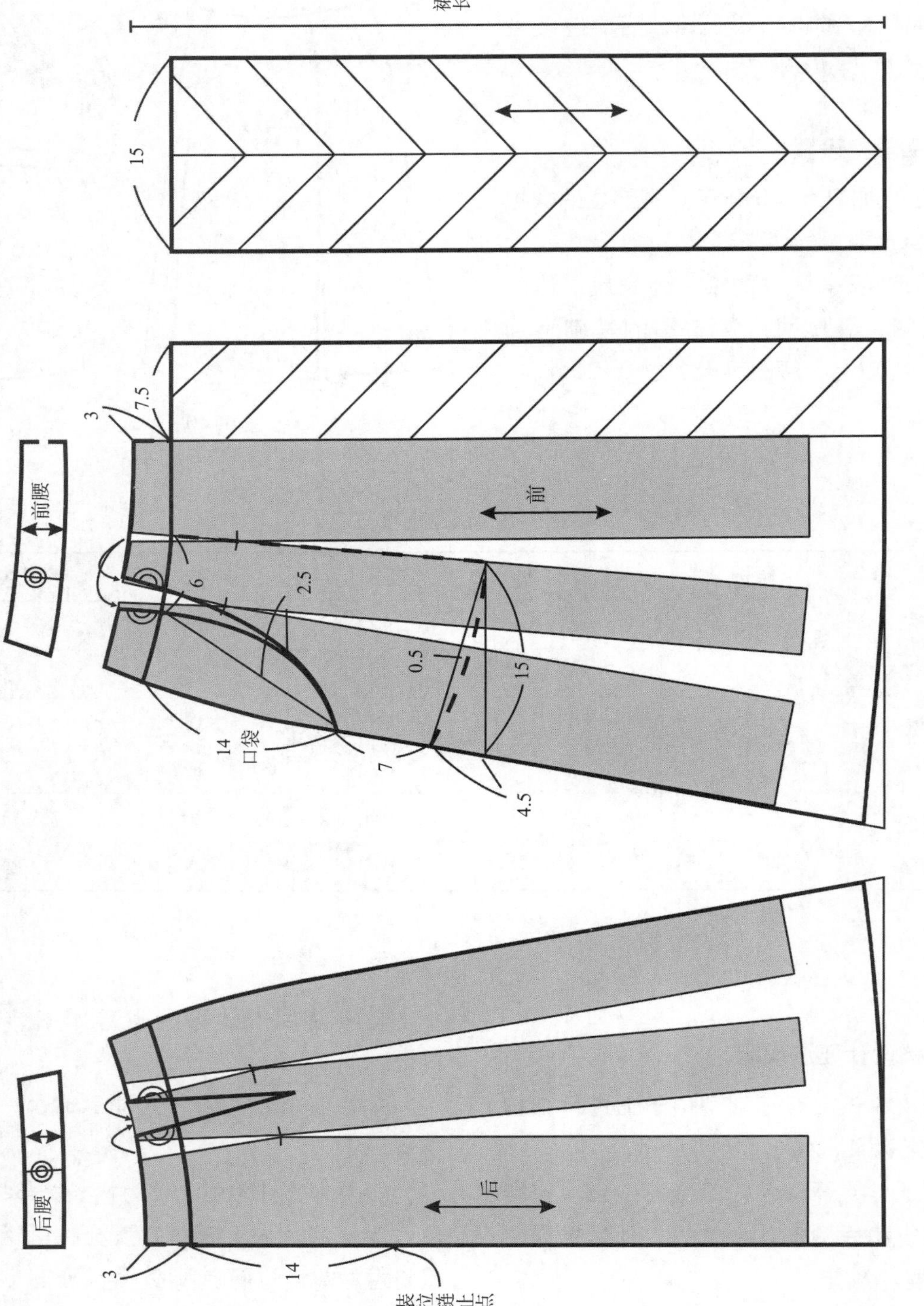

图 5-41 结构图

第三节　圆裙

一、规则圆裙

（一）款式特点

圆裙侧缝装拉链，款式如图 5-42 所示。

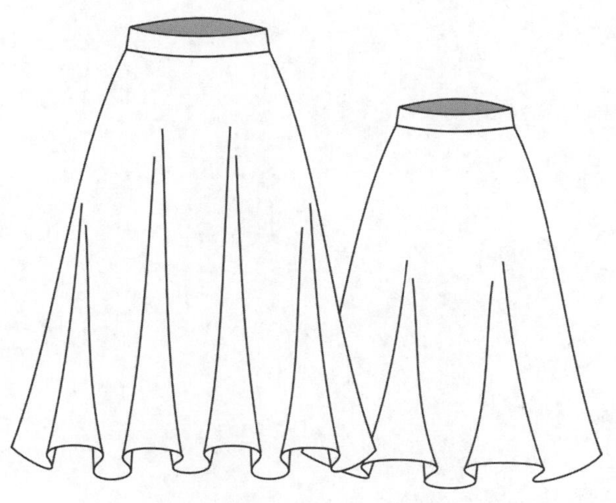

图 5-42　款式图

（二）结构设计要点说明

① 裙长根据需要确定其长度。

② 如图 5-43 所示，将纸横向对折再纵向对折。

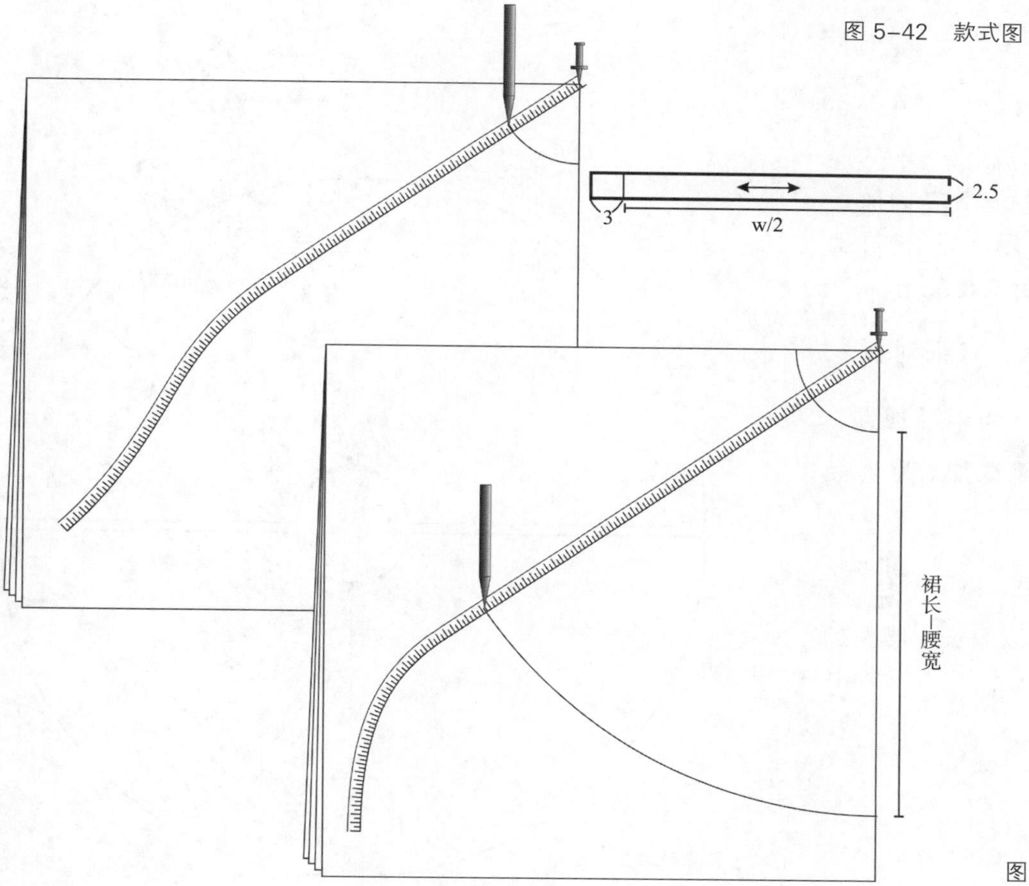

图 5-43　画弧

③ 整圆裙，以 $r=\frac{W}{2\pi}$ 半径画弧，再以裙长－腰宽加 r 为半径画弧。

④ 将纸打开，如图 5-44 所示。

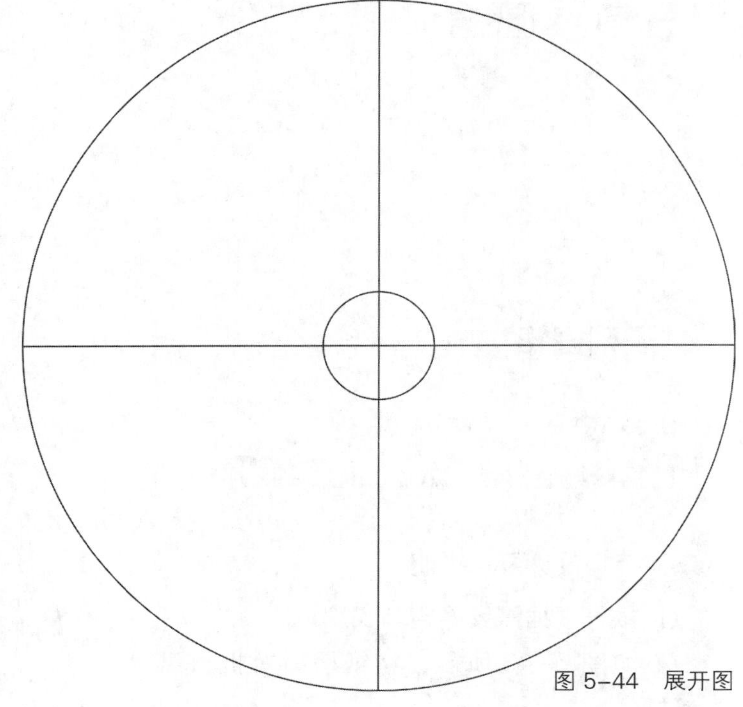

图 5-44　展开图

⑤ 横向分割作为侧缝，如图 5-45 所示，前中向上 0.6cm，后中向下 0.6cm。

⑥ 半圆裙，将纸对折一次，以 $r=\frac{W}{\pi}$ 为半径画弧，再以裙长－腰宽加 r 为半径画弧。

⑦1/4 圆裙，以 $r=\frac{2W}{\pi}$ 为半径画弧，再以裙长－腰宽加 r 为半径画弧。

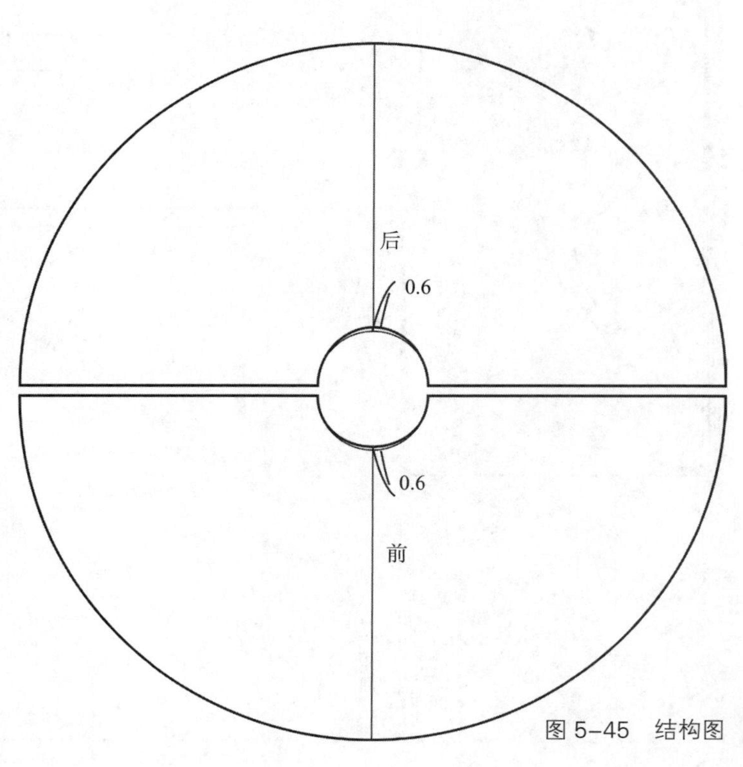

图 5-45　结构图

⑧ 如图 5-46 所示，1/4 裙，臀围达不到需要的臀围量,如图在两侧增加臀围量。

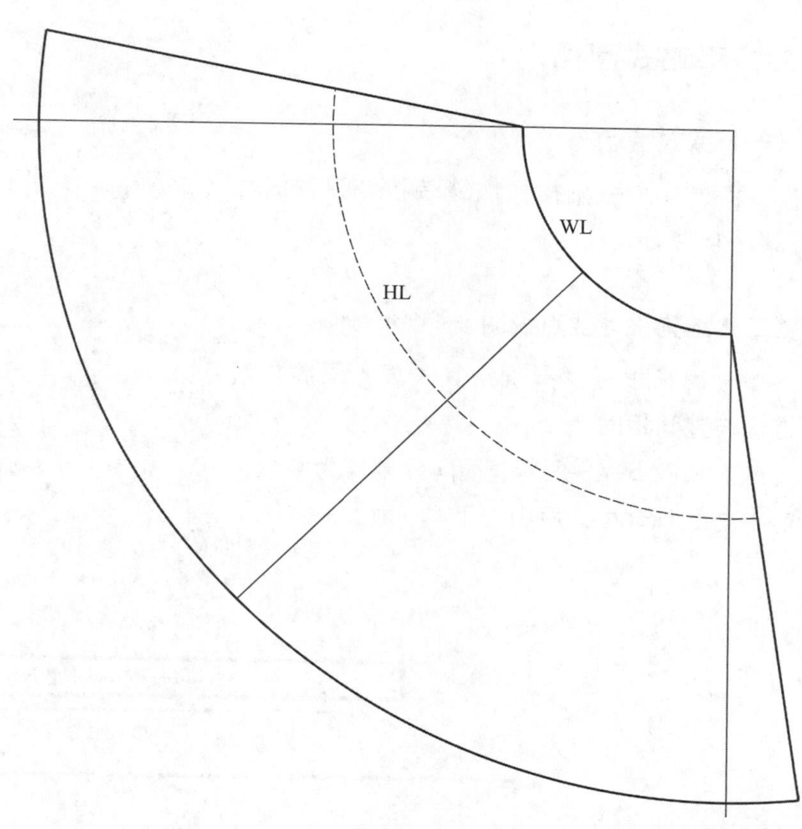

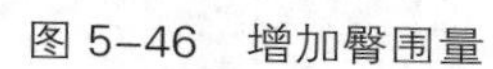
图 5-46　增加臀围量

⑨ 由于裙子纱向不同的斜度，导致穿着后，裙摆会出现不同的长度，处理方法如图 5-47 所示，将裙子穿到人台上，或者悬挂起来，悬挂 24h 或以上，从地面向上量取相同的长度，做记号，取下后，重新画顺底边。

图 5-47　做记号

二、手帕式圆裙

（一）款式特点

装腰整圆手帕裙，侧缝装拉链，款式如图 5–48 所示。

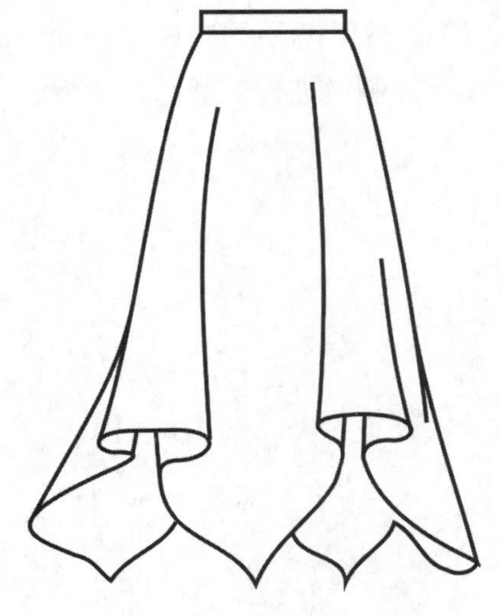

图 5–48 款式图

（二）结构设计要点说明

① 裙长根据需要确定其长度，画腰口线方法与整圆相同。

② 如图 5–49 所示，横向分割作为侧缝，前中向上 0.6cm，后中向下 0.6cm。

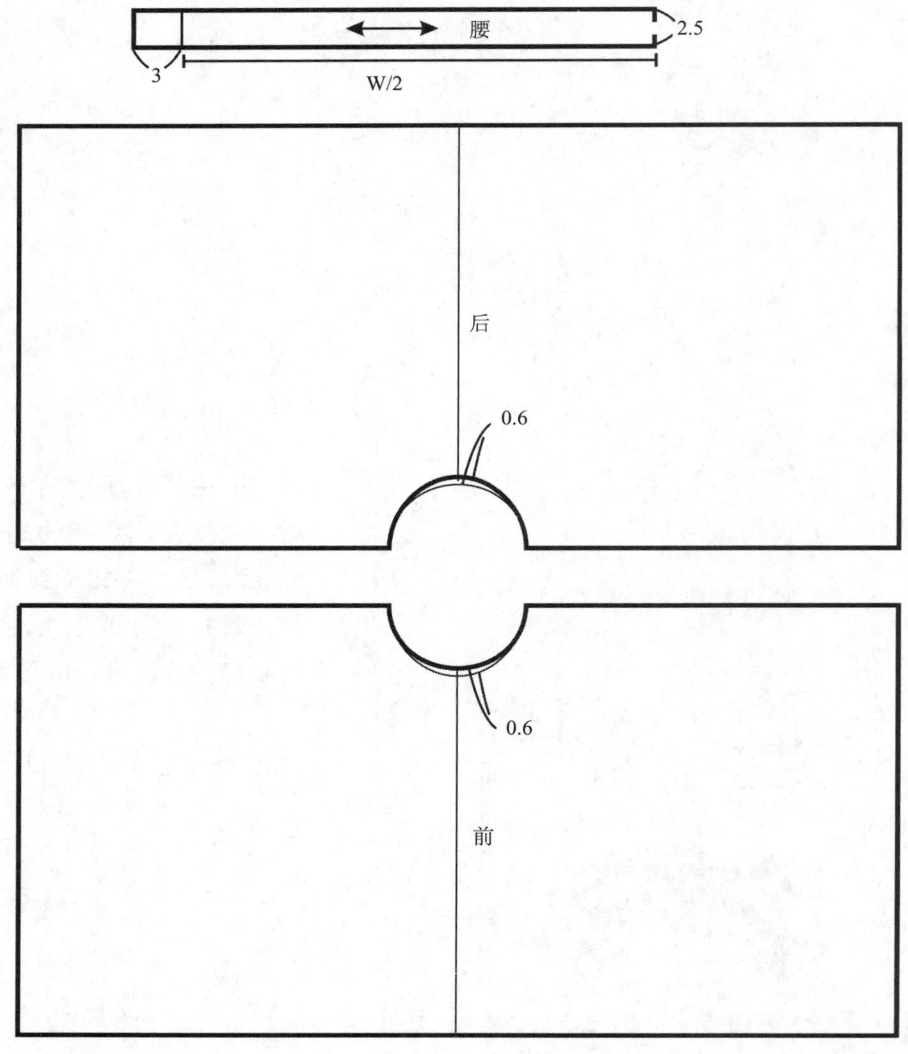

图 5–49 结构图

三、阶梯式圆裙

（一）款式特点

装腰阶梯式整圆裙，侧缝装拉链，款式如图 5–50 所示。

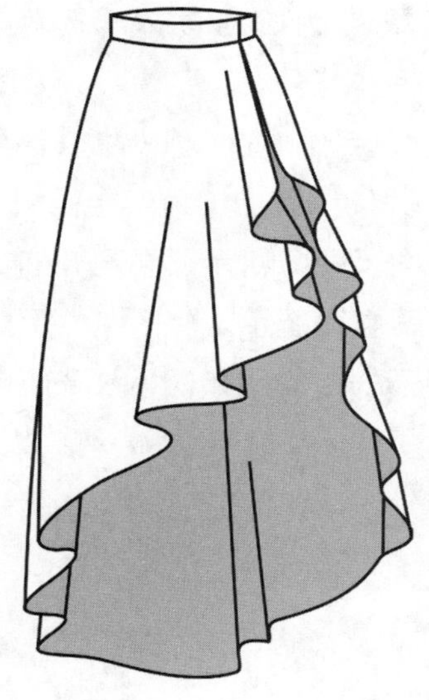

图 5–50　款式图

（二）结构设计要点说明

① 裙长根据需要确定其长度。

② 如图 5–51 所示，将纸横向对折再纵向对折，OB=[前长（AB_1）+ 后长（AB_2））/2]+ 腰围的半径（$r=\frac{W}{2\pi}$）。

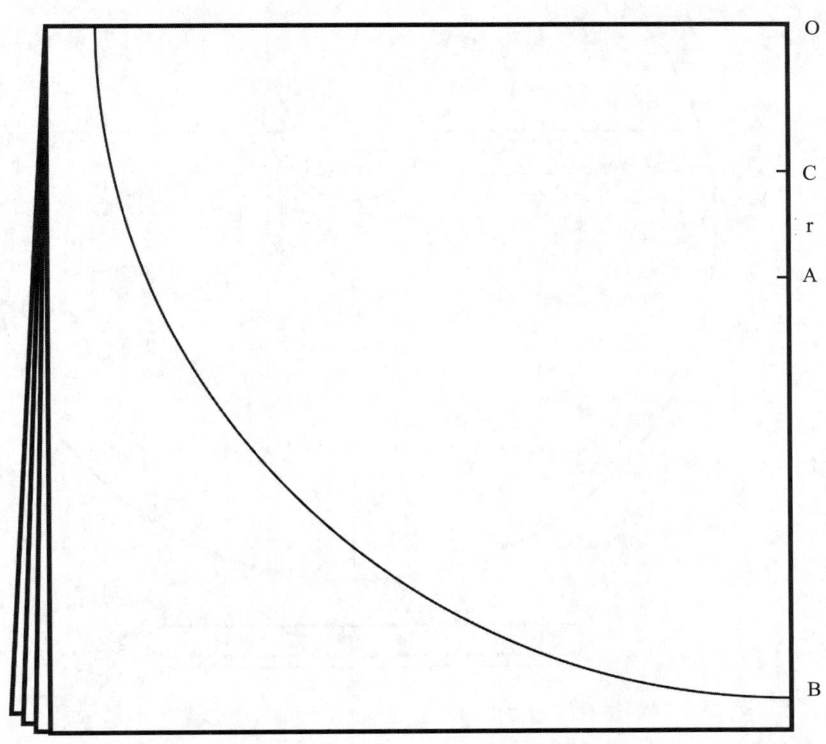

图 5–51　画弧

③ 以 O 点为圆心，以 OB 为半径画弧，并将其剪开。

④ 过 C 点作水平线，并以该线作对折线，以 C 为圆心 r 为半径画弧得到腰围，如图 5-52 所示，再画出前片造型线，如图虚线所示。

⑤ 展开的结构图如图 5-53 所示。

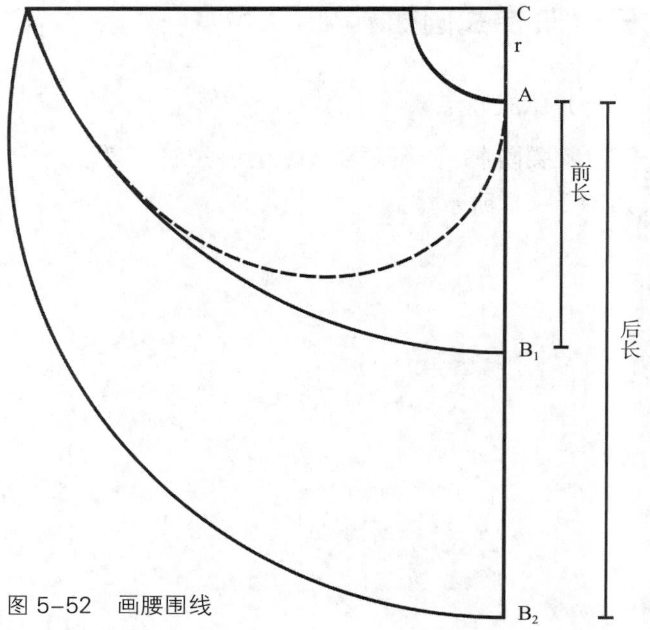

图 5-52　画腰围线

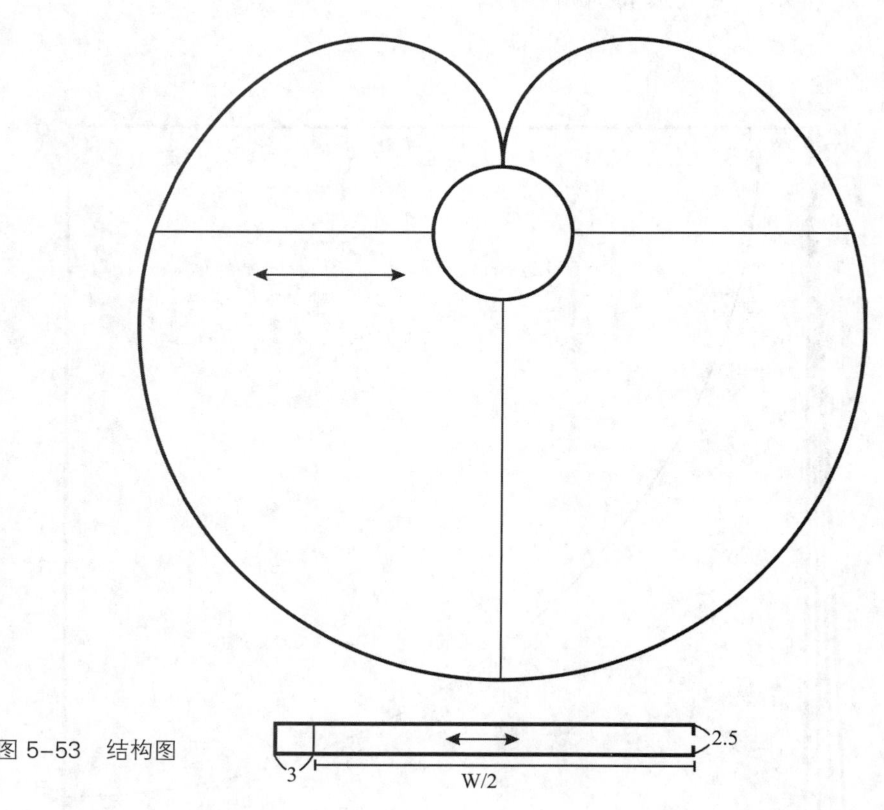

图 5-53　结构图

第四节 鱼尾裙

一、鱼尾裙一

（一）款式特点

装腰八片鱼尾型中长裙，有腰省，后中缝装拉链，款式如图 5–54 所示。

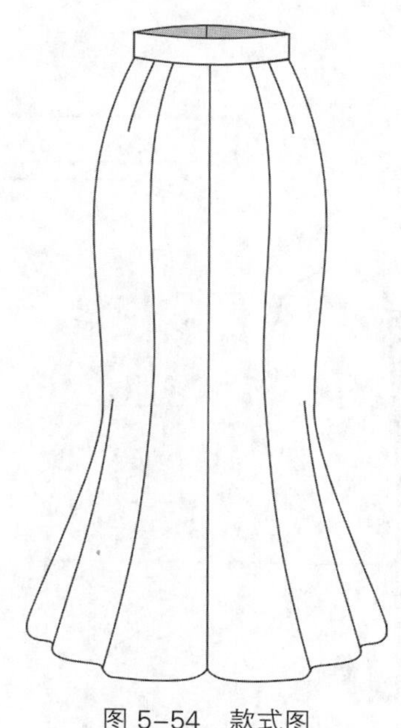

图 5–54 款式图

（二）成品规格设置

成品规格如表 5–16 所示。各部位的数据也可根据自己测量的值来确定。

如果面料没有弹性的话，为满足人体的基本活动量，臀围可在净臀围的基础上加 4cm 或 4cm 以上，腰围可以加放 0~2cm。

表 5–16 成品规格

单位 :cm

号型	裙长	腰围	臀围	臀长	腰头宽
150/60A	76	61	92	16	2.5
155/64A	78	65	96	17	2.5
160/68A	80	69	98	18	2.5
165/72A	82	73	100	19	2.5
170/76A	84	77	104	20	2.5
175/80A	86	81	108	21	2.5

（三）结构设计要点说明

①该款中长裙在基础型裙子上进行结构设计，确定裙长和鱼尾起始位置。

②将前臀围进行等分，等分点向前中2cm取一点A，过A点作垂线交腰口线与B点，将前中省转移到B处，如图5-55所示。

③底边的前侧缝和前中缝向外放出8cm，垂线AB的底边也分别向左和右放出8cm。

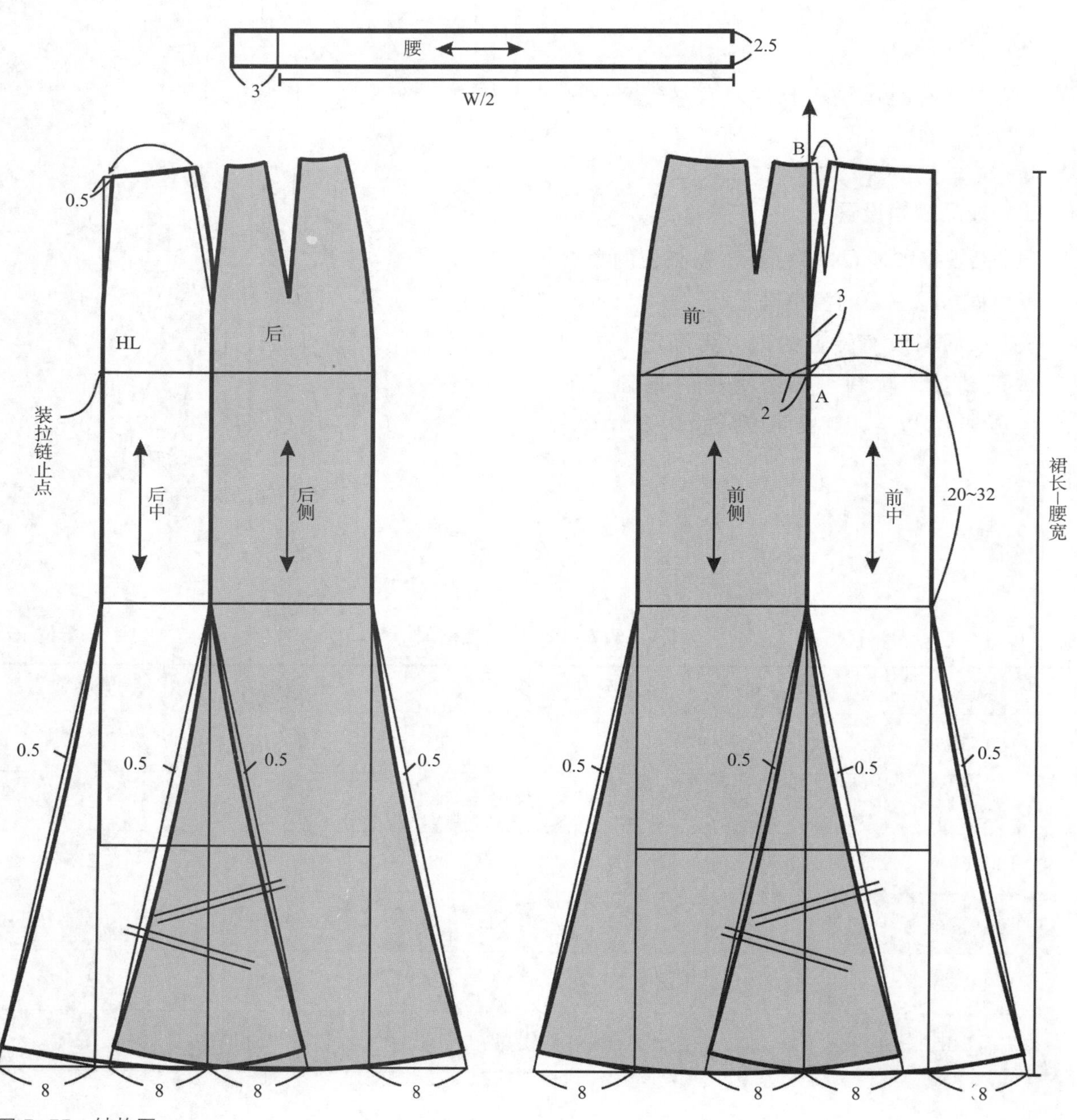

图5-55　结构图

④ 如图画顺前侧缝线、分割线、前中线和底边线。

⑤ 将后片的后中省的 0.5cm 的量移至后中缝。

⑥过后片的后中省的省尖点向下作垂线。

⑦ 底边的后侧缝和后中缝向外放出 8cm，以及垂线的底边也分别向左和右放出 8cm。

⑧ 如图画顺后侧缝线、分割线、前中线和底边线。

上述这款的每一片底摆放出量均相同，也可以放出量不同，如图 5-56 所示。

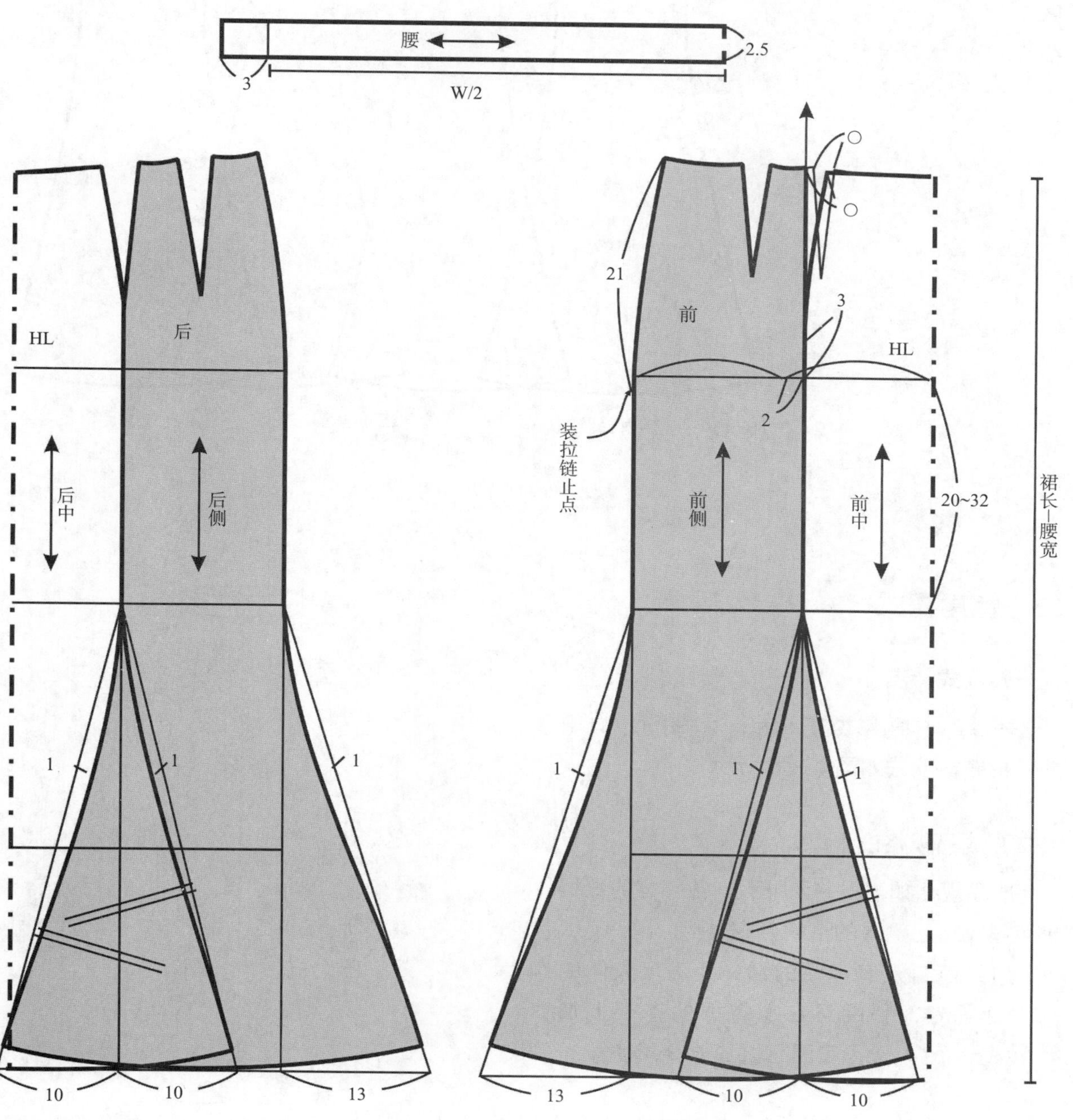

图 5-56　结构图

如图 5–57 所示，将每一片进行分离，并检查底边线是否圆顺。

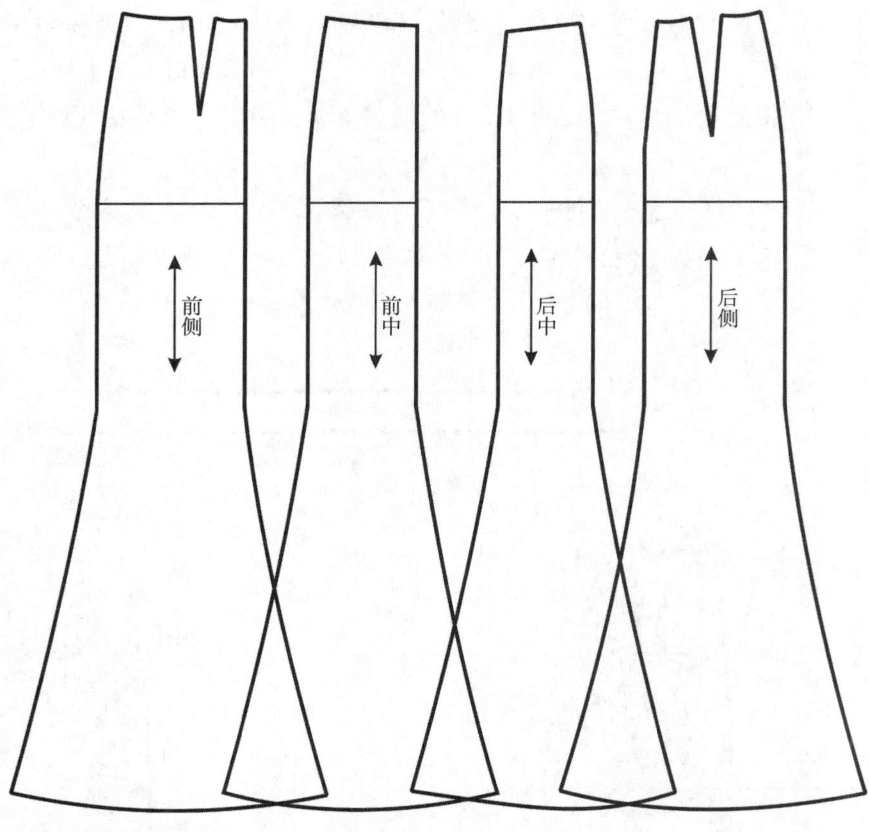

图 5–57　样板分离图

二、鱼尾裙二

（一）款式特点

装腰八片鱼尾型中长裙，无腰省，后中缝装拉链，款式如图 5–58 所示。

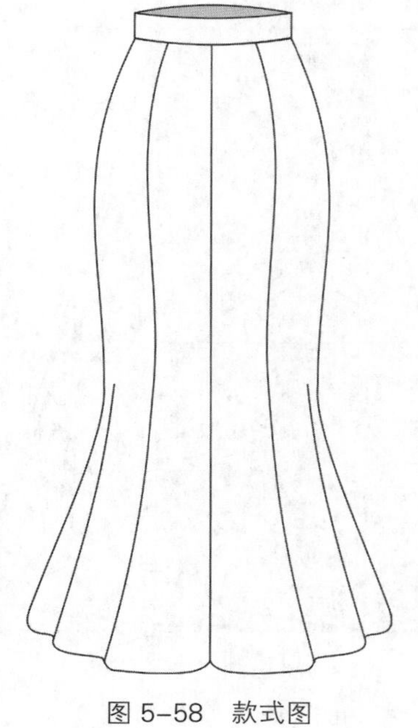

图 5–58　款式图

（二）成品规格设置

成品规格如表 5–17 所示。各部位的数据也可根据自己测量的值来确定。

如果面料没有弹性的话，为满足人体的基本活动量，臀围可在净臀围的基础上加 4cm 或 4cm 以上，腰围可以加放 0~2cm。

表 5-17　成品规格

单位：cm

号型	裙长	腰围	臀围	臀长	腰头宽
150/60A	76	61	92	16	2.5
155/64A	78	65	96	17	2.5
160/68A	80	69	98	18	2.5
165/72A	82	73	100	19	2.5
170/76A	84	77	104	20	2.5
175/80A	86	81	108	21	2.5

（三）结构设计要点说明

① 该款结构制图与本节应用一不同的是，将前、后臀围进行平分，如图 5-59 所示。

② 将前腰的两个省转移到分割缝和侧缝。

③ 将后腰的两个省转移到分割缝、侧缝和后中缝。

④ 其他过程不再详述。

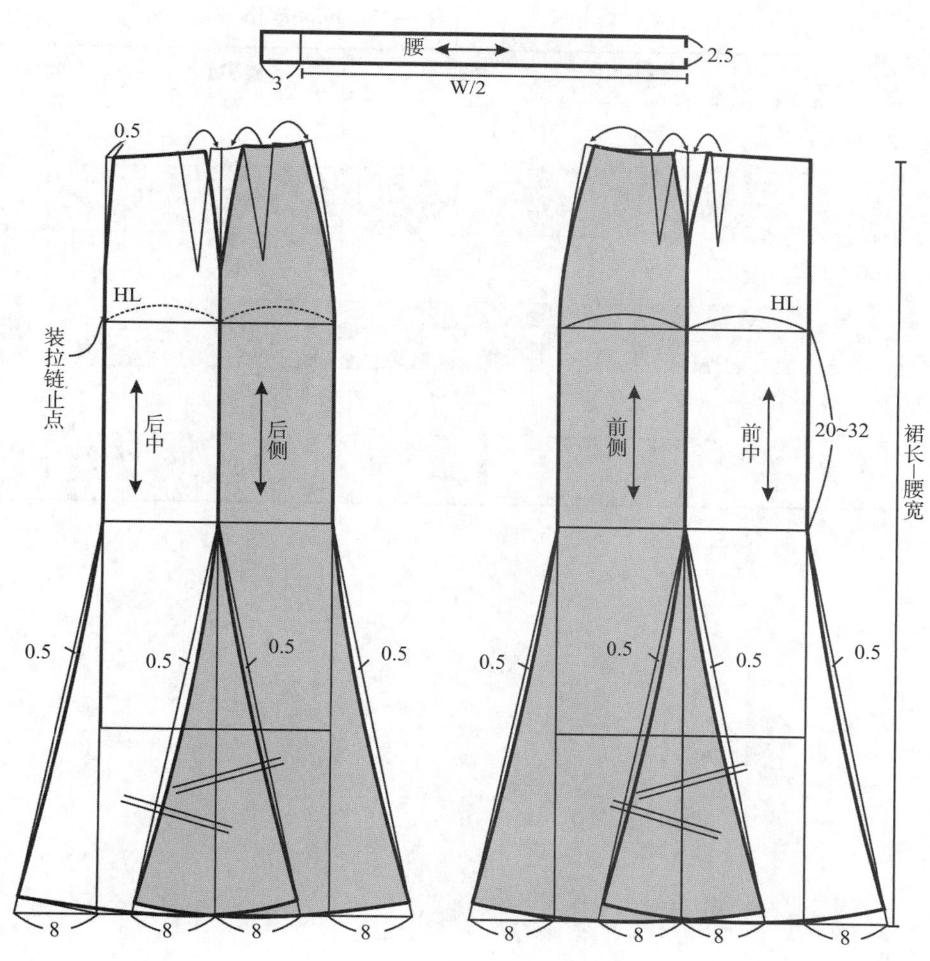

图 5-59　结构图

三、鱼尾型裙三

（一）款式特点

装腰 16 片鱼尾型中长裙，后中缝装拉链，款式如图 5-60 所示。

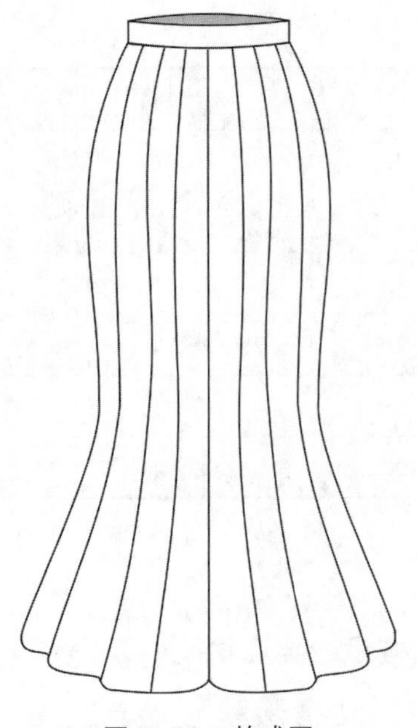

图 5-60 款式图

（二）成品规格设置

成品规格如表 5-18 所示。各部位的数据也可根据自己测量的值来确定。

如果面料没有弹性的话，为满足人体的基本活动量，臀围可在净臀围的基础上加 4cm 或 4cm 以上，腰围可以加放 0~2cm。

表 5-18 成品规格 单位 :cm

号型	裙长	腰围	臀围	臀长	腰头宽
150/60A	76	61	92	16	2.5
155/64A	78	65	96	17	2.5
160/68A	80	69	98	18	2.5
165/72A	82	73	100	19	2.5
170/76A	84	77	104	20	2.5
175/80A	86	81	108	21	2.5

（三）结构设计要点说明

① 该款中长裙在基础型裙子上进行结构设计，确定裙长和鱼尾起始位，如图 5-61 所示。

② 将前、后臀围进行 4 等分，过等分点作垂线，将前中省、前侧腰省、后中省、后侧腰省分别转移到垂直线和前、后中心线处。

③ 底边的前、后侧缝和前、后中缝向外放出 5cm，垂线的底边也分别向左和右放出 5cm。

④ 如图画顺前后侧缝线、分割线、前中线和底边线。

⑤ 画出经向符号。

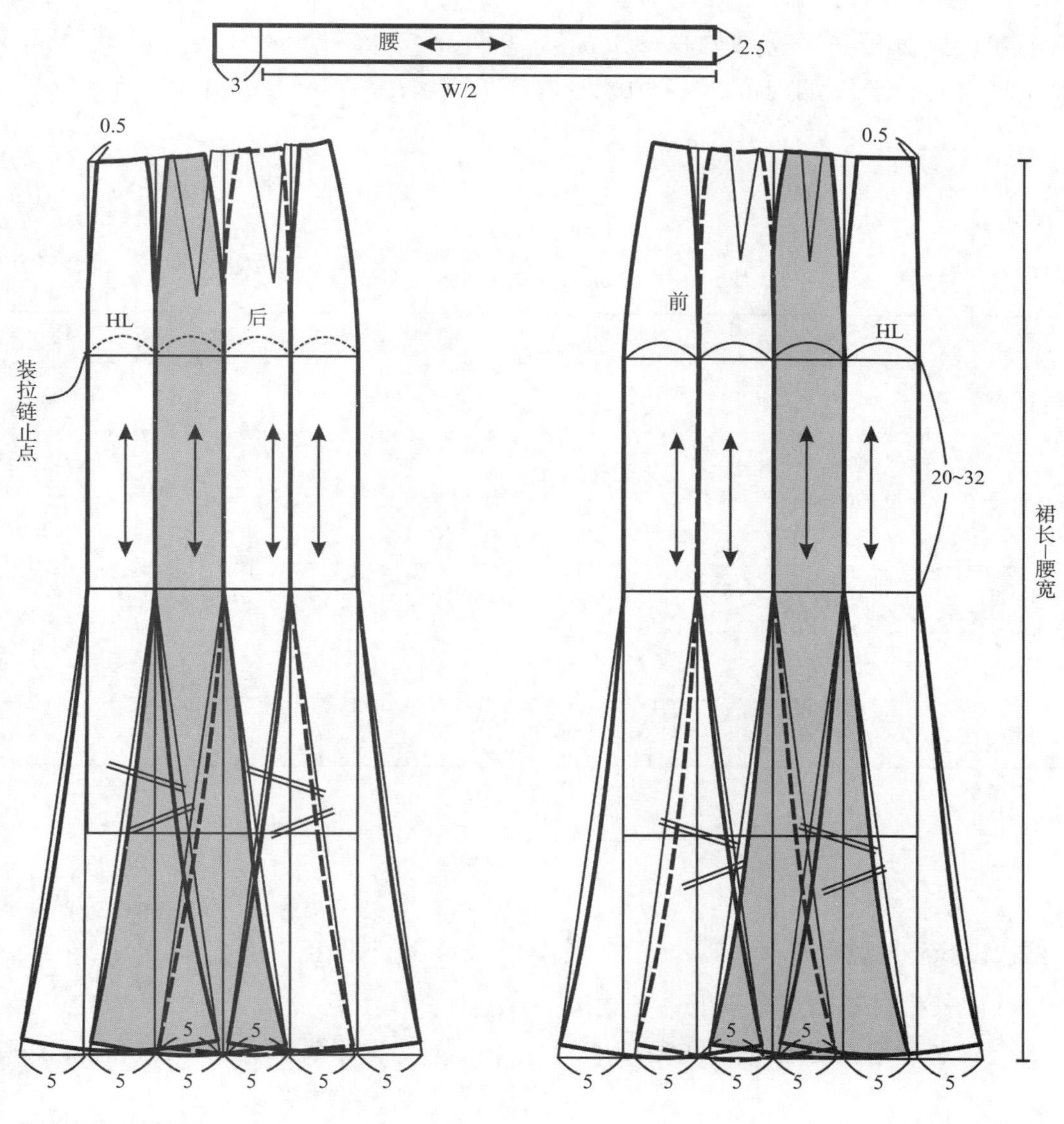

图 5-61　结构图

四、鱼尾型裙四

（一）款式特点

装腰八片鱼尾型中长裙，后中缝装拉链，款式如图 5–62 所示。

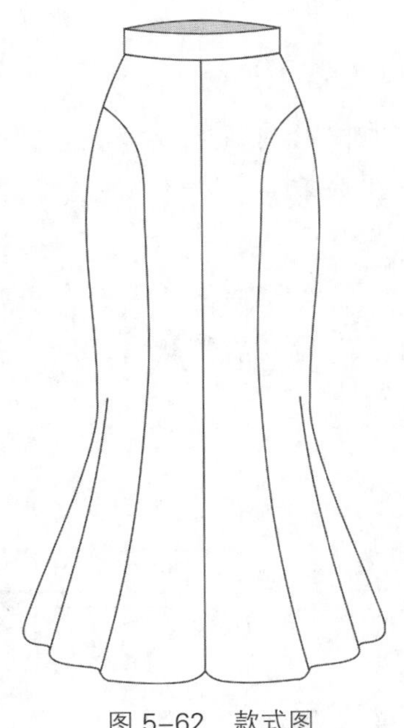

图 5–62　款式图

（二）成品规格设置

成品规格如表 5–19 所示。各部位的数据也可根据自己测量的值来确定。

如果面料没有弹性的话，为满足人体的基本活动量，臀围可在净臀围的基础上加 4cm 或 4cm 以上，腰围可以加放 0~2cm。

表 5–19　成品规格　　单位 :cm

号型	裙长	腰围	臀围	臀长	腰头宽
150/60A	76	61	92	16	2.5
155/64A	78	65	96	17	2.5
160/68A	80	69	98	18	2.5
165/72A	82	73	100	19	2.5
170/76A	84	77	104	20	2.5
175/80A	86	81	108	21	2.5

（三）结构设计要点说明

① 该款中长裙在基础型裙子上进行结构设计，确定裙长和鱼尾起始位，如图 5–63 所示。

② 将前臀围进行两等分，过等分点作垂线，过后中省向下作垂线。

③ 在前、后侧缝上距离腰口线 9.5cm 的点开始画分割线，分别于前、后片所作的垂线相切。

④ 将前中省部分转移到前侧腰省和前侧缝；并延长前侧省到分割线。

⑤ 将前分割线剪开，合并前侧省，即将前侧省转移到前侧缝。

⑥ 将后中省部分转移到后侧腰省、后侧缝和后中线，并延长后侧省到分割线。

⑦ 将后分割线剪开，合并后侧省，即将后侧省转移到后侧缝。

⑧ 底边的前、后侧缝和前、后中缝向外放出 8cm，垂线的底边也分别向左和右放出 8cm。

⑨ 如图画顺前后侧缝线、分割线、前中线和底边线。

⑩ 画出经向符号并标出装拉链止点。

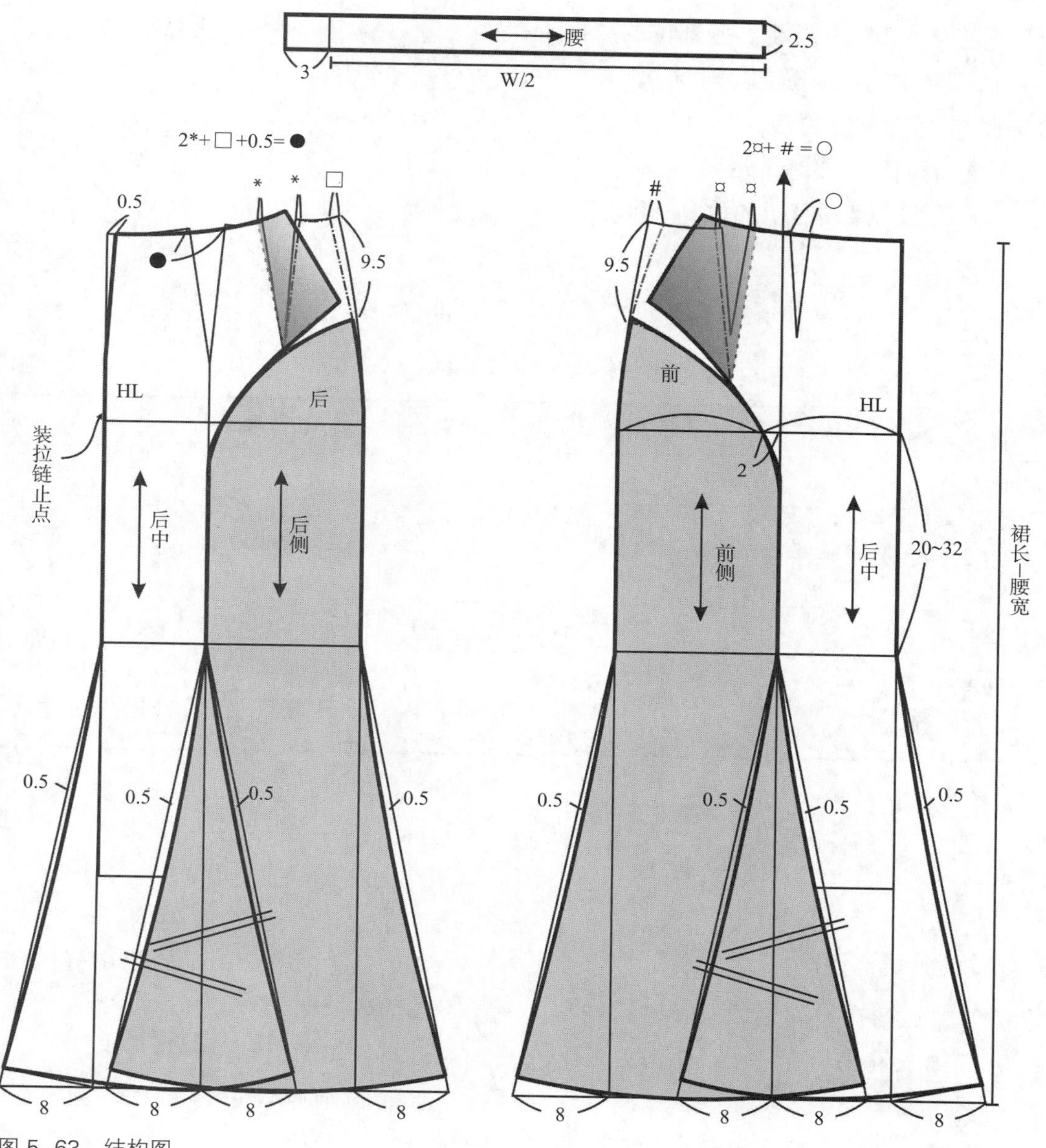

图 5-63　结构图

五、鱼尾裙五

（一）款式特点

装腰八片加插片鱼尾型中长裙，后中缝装拉链，款式如图 5-64 所示。

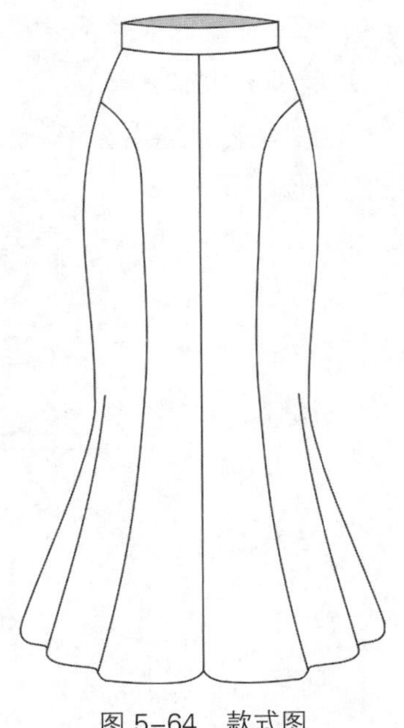

图 5-64　款式图

（二）成品规格设置

成品规格如表 5-20 所示。各部位的数据也可根据自己测量的值来确定。

如果面料没有弹性的话，为满足人体的基本活动量，臀围可在净臀围的基础上加 4cm 或 4cm 以上，腰围可以加放 0~2cm。

表 5-20　成品规格　　单位 :cm

号型	裙长	腰围	臀围	臀长	腰头宽
150/60A	76	61	92	16	2.5
155/64A	78	65	96	17	2.5
160/68A	80	69	98	18	2.5
165/72A	82	73	100	19	2.5
170/76A	84	77	104	20	2.5
175/80A	86	81	108	21	2.5

（三）结构设计要点说明

① 该款中长裙在基础型裙子上进行结构设计，确定裙长和鱼尾起始位，如图 5-65 所示。

② 将前臀围进行等分，等分点向前中移 2cm 为点 A，过 A 点作垂线交腰口线 B 点，将前中省转移到 B 处。

③ 将后片的后中省的 0.5cm 的量移至后中缝。

④ 过后片如图 5-65 的后中省的省尖点向下作垂线。

⑤ 拼片如图所示，一共八片。

⑥ 如图画顺前后分割线、前中线和底边线。

⑦ 画出经向符号并标出装拉链止点。

以上是基础板裙摆没有变化，也可以将底摆每片都减小，如图 5-66 所示，其他不变。

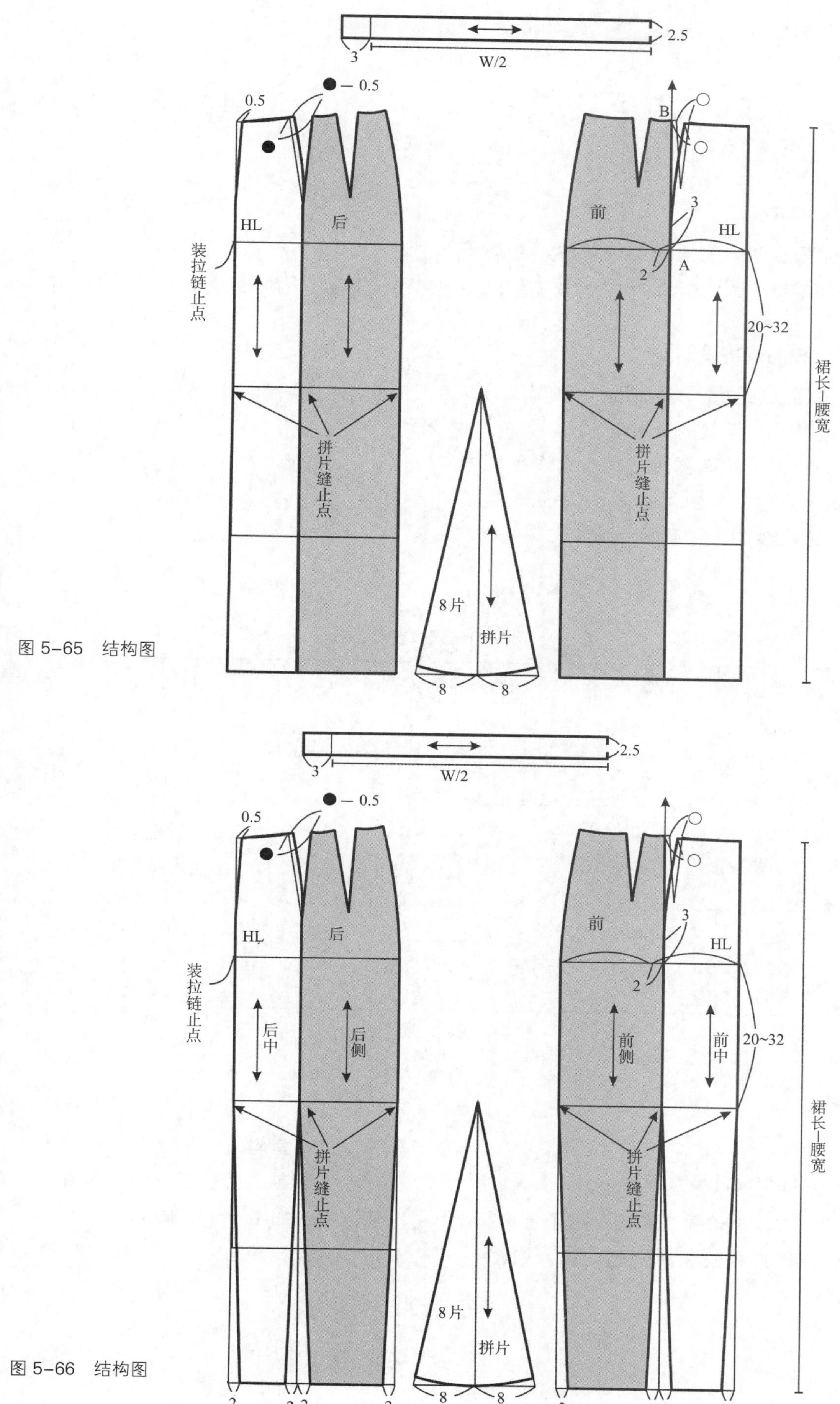

图 5-65　结构图

图 5-66　结构图

六、鱼尾裙六

（一）款式特点

装腰横向分割鱼尾型中长裙，有腰省，侧缝装拉链，款式如图 5–67 所示。

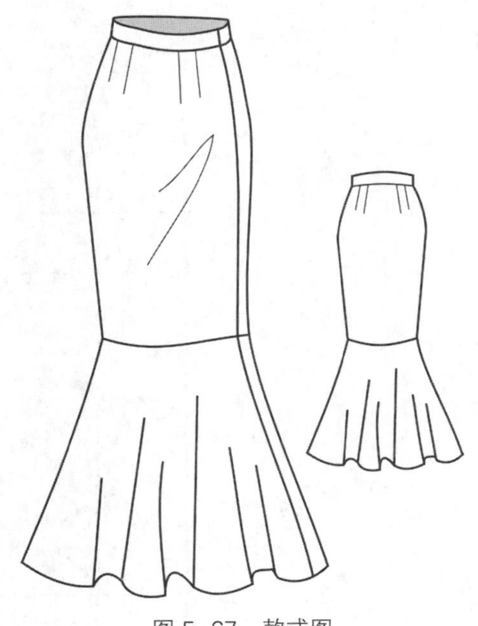

图 5–67　款式图

（二）成品规格设置

成品规格如表 5–21 所示。各部位的数据也可根据自己测量的值来确定。

如果面料没有弹性的话，为满足人体的基本活动量，臀围可在净臀围的基础上加 4cm 或 4cm 以上，腰围可以加放 0~2cm。

表 5–21　成品参考规格　　单位 :cm

号型	裙长	腰围	臀围	臀长	腰头宽
150/60A	76	61	92	16	2.5
155/64A	78	65	96	17	2.5
160/68A	80	69	98	18	2.5
165/72A	82	73	100	19	2.5
170/76A	84	77	104	20	2.5
175/80A	86	81	108	21	2.5

（三）结构设计要点说明

① 该款中长裙在基础型裙子上进行结构设计，确定裙长和鱼尾起始位，如图 5–68 所示。

② 将鱼尾部分进行 4 等分。

③ 将前、后鱼尾部分分别展开，修顺上下弧线，如图 5–69 所示。

④ 画出经向符号。

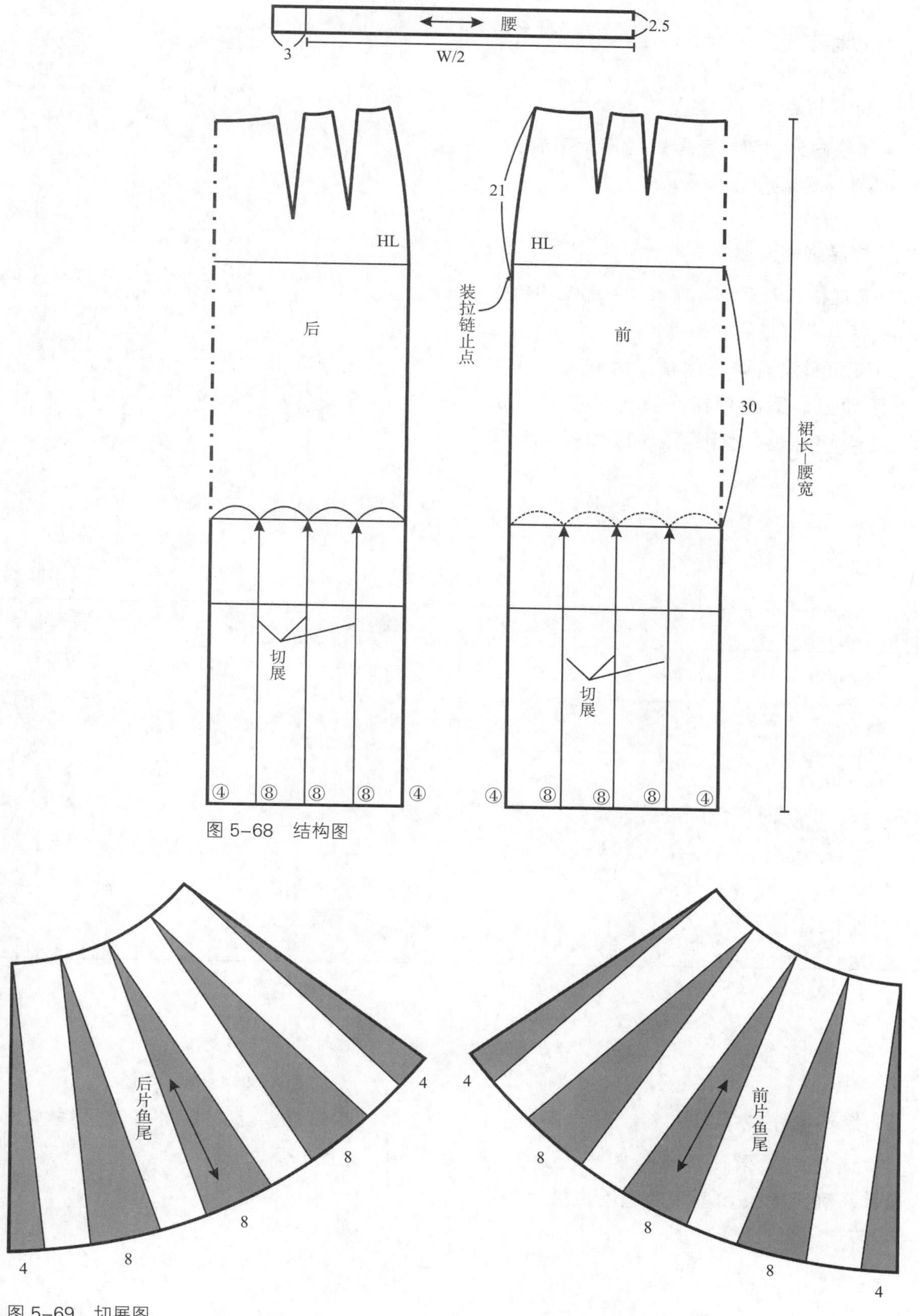

图 5-68　结构图

图 5-69　切展图

七、鱼尾裙七

（一）款式特点

装腰横向分割双层鱼尾裙，侧缝装拉链，款式如图 5–70 所示。

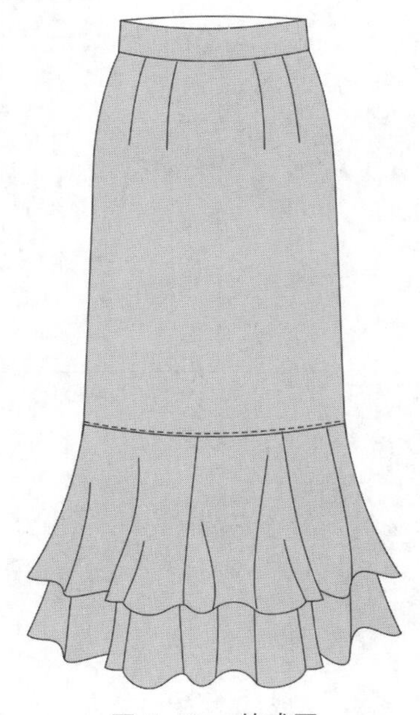

图 5–70　款式图

（二）成品规格设置

成品规格如表 5–22 所示。各部位的数据也可根据自己测量的值来确定。

如果面料没有弹性的话，为满足人体的基本活动量，臀围可在净臀围的基础上加 4cm 或 4cm 以上，腰围可以加放 0~2cm。

表 5–22　成品规格　　单位：cm

号型	裙长	腰围	臀围	臀长	腰头宽
150/60A	74	61	92	16	2.5
155/64A	76	65	96	17	2.5
160/68A	78	69	98	18	2.5
165/72A	80	73	100	19	2.5
170/76A	82	77	104	20	2.5
175/80A	84	81	108	21	2.5

（三）结构设计要点说明

①该款中长裙在基础型裙子上进行结构设计，确定裙长和鱼尾的起始位置，如图 5–71 所示。

②底边侧缝向外延伸 8cm。

③等分分割线，并向下做垂线作为展开线，如图 5–72 所示。

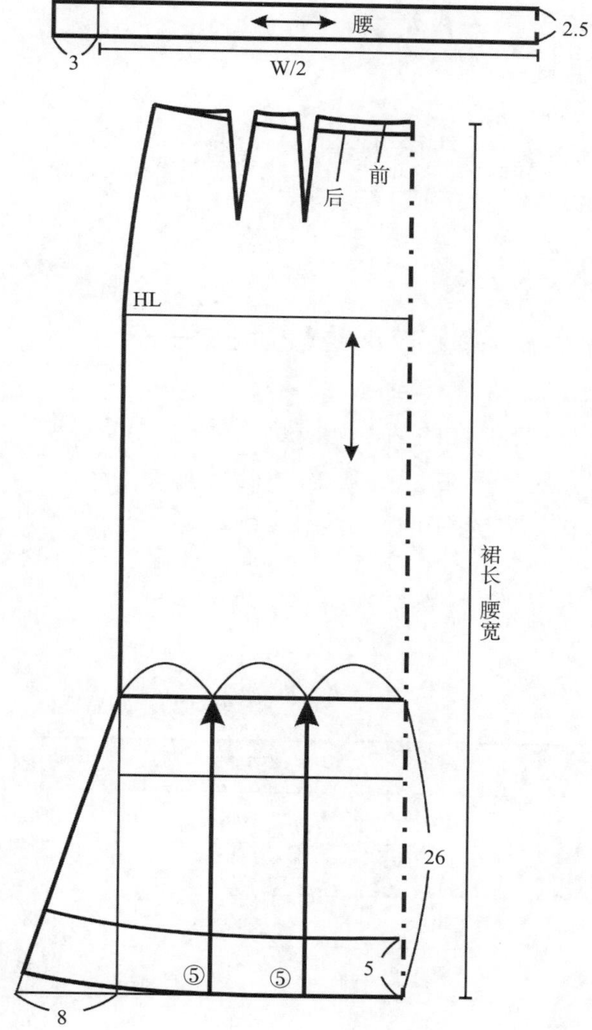

图 5-71　结构图

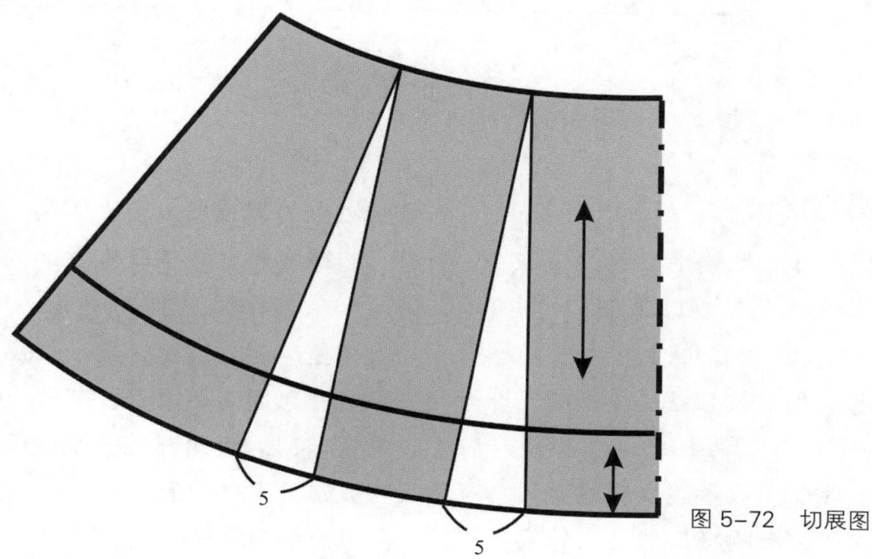

图 5-72　切展图

八、鱼尾裙八

（一）款式特点

高腰横向分割鱼尾型中长裙，有腰省，后中缝装拉链，款式如图 5–73 所示。

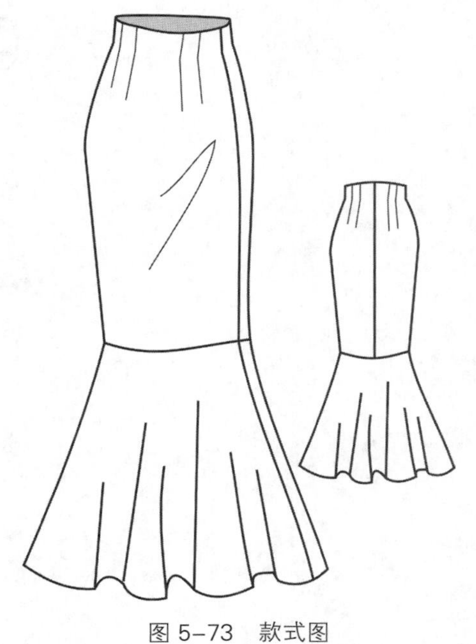

图 5–73　款式图

（二）成品规格设置

成品规格如表 5–23 所示。各部位的数据也可根据自己测量的值来确定。

如果面料没有弹性的话，为满足人体的基本活动量，臀围可在净臀围的基础上加 4cm 或 4cm 以上，腰围可以加放 0~2cm。

表 5–23　成品规格　　单位 :cm

号型	裙长	腰围	臀围	臀长	腰头宽
150/60A	76	61	92	16	5
155/64A	78	65	96	17	5
160/68A	80	69	98	18	5
165/72A	82	73	100	19	5
170/76A	84	77	104	20	5
175/80A	86	81	108	21	5

（三）结构设计要点说明

① 该款中长裙在基础型裙子上进行结构设计，确定裙长和鱼尾起始位，如图 5–74 所示。

② 距离腰口线 5cm 作腰口线的平行线，为新的腰口弧线。

③ 腰省从腰口线向上作垂线交新的腰口线，由于高腰并连腰，新的腰口线在人体实际腰围以上，其围度大于人体实际腰围，将省道上边缘在垂直线的基础上向内分别收进 0.2~0.3cm，以满足人体的需要。

④ 在鱼尾起始线上，前、后侧缝各向内收进 2cm，然后向下作矩形并进行 4 等分。

⑤ 将前、后鱼尾部分分别展开，修顺上下弧线，如图 5–75 所示。

⑥ 画出经向符号。

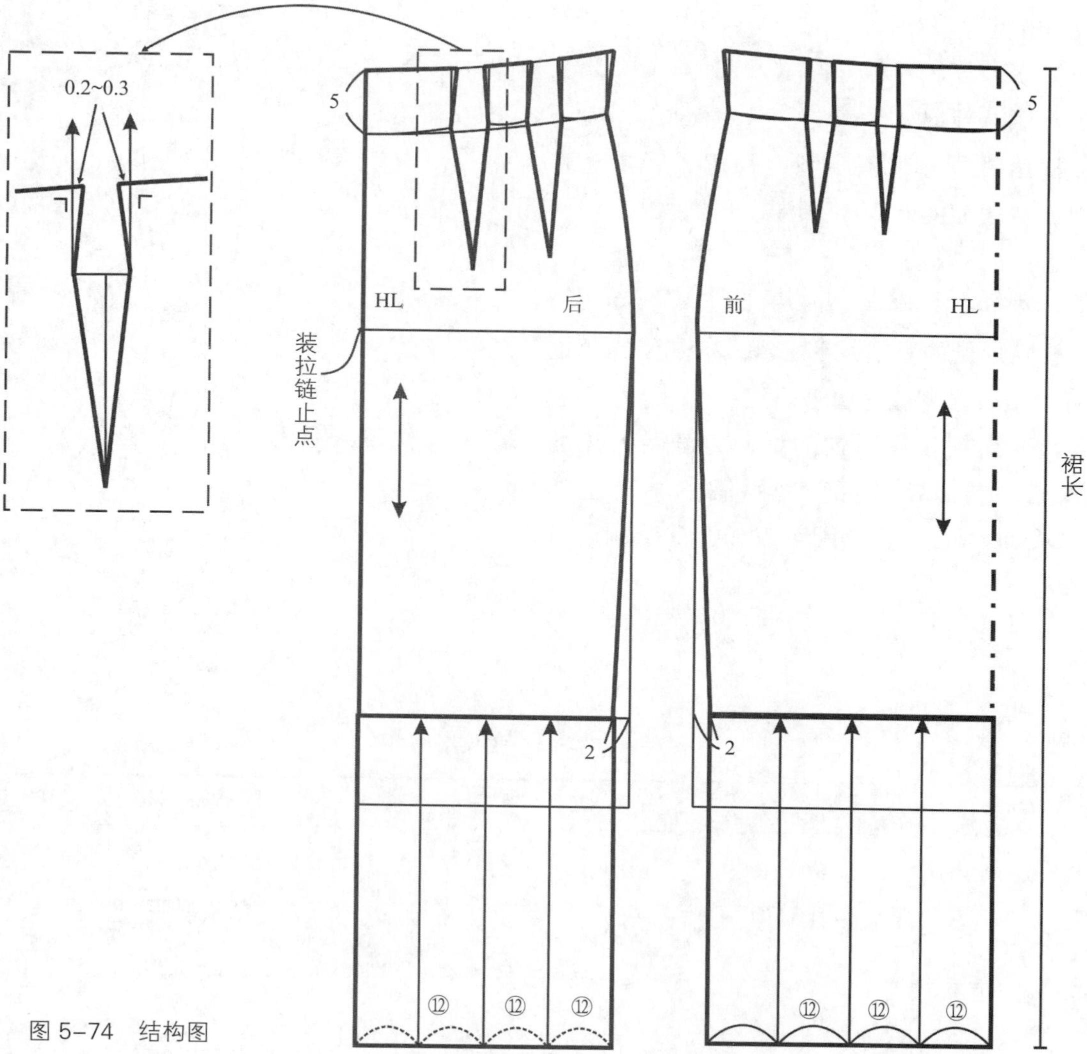

0.2~0.3
5
HL
后
前
HL
5
装拉链止点
裙长
2
2
⑫
⑫
⑫
⑫
⑫
⑫

图 5-74　结构图

12
12
12
前后鱼尾

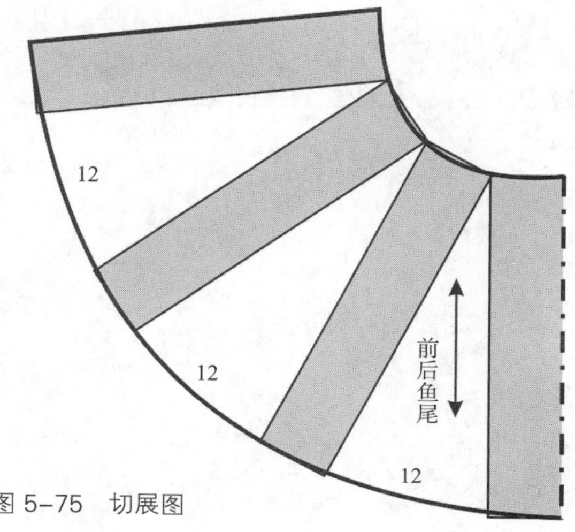

图 5-75　切展图

九、鱼尾型裙九

（一）款式特点

装腰斜向分割鱼尾型中长裙，后中缝装拉链，款式如图 5-76 所示。

（二）成品规格设置

成品规格如表 5-24 所示。各部位的数据也可根据自己测量的值来确定。

如果面料没有弹性的话，为满足人体的基本活动量，臀围可在净臀围的基础上加 4cm 或 4cm 以上，腰围可以加放 0~2cm。

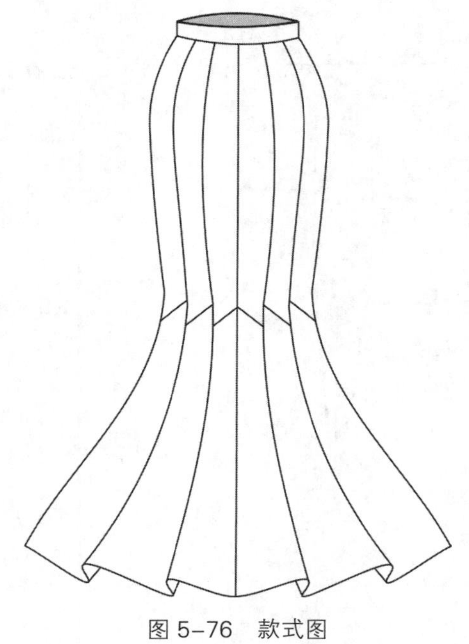

图 5-76　款式图

表 5-24　成品规格　　单位 :cm

号型	裙长	腰围	臀围	臀长	腰头宽
150/60A	76	61	92	16	2.5
155/64A	78	65	96	17	2.5
160/68A	80	69	98	18	2.5
165/72A	82	73	100	19	2.5
170/76A	84	77	104	20	2.5
175/80A	86	81	108	21	2.5

（三）结构设计要点说明

① 该款中长裙在基础型裙子上进行结构设计，将前、后裙片的侧缝对齐，如图 5-77 所示。

② 将侧缝线移至臀围线的中点位置，使前后裙片臀围大相等，同时调整前、后腰的大小。

③ 分别将前、后臀围线进行 3 等分，过 3 等分点作垂线。

④ 确定鱼尾的起始点和斜线的位置。

⑤ 每片底边各向外延伸 *，* 值可以自己设定。

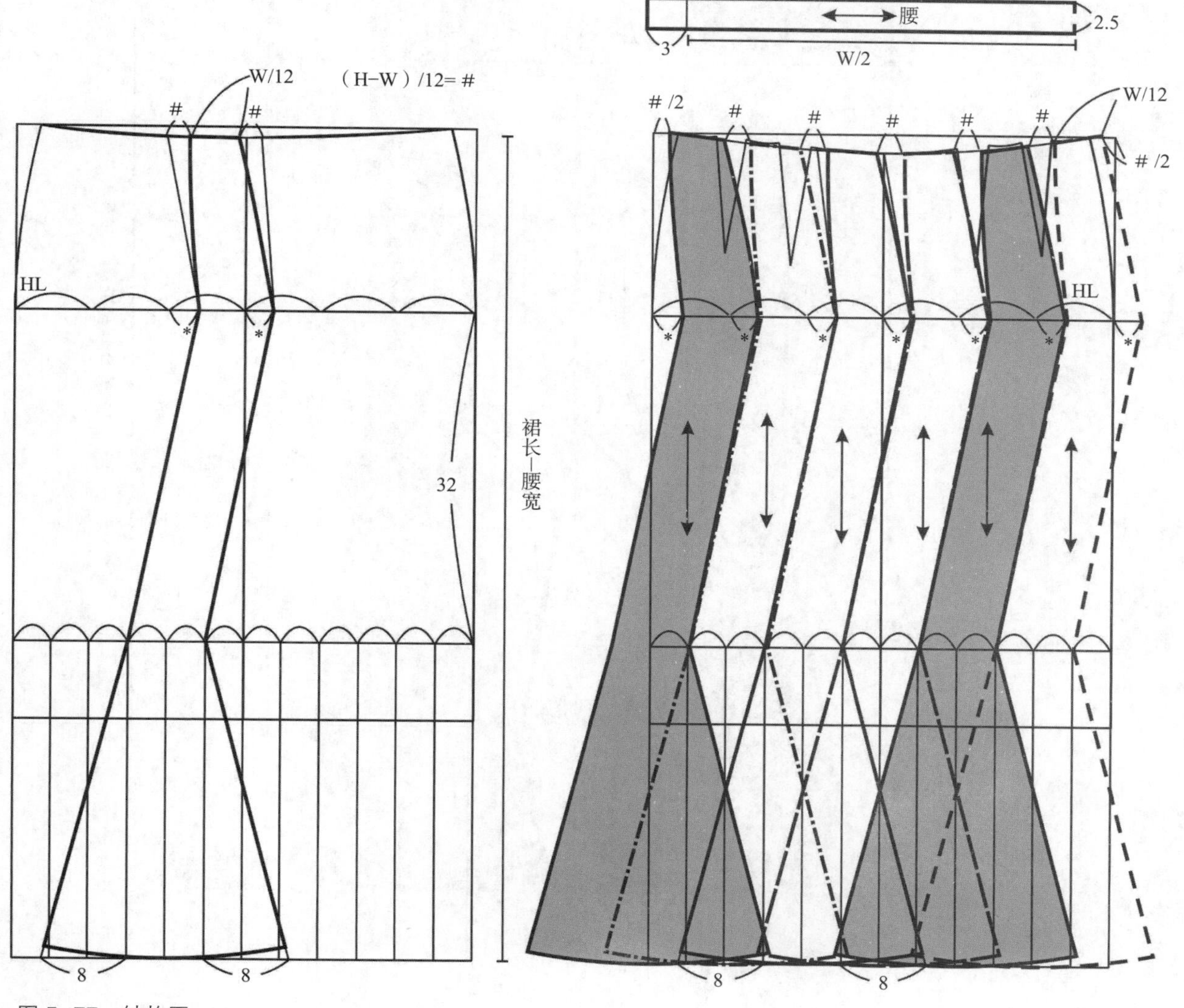

图 5-77　结构图

⑥ 将前、后的 4 个省道分别转移至垂直线和前后中心线上，如图 5-78 所示。

⑦ 画顺各分割线和每片的底边线。

⑧ 画出经向符号。

如果斜向分割线左右不对称，而是斜向一致，则不要对称裁剪，无论左片还是右片保持斜向一致。

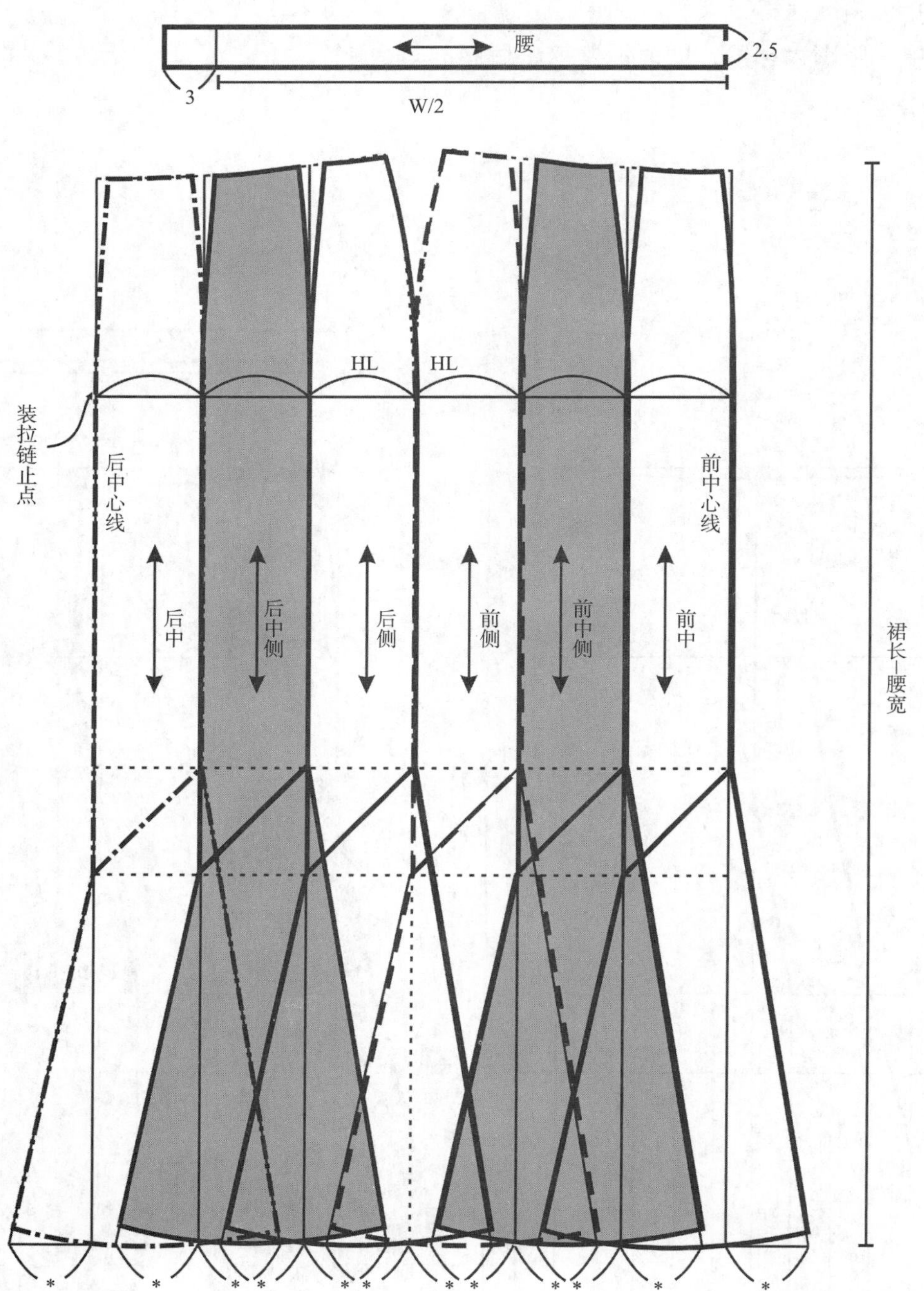

图 5-78 结构图

十、鱼尾裙十

（一）款式特点

装腰斜向分割大摆鱼尾型中长裙，后中缝装拉链，款式如图 5-79 所示。

（二）成品规格设置

成品规格如表 5-25 所示。各部位的数据也可根据自己测量的值来确定。

如果面料没有弹性的话，为满足人体的基本活动量，臀围可在净臀围的基础上加 4cm 或 4cm 以上，腰围可以加放 0~2cm。

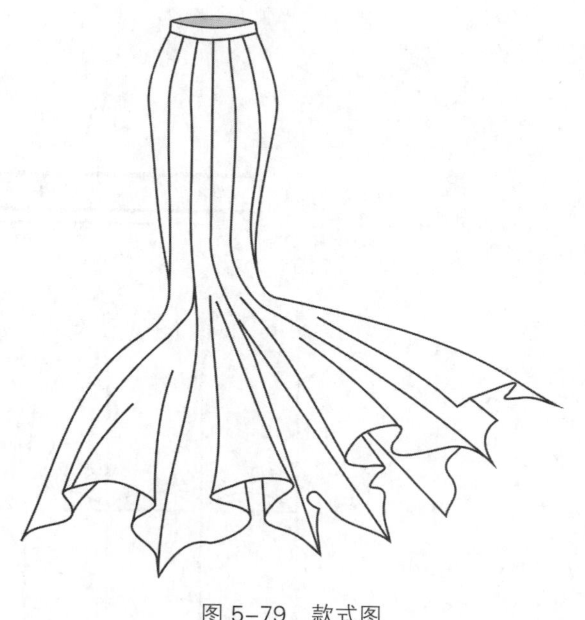

图 5-79　款式图

表 5-25　成品规格

单位：cm

号型	裙长	腰围	臀围	臀长	腰头宽
150/60A	78	61	92	16	2.5
155/64A	80	65	96	17	2.5
160/68A	82	69	98	18	2.5
165/72A	84	73	100	19	2.5
170/76A	86	77	104	20	2.5
175/80A	88	81	108	21	2.5

（三）结构设计要点说明

① 该款中长裙在基础型裙子上进行结构设计，将前、后裙片的侧缝对齐，如图 5-80 所示。

② 将侧缝线移至臀围线的中间位置，如图虚线所示，同时调整前、后腰的大小。

③ 分别将前、后臀围线进行 3 等分，过 3 等分点作垂线。

④ 确定鱼尾的起始点，在起始点每条边分别向外延伸 #。

⑤ 每片底边各向外延伸 *，* 的值可以自己设计其大小。

⑥ 将前、后的 4 个省道分别转移至垂直线和前后中心线上，如图 5-81 所示。

⑦ 画顺各分割线和每片的底边线。

⑧ 画出经向符号。

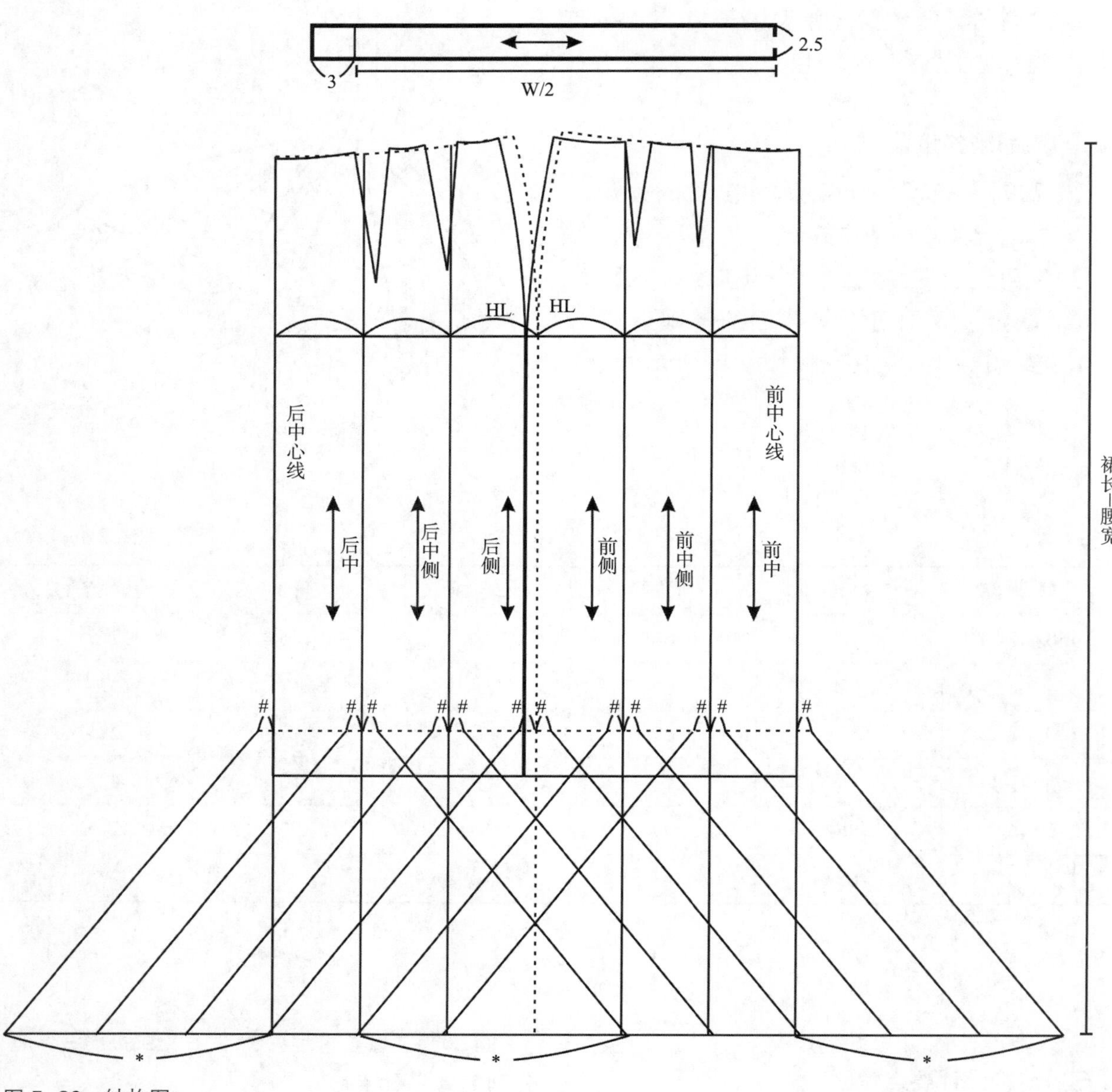

图 5–80　结构图

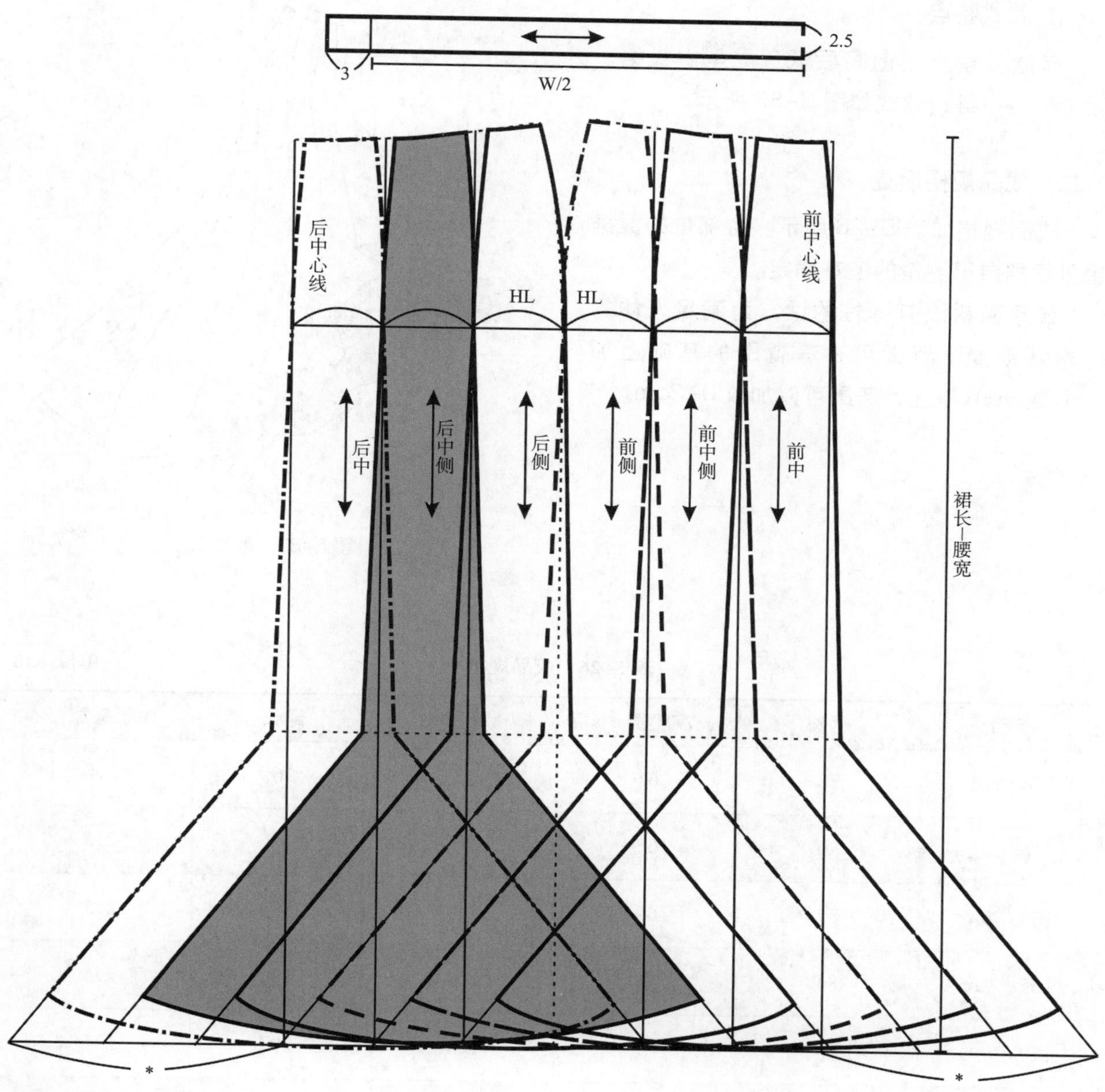

图 5-81 结构图

十一、鱼尾裙十一

（一）款式特点

装腰分割大摆前高后低鱼尾型中长裙，后中缝装拉链，款式如图 5-82 所示。

图 5-82 款式图

（二）成品规格设置

成品规格如表 5-26 所示。各部位的数据也可根据自己测量的值来确定。

如果面料没有弹性的话，为满足人体的基本活动量，臀围可在净臀围的基础上加 4cm 或 4cm 以上，腰围可以加放 0~2cm。

表 5-26 成品规格 单位 :cm

号型	裙长	腰围	臀围	臀长	腰头宽
150/60A	78	61	92	16	2.5
155/64A	80	65	96	17	2.5
160/68A	82	69	98	18	2.5
165/72A	84	73	100	19	2.5
170/76A	86	77	104	20	2.5
175/80A	88	81	108	21	2.5

（三）结构设计要点说明

① 该款中长裙在基础型裙子上进行结构设计，将前、后裙片的侧缝对齐，如图 5-83 所示。

② 将侧缝线移至臀围线的中间位置，如虚线所示，同时调整前、后腰的大小。

③ 分别将前、后臀围线进行 3 等分，过 3 等分点作垂线。

④ 确定鱼尾的起始的斜线位置。

⑤ 每片底边各向外延伸 *,* 可以自己设计其大小。

⑥ 将前、后的 4 个省道分别转移至垂直线和前后中心线上，如图 5-84 所示。

⑦ 画顺各分割线和每片的底边线。

⑧ 画出经向符号。

⑨ 将前中、前中侧、前侧、后侧、后中侧和后中片底边对齐，画顺底边线，同样腰口线对齐，画顺腰口线，如图 5-85 所示。

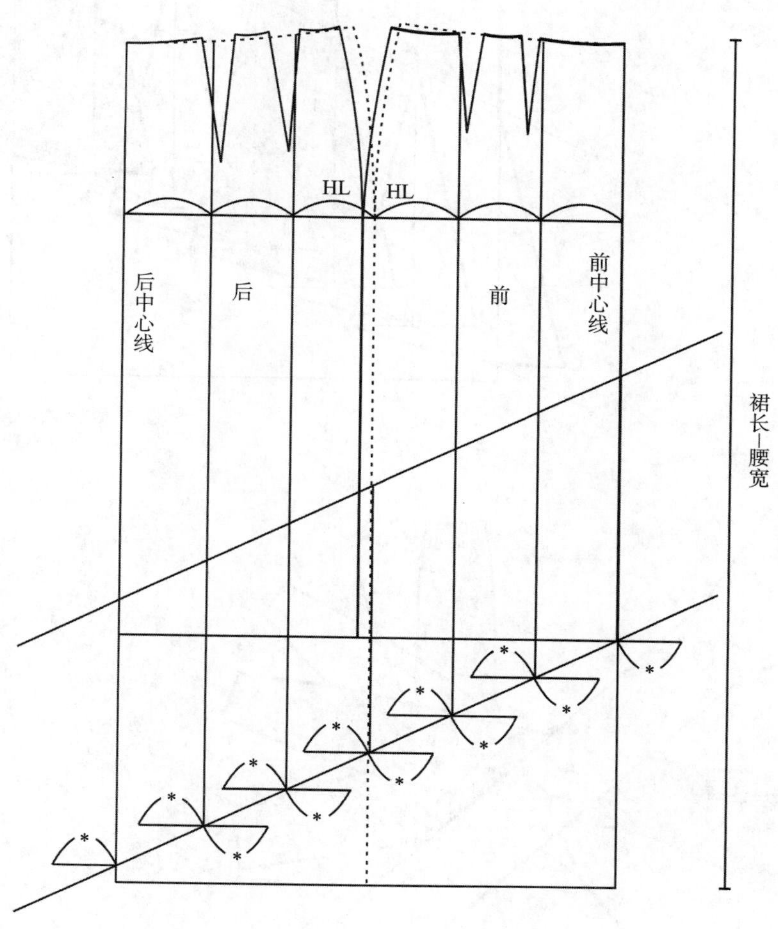

图 5-83 结构图

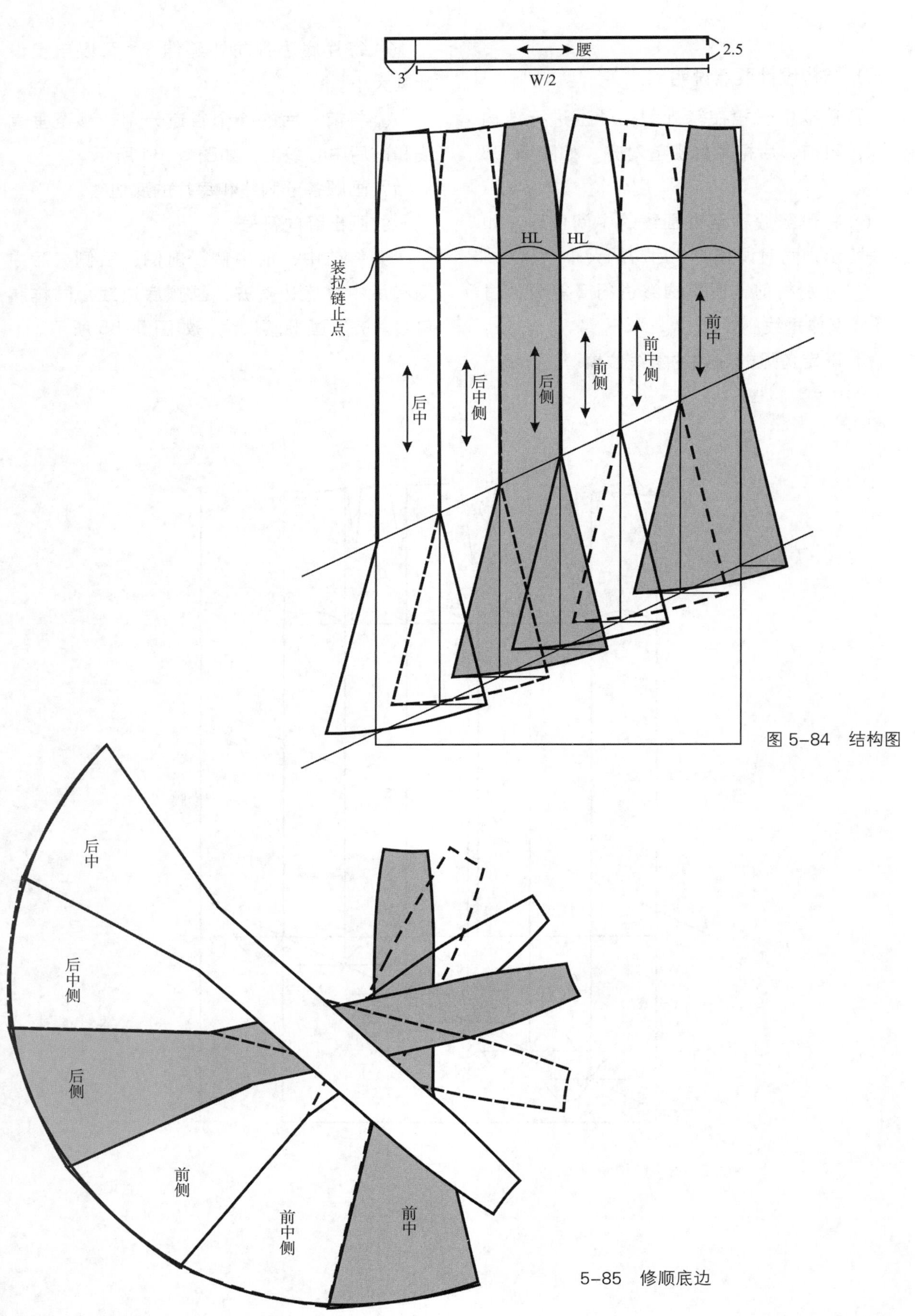

图 5-84　结构图

5-85　修顺底边

十二、鱼尾裙十二

（一）款式特点

装腰斜向分割鱼尾型中长裙，侧缝装拉链，款式如图 5–86 所示。

图 5–86　款式图

（二）成品规格设置

成品规格如表 5–27 所示。各部位的数据也可根据自己测量的值来确定。

如果面料没有弹性的话，为满足人体的基本活动量，臀围可在净臀围的基础上加 4cm 或 4cm 以上，腰围可以加放 0~2cm。

表 5–27　成品规格

单位 :cm

号型	裙长	腰围	臀围	臀长	腰头宽
150/60A	78	61	92	16	2.5
155/64A	80	65	96	17	2.5
160/68A	82	69	98	18	2.5
165/72A	84	73	100	19	2.5
170/76A	86	77	104	20	2.5
175/80A	88	81	108	21	2.5

（三）结构设计要点说明

① 该款中长裙在基础型裙子上进行结构设计，确定裙长，如图 5–87 所示。

② 臀围线进行 6 等分，鱼尾的起始位置进行 12 等分。

③ 每片臀围线偏离等分点 *，该量可以自己设定。

④ 腰省分配在每片之间，大小为（H–W）/12=#。

⑤ 每片底边各向外延伸 8cm，也可以自己设计其大小。

⑥ 画顺各分割线和每片的底边线。

⑦ 画出经向符号。

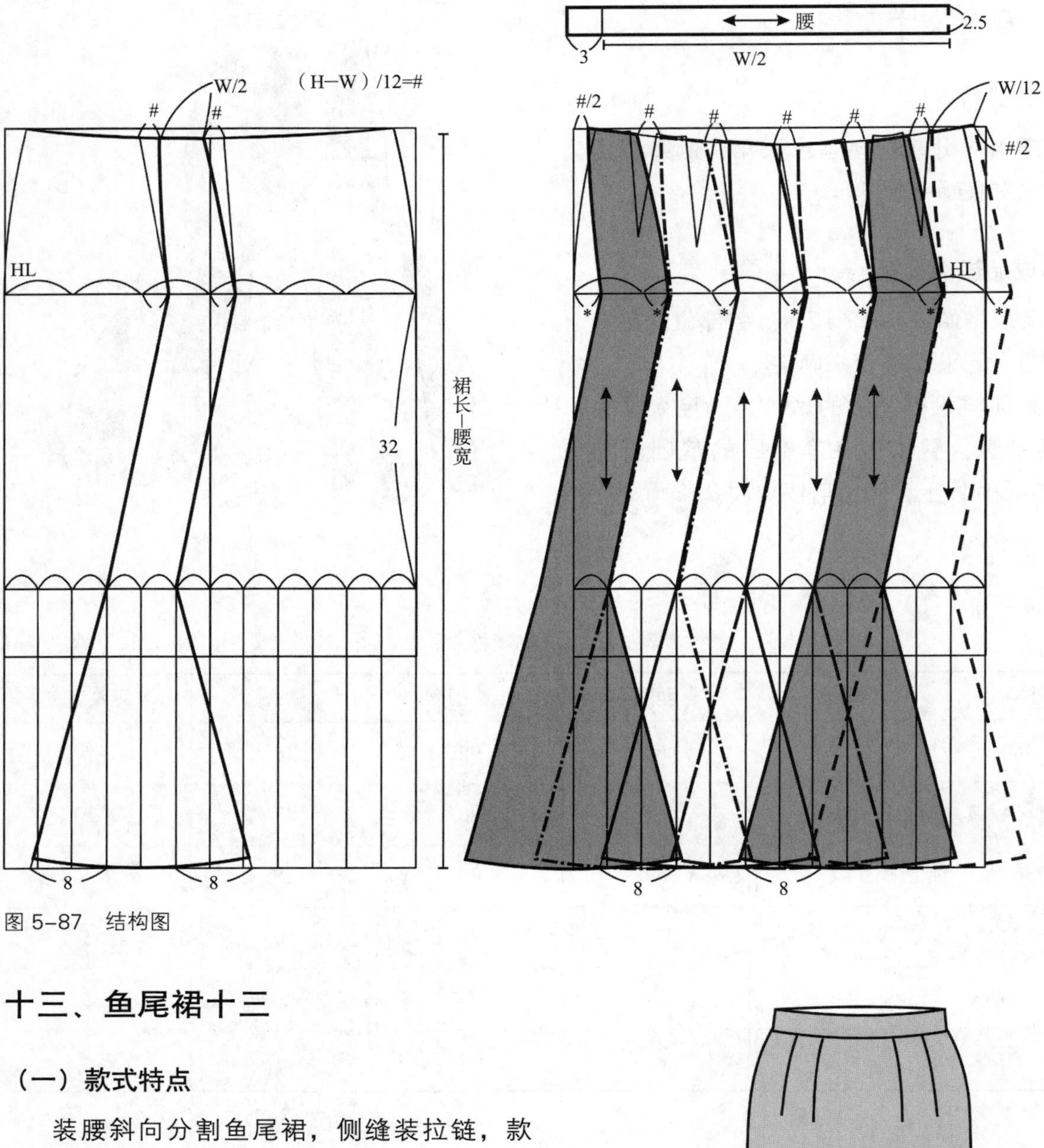

图 5-87　结构图

十三、鱼尾裙十三

（一）款式特点

装腰斜向分割鱼尾裙，侧缝装拉链，款式如图 5-88 所示。

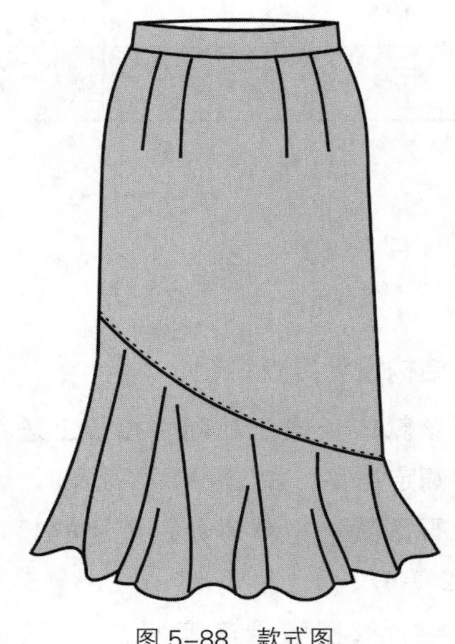

图 5-88　款式图

（二）成品规格设置

成品规格如表 5-28 所示。各部位的数据也可根据自己测量的值来确定。

如果面料没有弹性的话，为满足人体的基本活动量，臀围可在净臀围的基础上加 4cm 或 4cm 以上，腰围可以加放 0~2cm。

表 5-28　成品规格

单位：cm

号型	裙长	腰围	臀围	臀长	腰头宽
150/60A	61	61	92	16	2
155/64A	63	65	96	17	2
160/68A	65	69	98	18	2
165/72A	67	73	100	19	2
170/76A	69	77	104	20	2
175/80A	71	81	108	21	2

（三）结构设计要点说明

①该款中长裙在基础型裙子上进行结构设计，确定裙长，如图 5-89 所示。

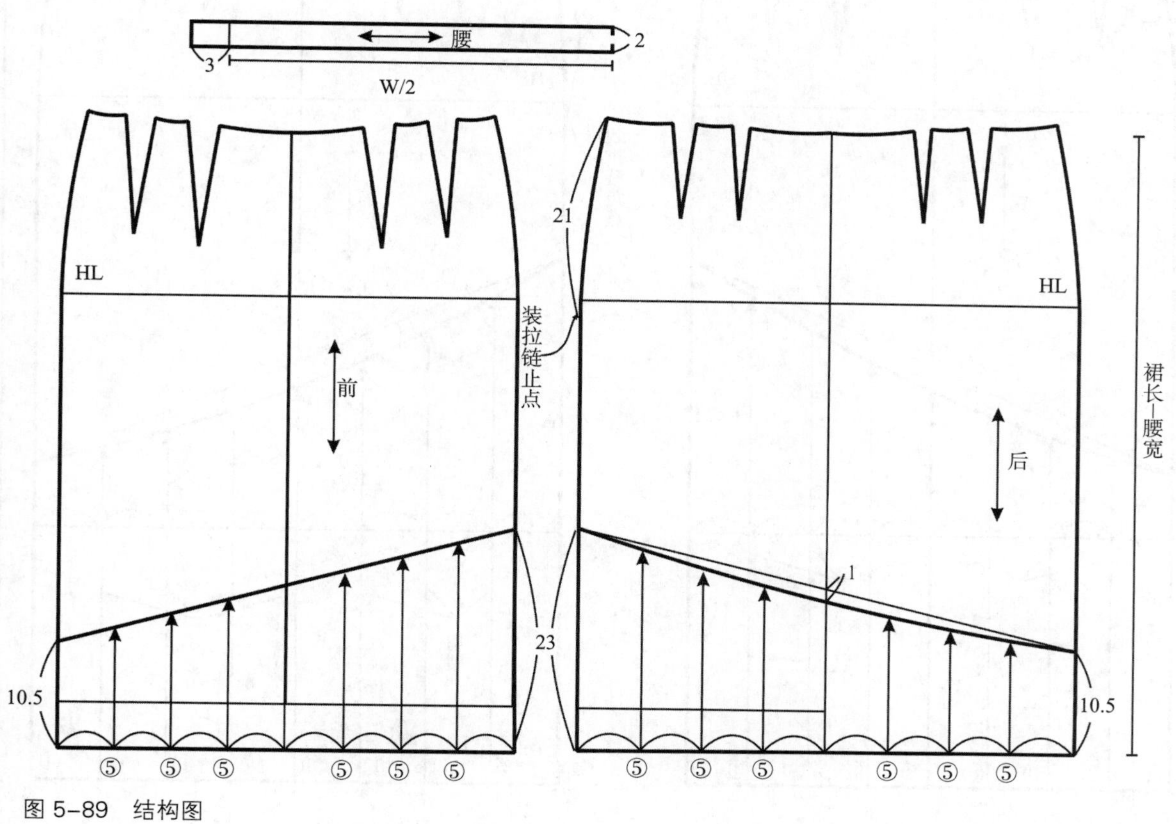

图 5-89　结构图

② 确定斜向分割线的位置。

③ 将前、后鱼尾部分分别进行 8 等分。

④ 将前、后鱼尾部分进行展开，确定经向线。也可将以上款各片加长，展开相同的量，如图 5-91 所示。画顺上下弧线，如图 5-90 所示。

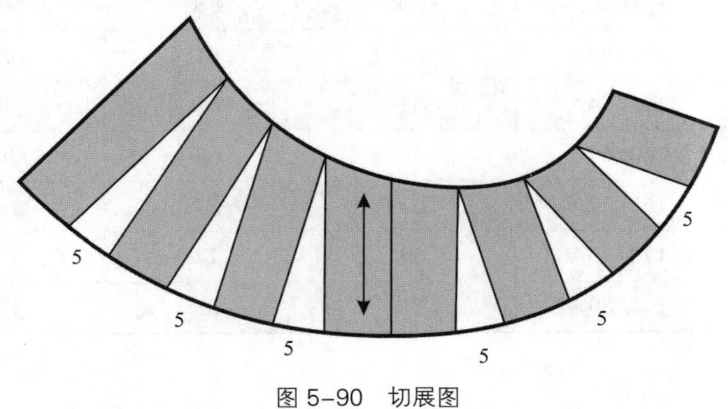

图 5-90　切展图

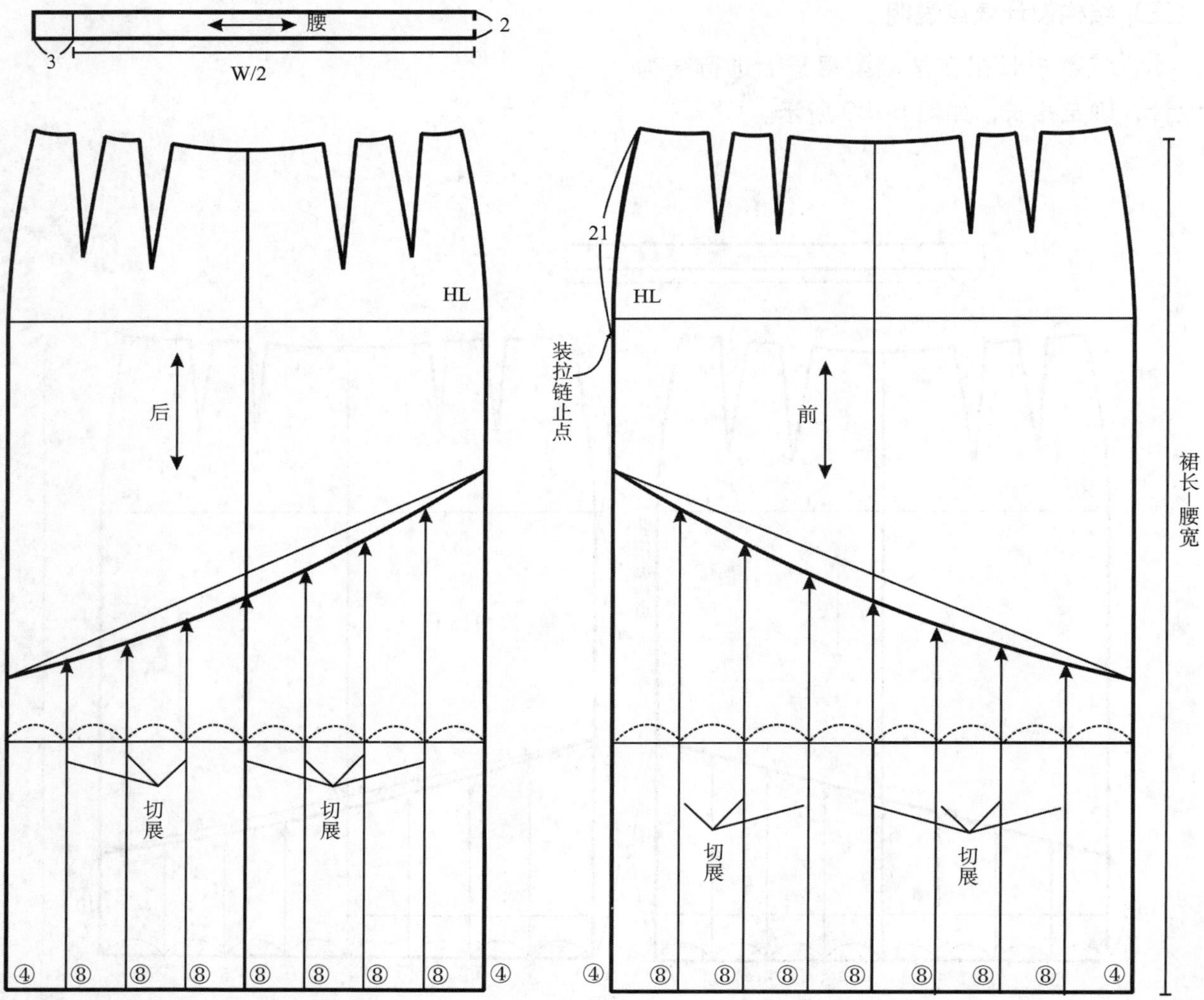

图 5-91　结构图

也可先增加侧缝的量，分割各片不一定等分，同样各片之间展开的量也不一定相同，如图 5-92 所示。

鱼尾部分展开图如图 5-93 所示。

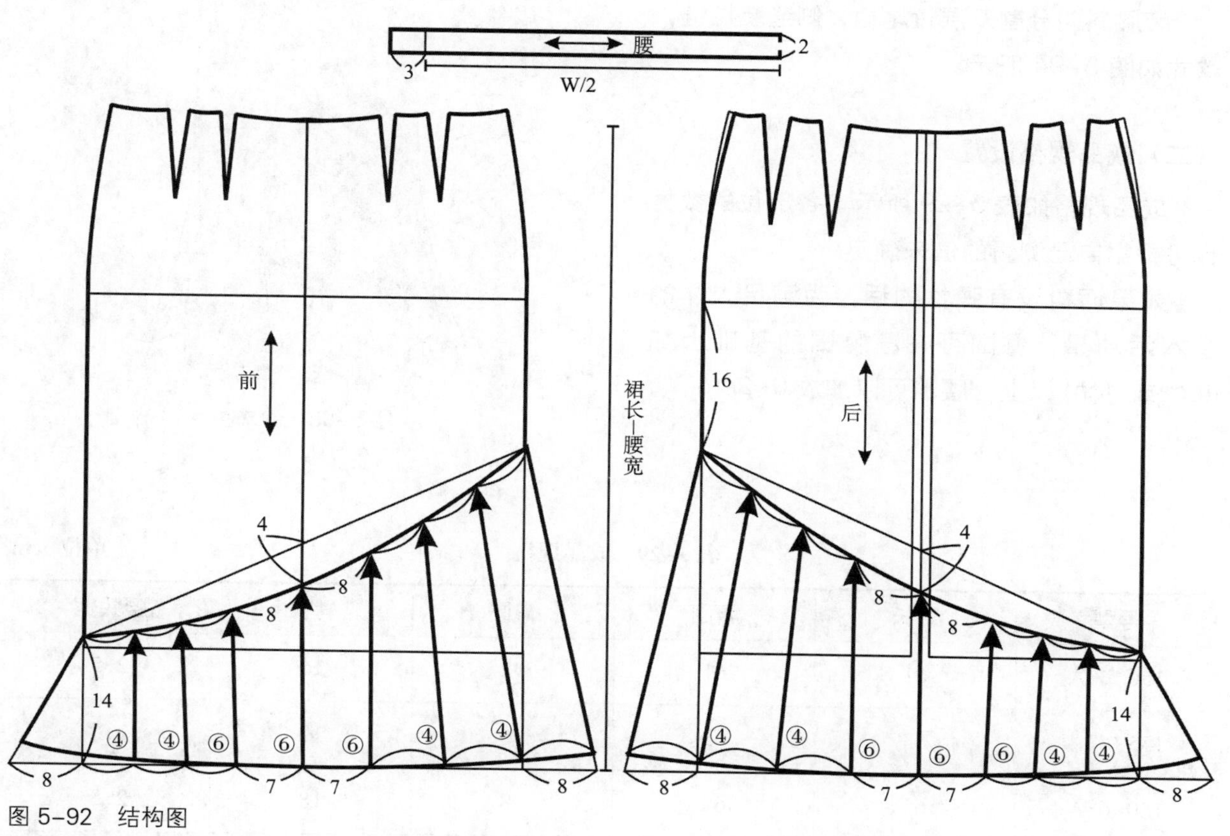

图 5-92　结构图

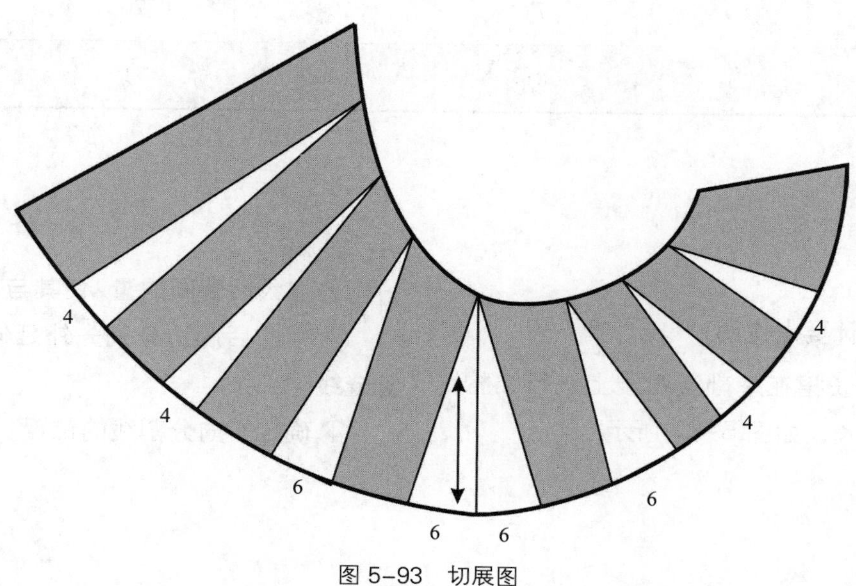

图 5-93　切展图

十四、鱼尾裙十四

（一）款式特点

装腰斜向分割双层鱼尾裙，侧缝装拉链，款式如图 5-94 所示。

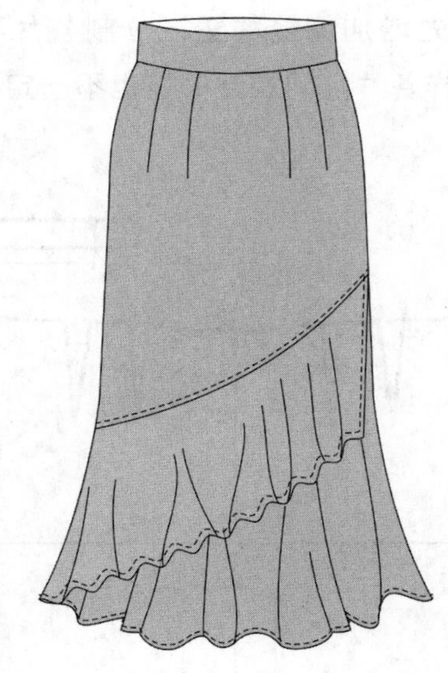

图 5-88　款式图

（二）成品规格设置

成品规格如表 5-29 所示。各部位的数据也可根据自己测量的值来确定。

如果面料没有弹性的话，为满足人体的基本活动量，臀围可在净臀围的基础上加 4cm 或 4cm 以上，腰围可以加放 0~2cm。

表 5-29　成品规格　　单位 :cm

号型	裙长	腰围	臀围	臀长	腰头宽
150/60A	61	61	92	16	2.5
155/64A	63	65	96	17	2.5
160/68A	65	69	98	18	2.5
165/72A	67	73	100	19	2.5
170/76A	69	77	104	20	2.5
175/80A	71	81	108	21	2.5

（三）结构设计要点说明

① 该款中长裙在基础型裙子上进行结构设计，确定裙长，如图 5-95 所示。

② 增大后臀围的量，使其与前臀围等大。

③ 前、后底边分别先外延伸 2cm，画顺侧缝线。

④ 确定斜向分割线的位置。

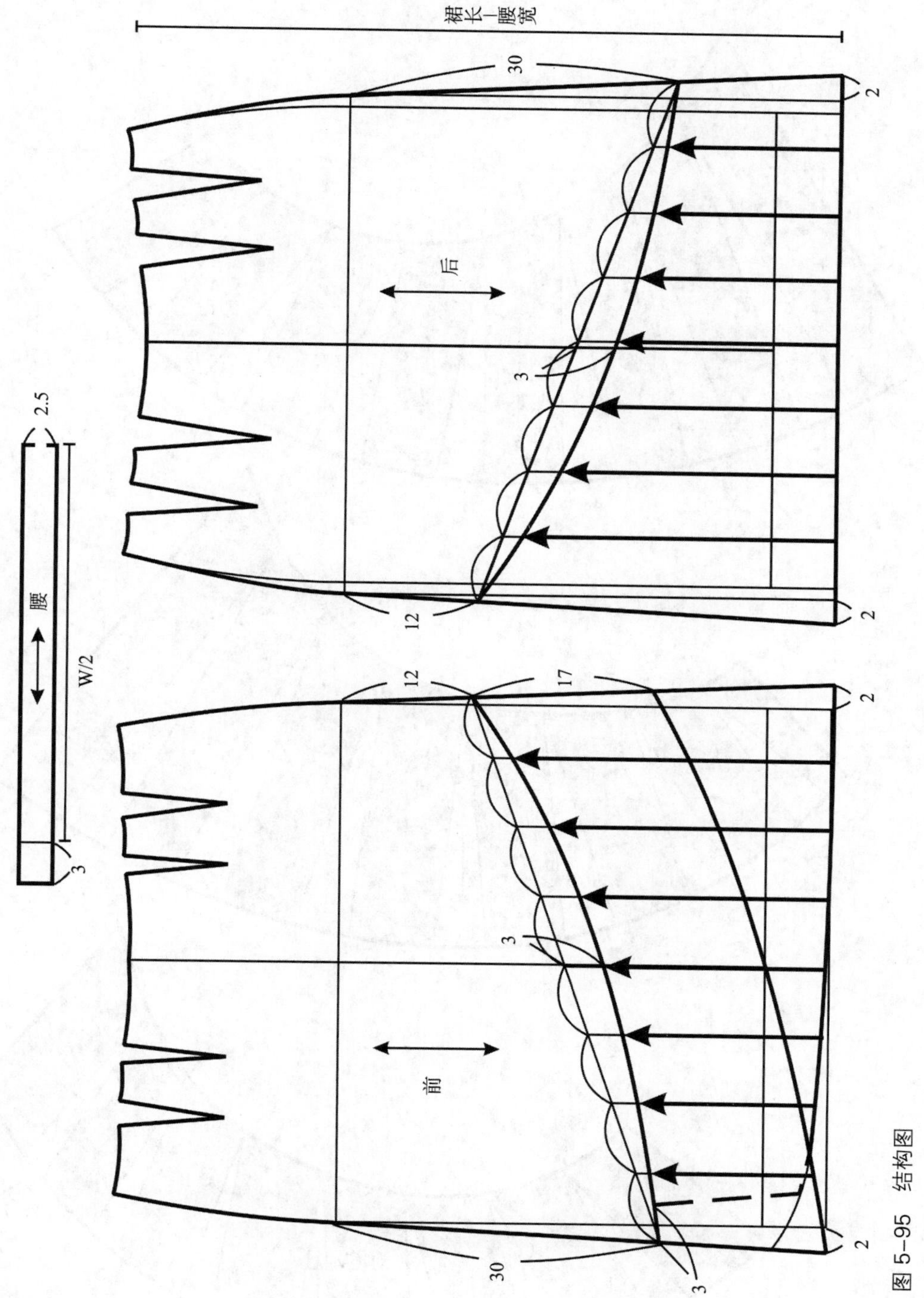

图 5-95　结构图

⑧ 将前、后鱼尾部分分别进行 8 等分。

⑨ 将前、后鱼尾部分进行展开，画顺上下弧线，如图 5-96 所示。

⑩ 确定经向线。

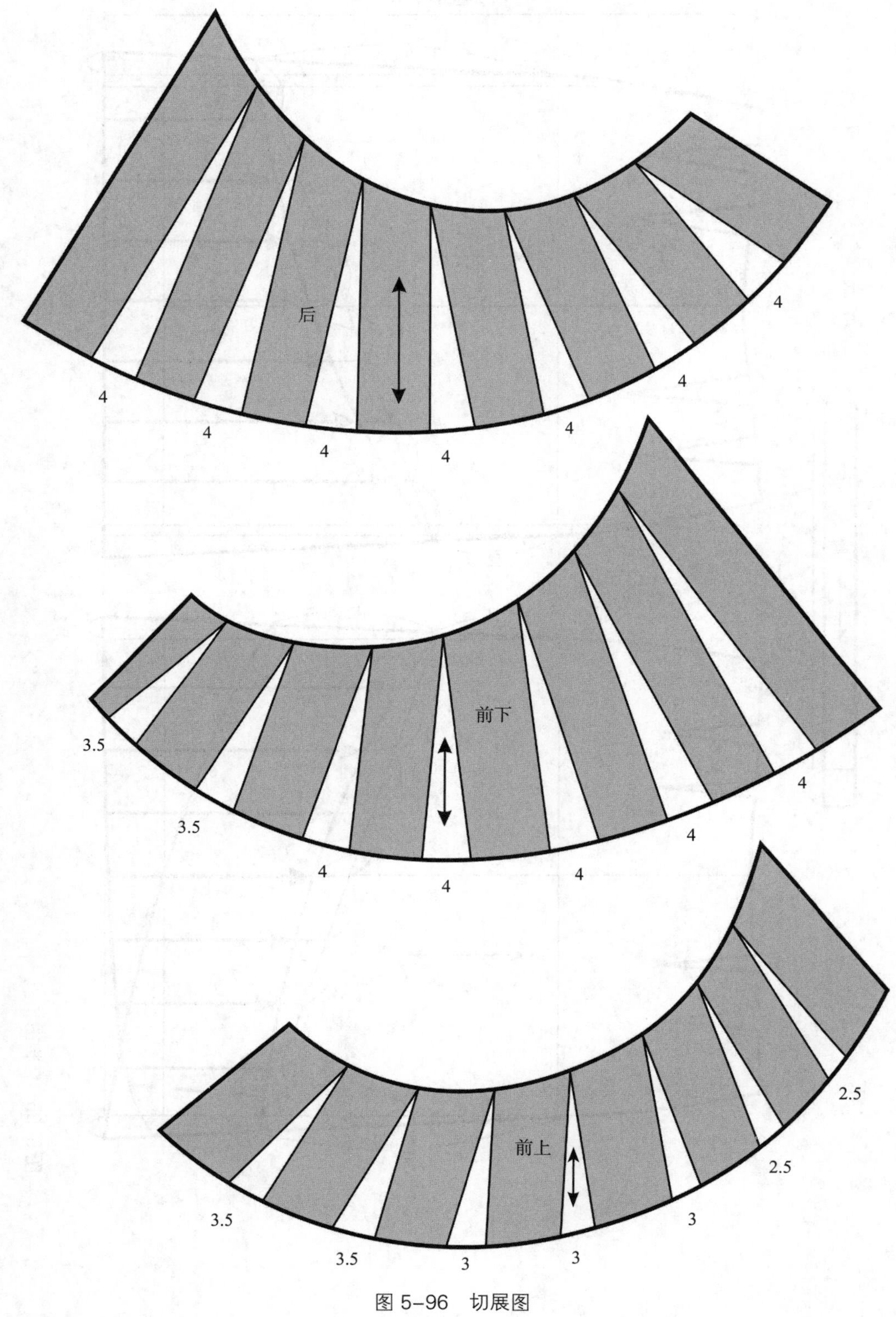

图 5-96 切展图

十五、鱼尾裙十五

（一）款式特点

装腰横向分割鱼尾裙，侧缝装拉链，款式如图 5–97 所示。

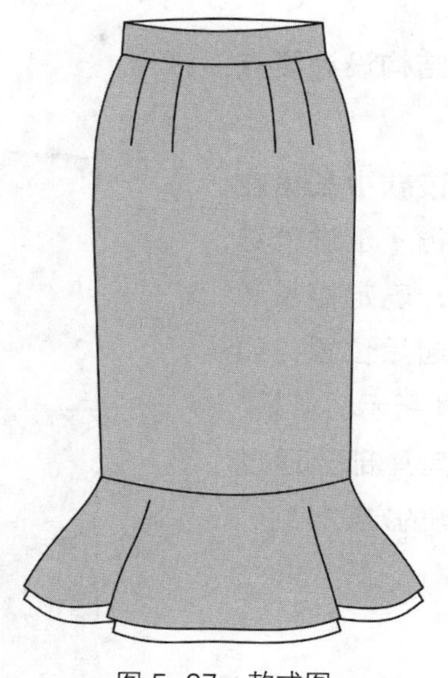

图 5–97 款式图

（二）成品规格设置

成品规格如表 5–30 所示。各部位的数据也可根据自己测量的值来确定。

如果面料没有弹性的话，为满足人体的基本活动量，臀围可在净臀围的基础上加 4cm 或 4cm 以上，腰围可以加放 0~2cm。

表 5–30 成品规格 单位 :cm

号型	裙长	腰围	臀围	臀长	腰头宽
150/60A	67	61	92	16	3
155/64A	69	65	96	17	3
160/68A	71	69	98	18	3
165/72A	73	73	100	19	3
170/76A	75	77	104	20	3
175/80A	77	81	108	21	3

（三）结构设计要点

说明

①该款中长裙在基础型裙子上进行结构设计，确定裙长和鱼尾的起始位置，如图 5–98 所示。

②鱼尾部分通过直接画图的方法得到。

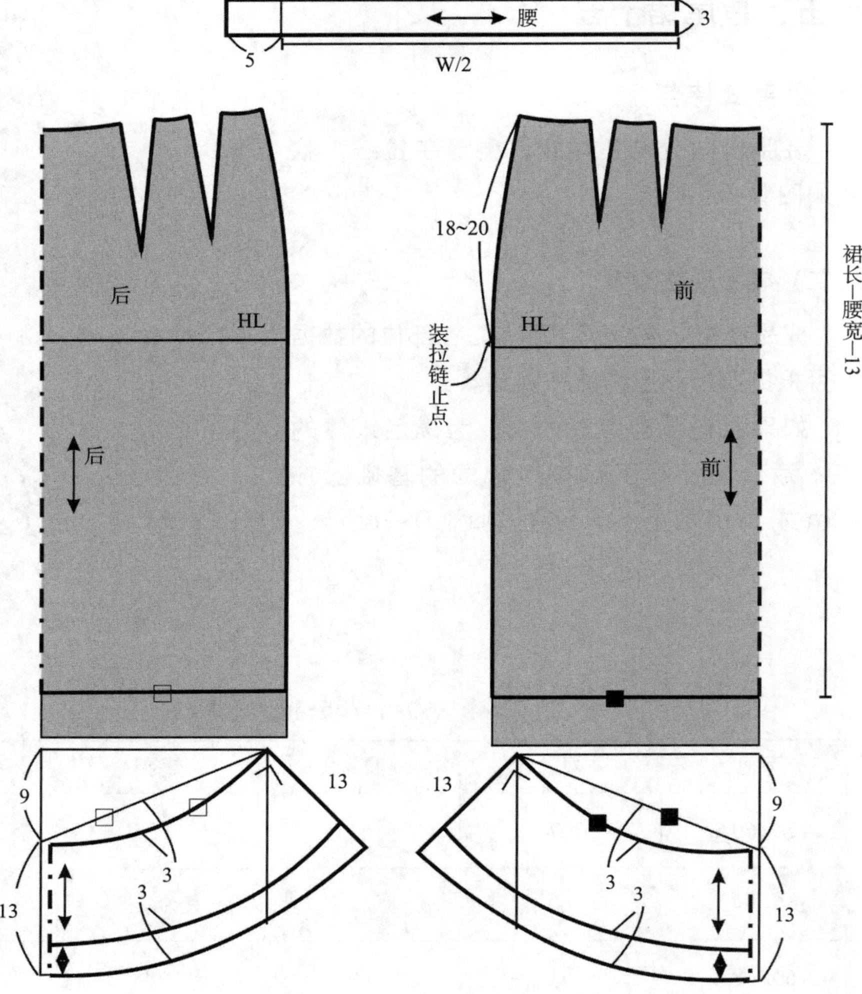

图 5–98　结构图

十六、鱼尾裙十六

（一）款式特点

装腰横向分割鱼尾裙，侧缝装拉链，款式如图 5–99 所示。

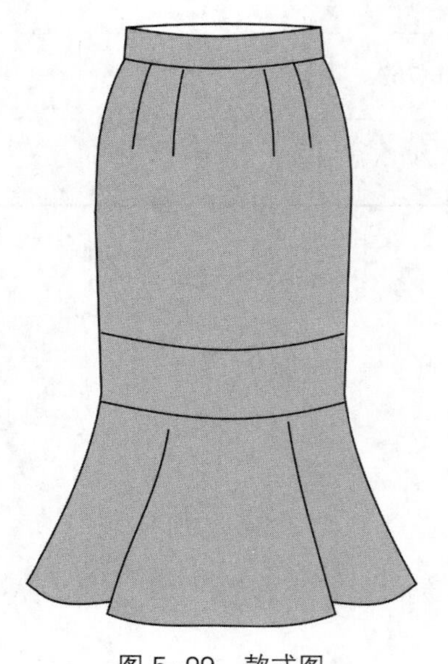

图 5–99　款式图

（二）成品规格设置

成品规格如表 5–31 所示。各部位的数据也可根据自己测量的值来确定。

如果面料没有弹性的话，为满足人体的基本活动量，臀围可在净臀围的基础上加 4cm 或 4cm 以上，腰围可以加放 0~2cm。

表 5-31　成品规格

单位 :cm

号型	裙长	腰围	臀围	臀长	腰头宽
150/60A	69	61	92	16	3
155/64A	71	65	96	17	3
160/68A	73	69	98	18	3
165/72A	74	73	100	19	3
170/76A	76	77	104	20	3
175/80A	78	81	108	21	3

（三）结构设计要点说明

① 该款中长裙在基础型裙子上进行结构设计，确定裙长和鱼尾的起始位置，如图 5-100 所示。

② 鱼尾部分通过直接画图的方法得到。

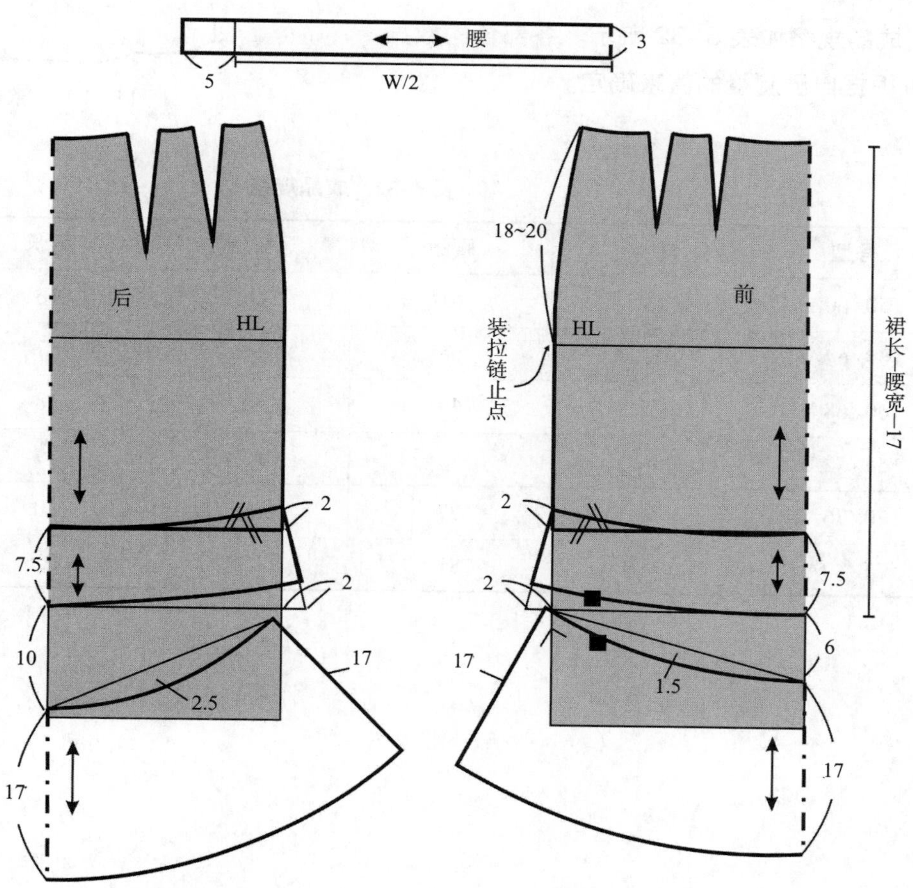

图 5-100　结构图

第五节　节裙

一、节裙一

（一）款式特点

装腰两节裙，腰两侧加松紧带，后中缝装拉链，款式如图 5–101 所示。

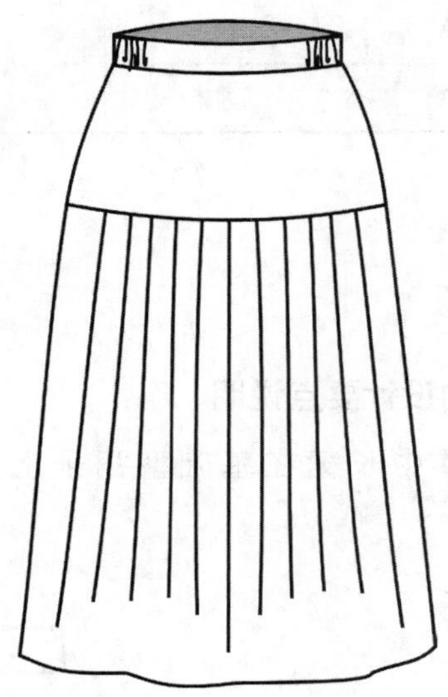

图 5–101　款式图

（二）成品规格设置

成品规格如表 5–32 所示。各部位的数据也可根据自己测量的值来确定。

表 5–32　成品规格　　单位 :cm

号型	裙长	腰围	臀围	臀长	腰头宽
150/60A	69	61	92	16	2
155/64A	71	65	96	17	2
160/68A	73	69	98	18	2
165/72A	74	73	100	19	2
170/76A	76	77	104	20	2
175/80A	78	81	108	21	2

（三）结构设计要点说明

①该款中长裙在基础型裙子前片的基础上进行结构设计；

②下半部分折裥收完后的尺寸与上半部分的长度相等，折裥的大小和个数可以根据需要确定，如图5–102所示。

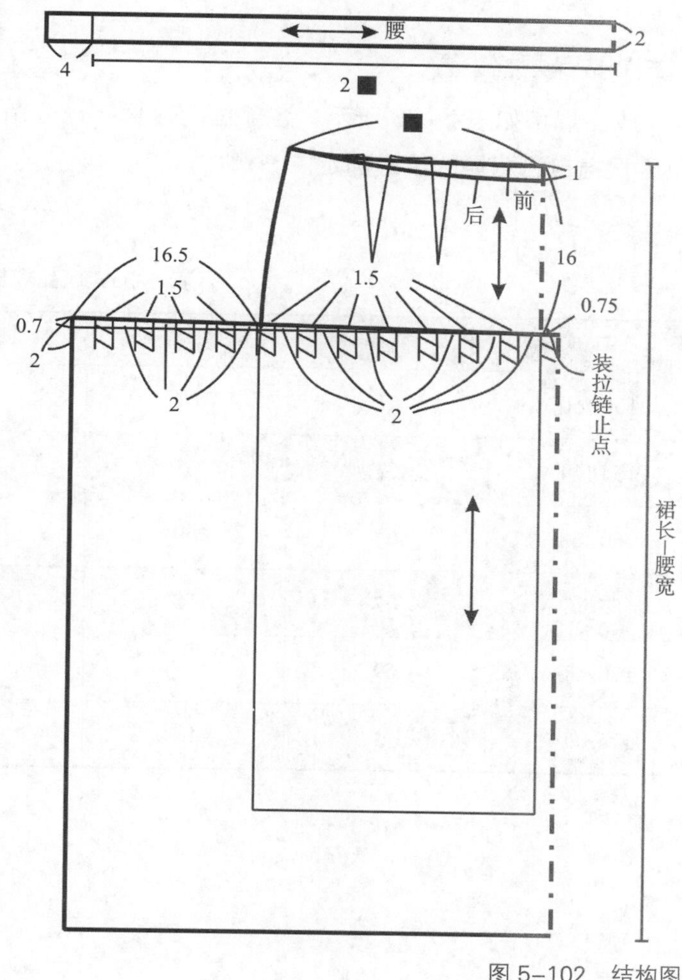

图5–102 结构图

二、节裙二

（一）款式特点

低腰育克两节裙，后中缝装拉链，款式如图5–103所示。

图5–103 款式图

（二）成品规格设置

成品规格如表 5–33 所示。各部位的数据也可根据自己测量的值来确定。

如果面料没有弹性的话，为满足人体的基本活动量，臀围可在净臀围的基础上加 4cm 或 4cm 以上，腰围可以加放 0~2cm。

表 5–33　成品规格　　单位 :cm

号型	裙长	腰围	臀围	臀长	育克宽
150/60A	61	61	92	16	9
155/64A	63	65	96	17	9
160/68A	65	69	98	18	9
165/72A	67	73	100	19	9
170/76A	69	77	104	20	9
175/80A	71	81	108	21	9

（三）结构设计要点说明

① 在基础型裙子上进行结构设计，确定裙长，腰口线向下 1.5cm 作平行线，确定新的腰口线，如图 5–104 所示。

②距离新的腰口线9cm 作育克的分割线。

③ 将前、后片 4 个省道的省尖点移至育克的分割线处。

④ 裙片前中和后中分别向外延伸 16cm 和 17cm，作为抽褶量。

⑤ 裙摆向外延伸 3cm，画顺侧缝和底边 ;

⑥ 合并育克省道。

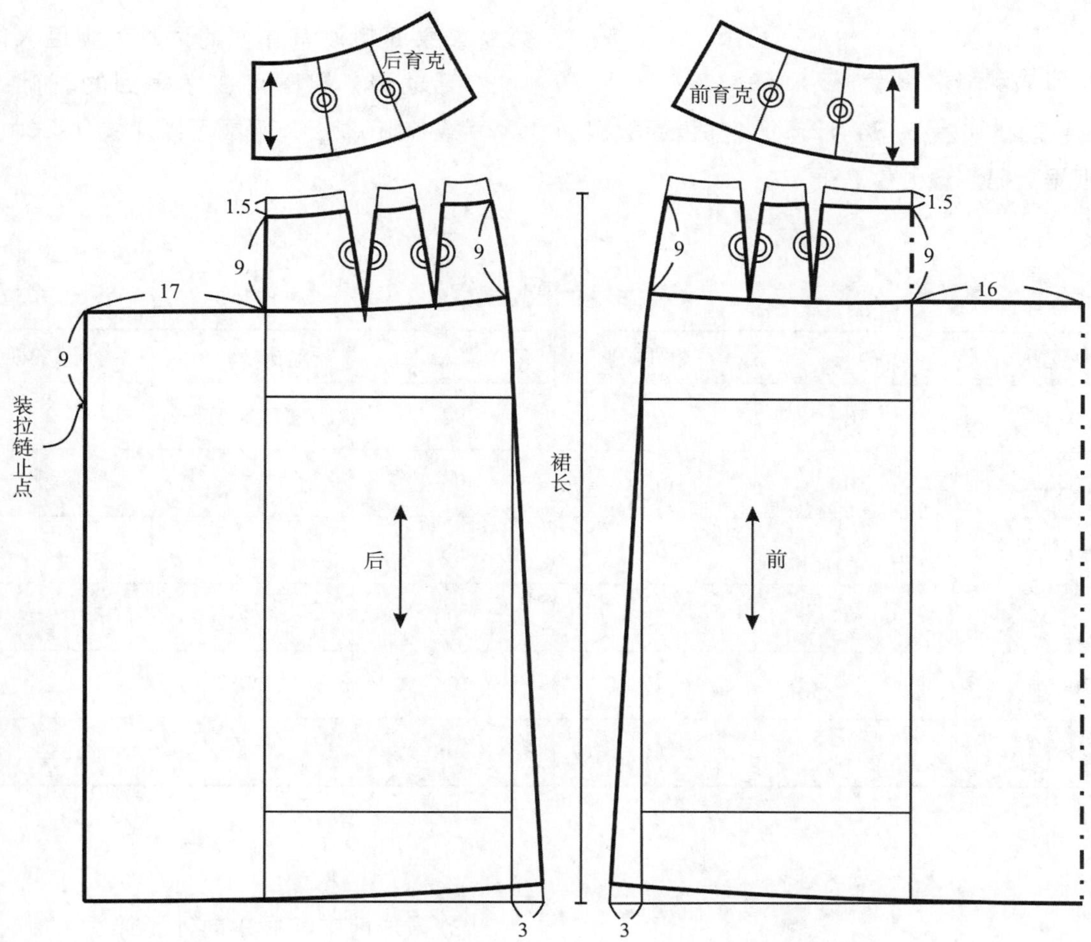

图 5-104　结构图

三、节裙三

（一）款式特点

多折褶中长裙，后中缝装拉链，款式如图 5-105 所示。

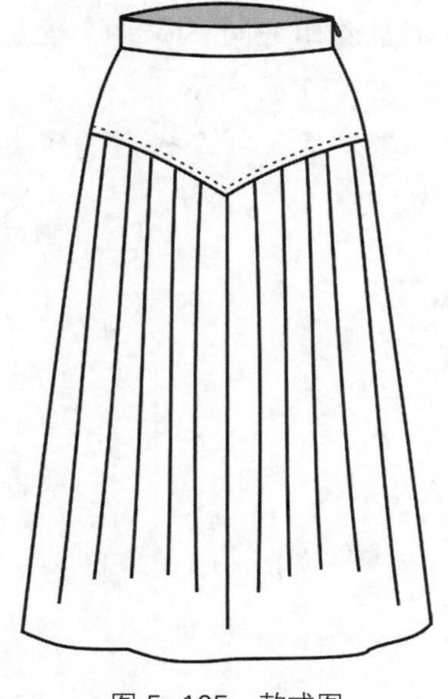

图 5-105　款式图

（二）成品规格设置

成品规格如表 5-34 所示。各部位的数据也可根据自己测量的值来确定。

如果面料没有弹性的话，为满足人体的基本活动量，臀围可在净臀围的基础上加 4cm 或 4cm 以上，腰围可以加放 0~2cm。

表 5-34　成品规格　　单位 :cm

号型	裙长	腰围	臀围	臀长	腰头宽
150/60A	78	61	92	16	2
155/64A	80	65	96	17	2
160/68A	82	69	98	18	2
165/72A	84	73	100	19	2
170/76A	86	77	104	20	2
175/80A	88	81	108	21	2

（三）结构设计要点说明

① 在基础型裙子上进行结构设计，确定裙长，前中腰围线向下 12.5cm，前、后侧缝和后中缝从腰口线向下 8cm，确定育克的分割线，如图 5-106 所示。

② 将前、后片 4 个省道的省尖点移至育克的分割线处。

③ 裙片前中和后中向外延伸 1cm 作为抽褶量。

④ 裙摆向外延伸 2cm，画顺侧缝和底边。

⑤ 将育克分割线进行 10 等分，并向下作垂线，即为展开线，如图 5-106 所示。

⑥ 合并育克省道，如图 5-107 所示。

⑦ 将裙片展开，展开的 2cm 即为折裥量，如图 5-108 所示。

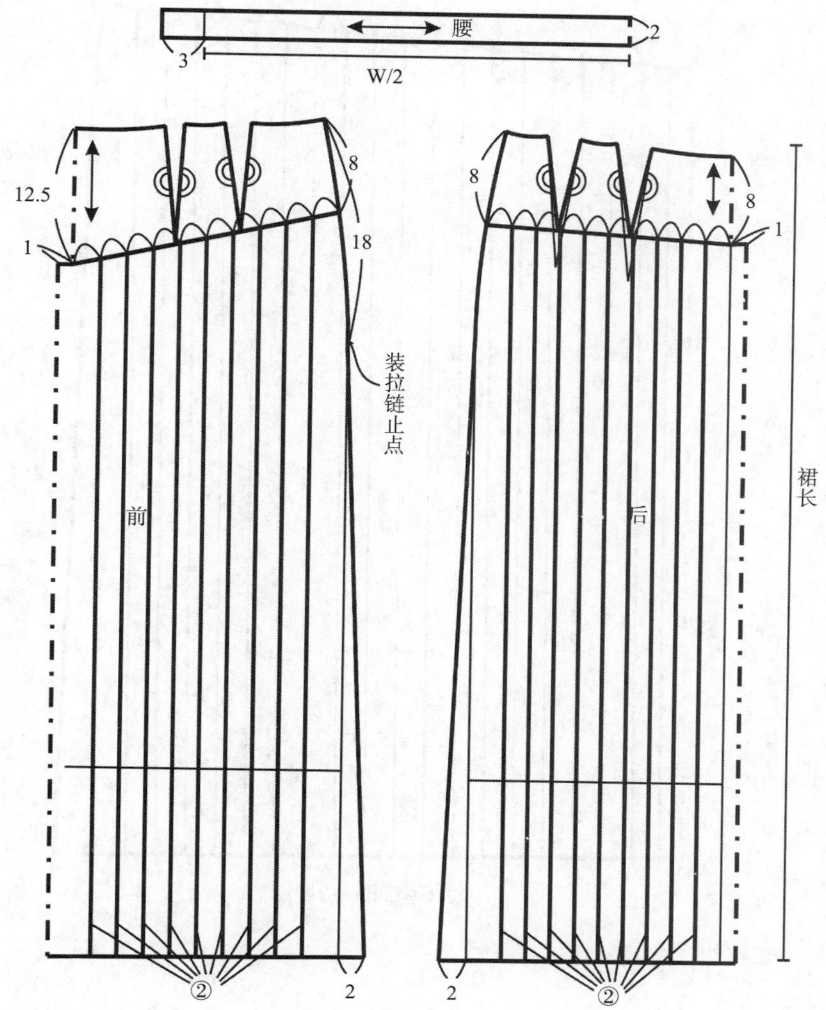

图 5-106　结构图

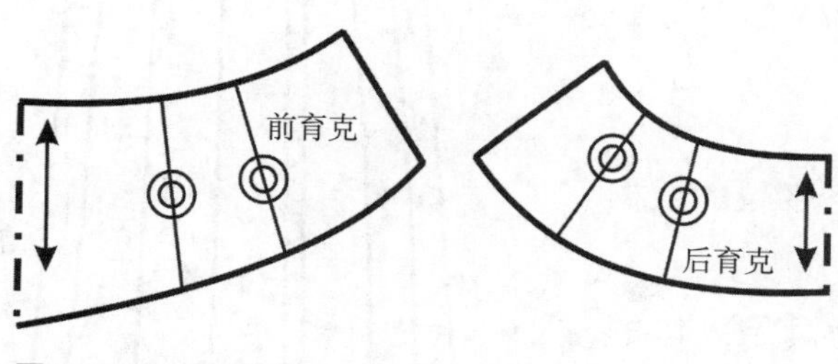

图 5-107　切展图

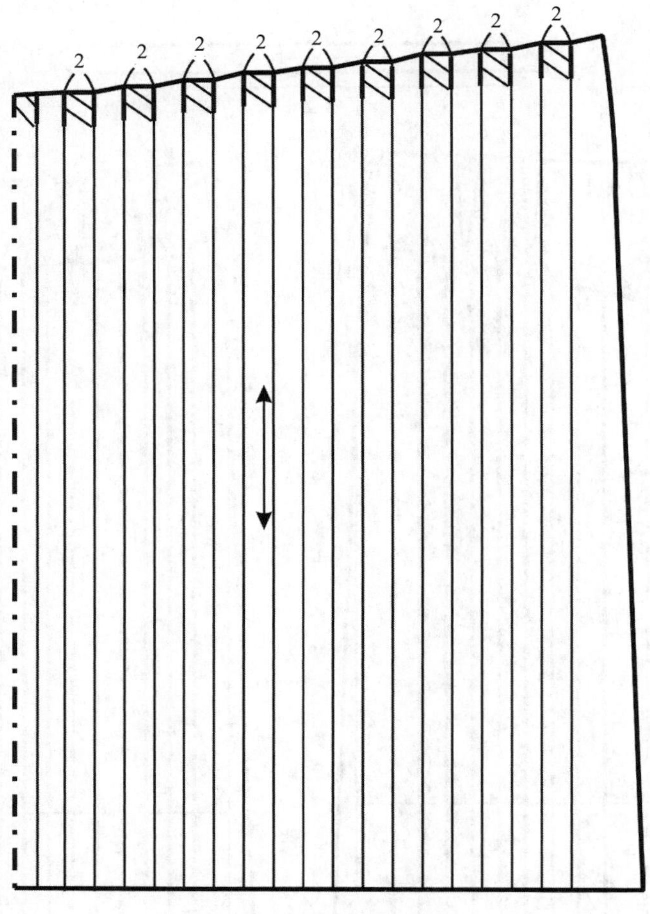

图 5-108　切展图

四、节裙四

（一）款式特点

多折裥分割中长裙，后中缝装拉链，款式如图 5-109 所示。

图 5-109　款式图

（二）成品设置

成品规格如表 5-35 所示。各部位的数据也可根据自己测量的值来确定。

如果面料没有弹性的话，为满足人体的基本活动量，臀围可在净臀围的基础上加 4cm 或 4cm 以上，腰围可以加放 0~2cm。

表 5-35　成品规格

单位 :cm

号型	裙长	腰围	臀围	臀长	腰头宽
150/60A	78	61	92	16	2
155/64A	80	65	96	17	2
160/68A	82	69	98	18	2
165/72A	84	73	100	19	2
170/76A	86	77	104	20	2
175/80A	88	81	108	21	2

（三）结构设计要点说明

① 在基础型裙子上进行结构设计，确定裙长，前中腰围线向下 13cm，再向下 1.8cm，前、后侧缝和后中缝从腰口线向下 9cm，确定育克的分割线，如图 5-110 所示。

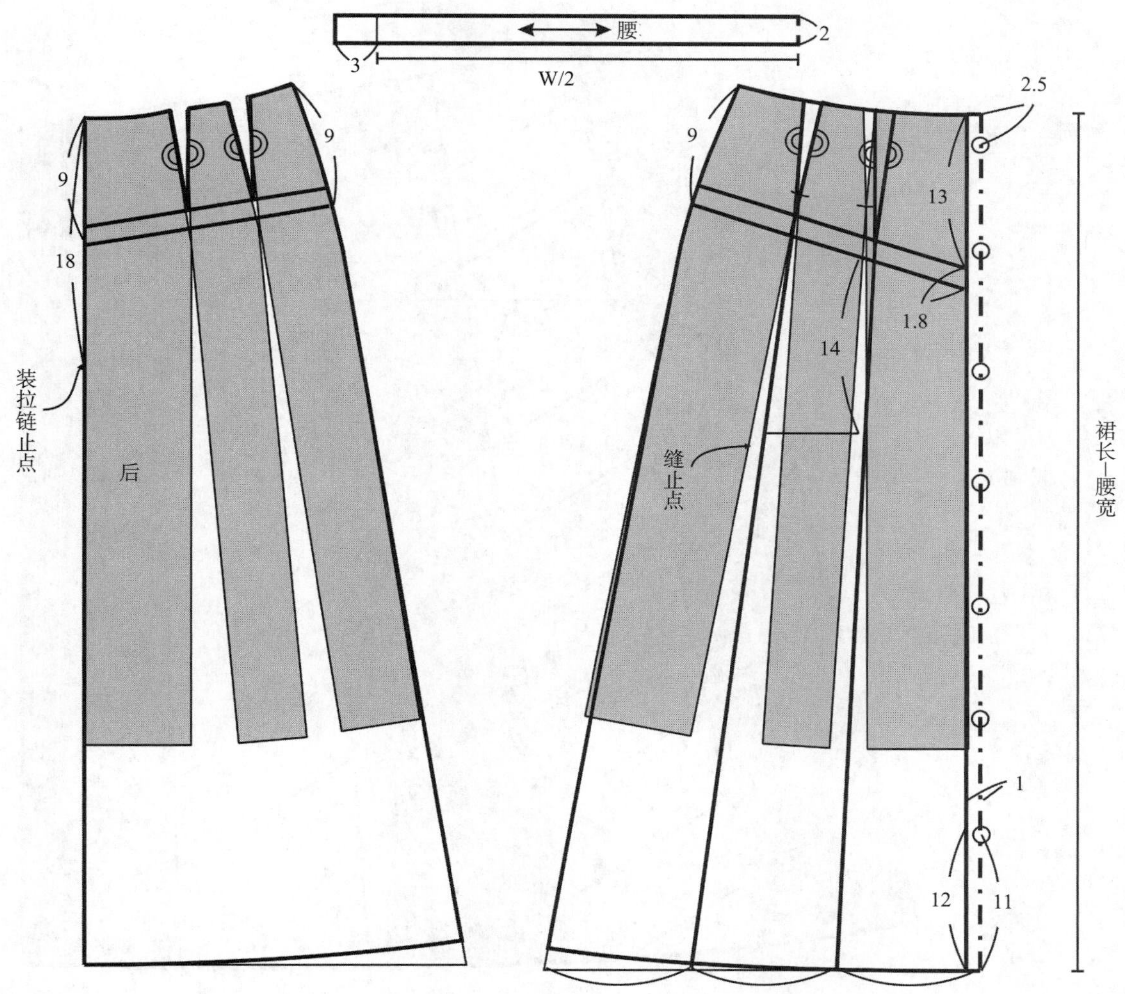

图 5-110　结构图

②将前、后片4个省道的省尖点移至育克的分割线处。

③合并部分腰省，增加裙摆大。

④前裙摆3等分，如图画3等分线。

⑤合并前、后育克的省道，画顺上下弧线，如图5-111所示。

⑥将3等分线剪开，展开12cm作为折裥量，画顺上下弧线，如图5-112所示。

⑦画经向线。

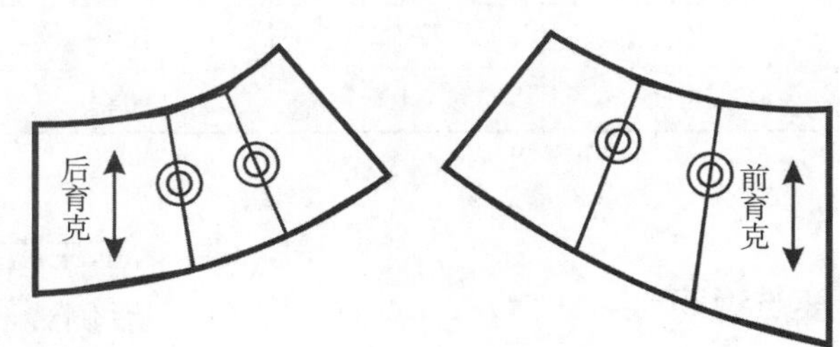

图5-111 切展图

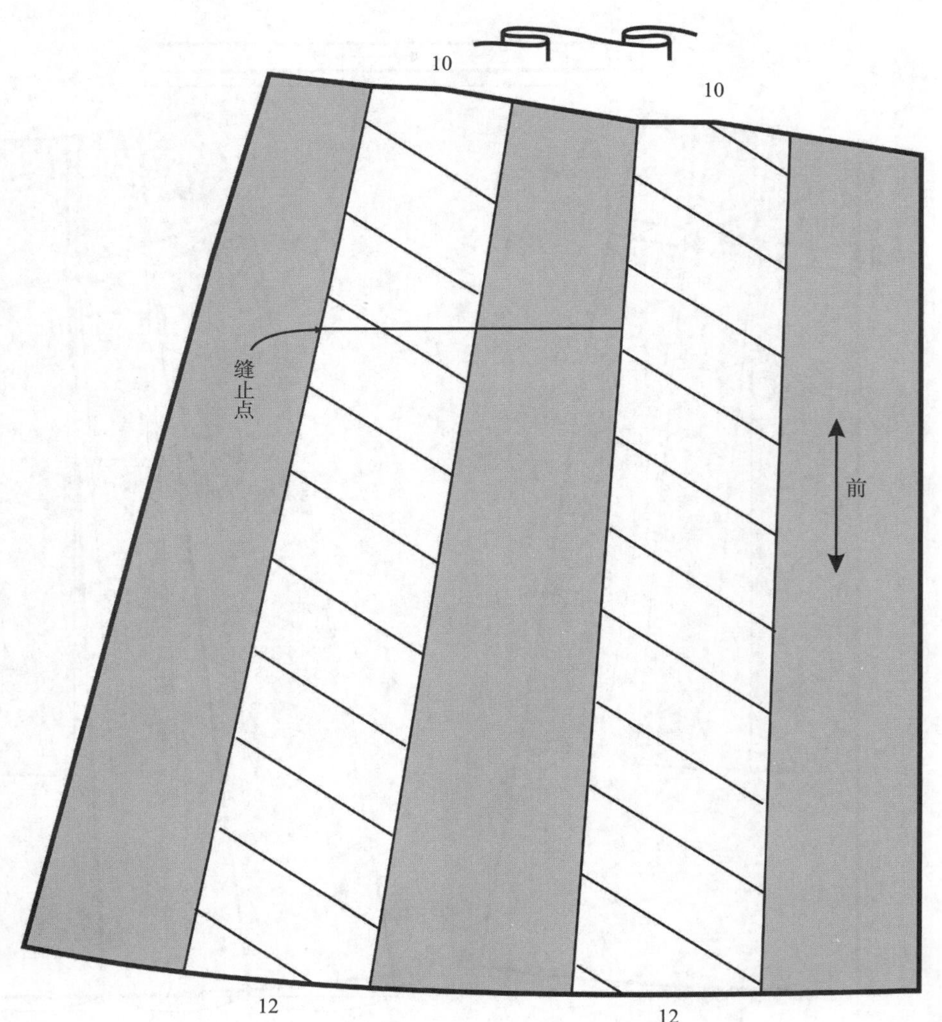

图5-112 切展图

五、节裙五

（一）款式特点

装腰荷叶边两节裙，侧缝装拉链，款式如图 5–113 所示。

图 5–113　款式图

（二）成品规格设置

成品规格如表 5–36 所示。各部位的数据也可根据自己测量的值来确定。

如果面料没有弹性的话，为满足人体的基本活动量，臀围可在净臀围的基础上加 4cm 或 4cm 以上，腰围可以加放 0~2cm。

表 5–36　成品规格　　单位 :cm

号型	裙长	腰围	臀围	臀长	腰头宽
150/60A	72	61	92	16	2
155/64A	74	65	96	17	2
160/68A	76	69	98	18	2
165/72A	78	73	100	19	2
170/76A	80	77	104	20	2
175/80A	82	81	108	21	2

（三）结构设计要点说明

① 在基础型裙子的前片的基础上进行结构设计，确定裙长，如图 5-114 所示。

② 合并两个腰省，距离腰口线 40cm 确定分割线。

③ 作底边的荷叶边，荷叶边的长度可以根据设计来定。

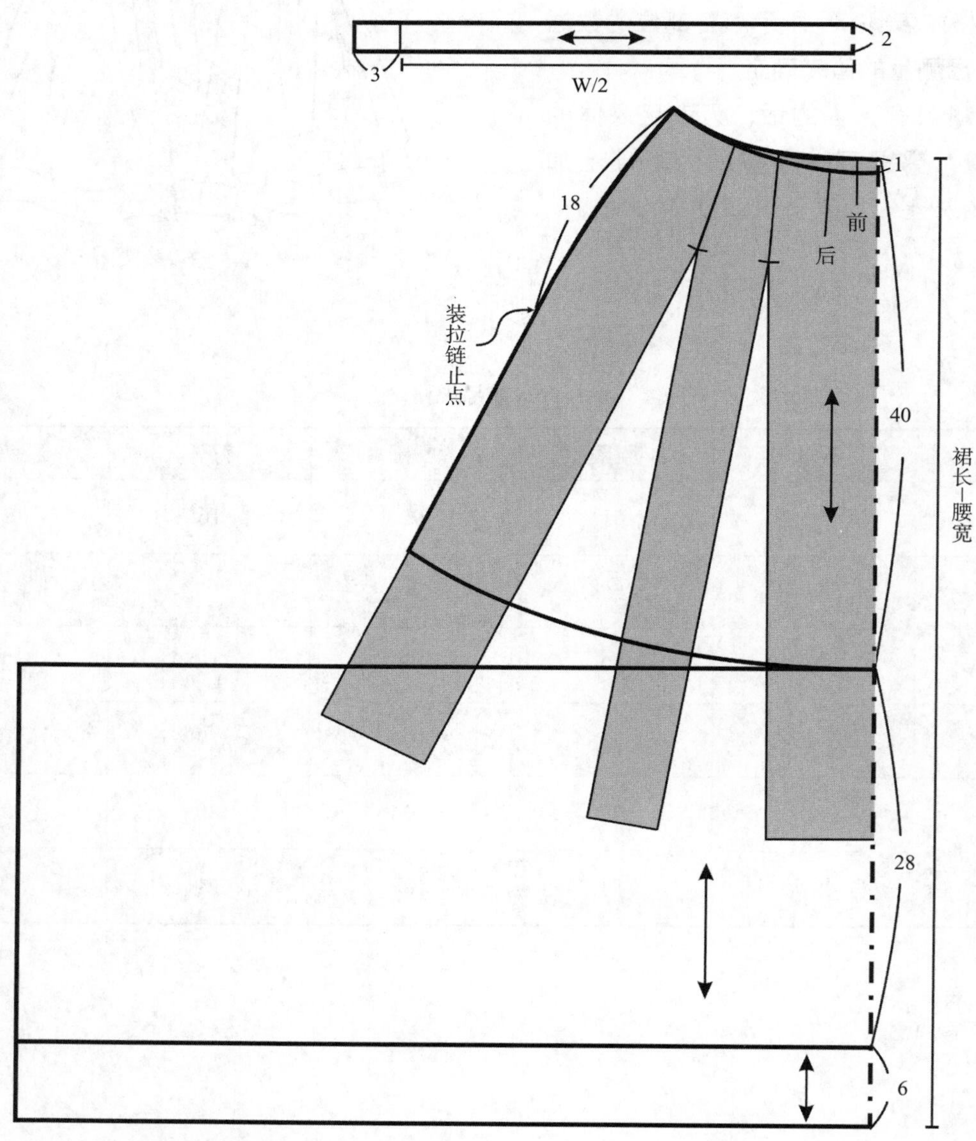

图 5-114　结构图

六、节裙六

（一）款式特点

低腰育克三节裙，后中缝装拉链，款式如图 5–115 所示。

图 5–115　款式图

（二）成品规格设置

成品规格如表 5–37 所示。各部位的数据也可根据自己测量的值来确定。

如果面料没有弹性的话，为满足人体的基本活动量，臀围可在净臀围的基础上加 4cm 或 4cm 以上，腰围可以加放 0~2cm。

表 5–37　成品规格

单位 :cm

号型	裙长	腰围	臀围	臀长
150/60A	61	61	92	16
155/64A	63	65	96	17
160/68A	65	69	98	18
165/72A	67	73	100	19
170/76A	69	77	104	20
175/80A	71	81	108	21

（三）结构设计要点说明

① 该款中长裙在基础型裙子上进行结构设计，确定裙长，合并前、后腰省，如图 5-116 所示。

② 距离腰口线 2cm 作腰口线的平行线，为新的腰口弧线。

③ 前中腰围线向下 8cm，前、后侧缝和后中缝从腰口线向下 5.5cm，确定育克的分割线。

④ 作底边的荷叶边，荷叶边的长度可以根据设计来定。

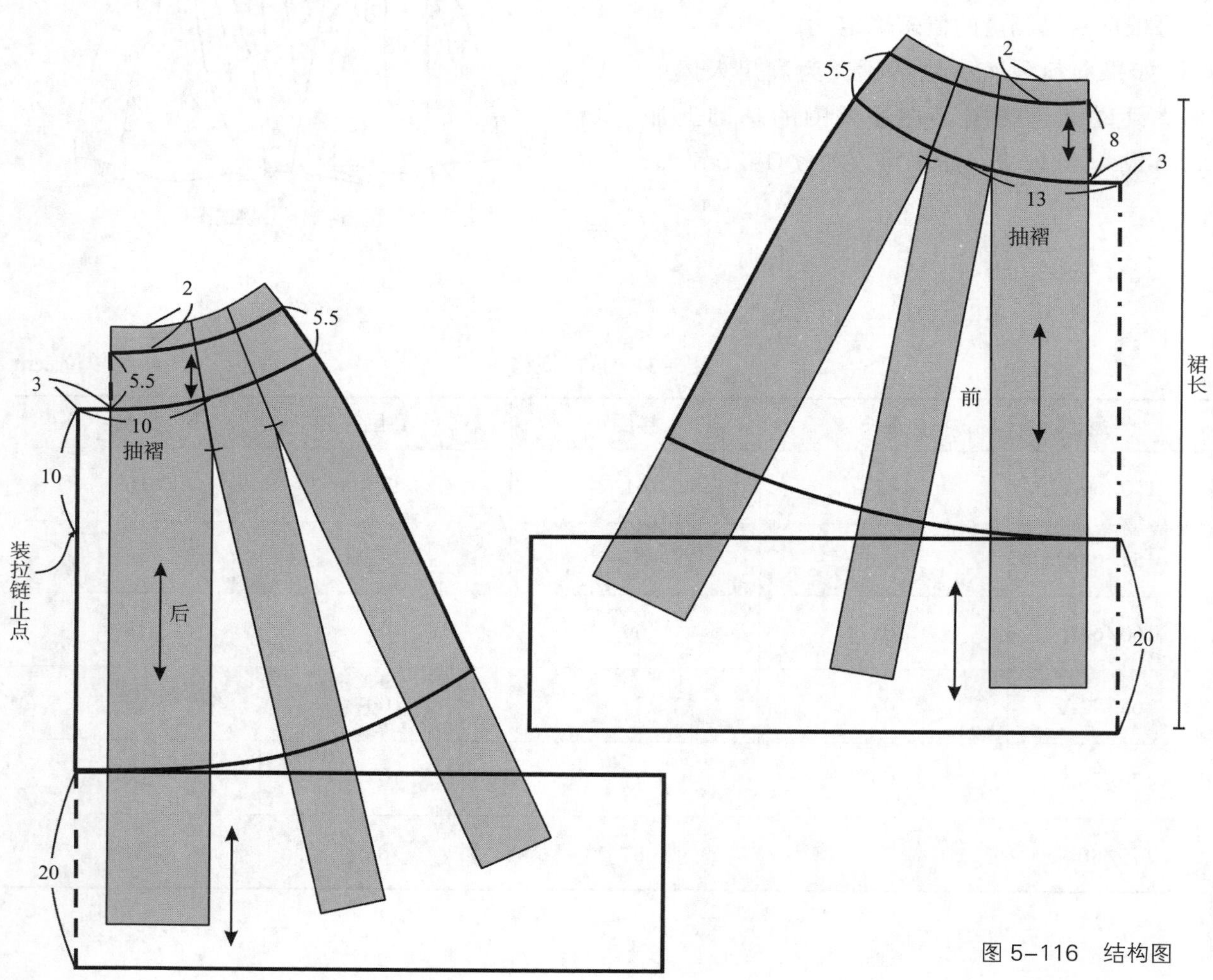

图 5-116　结构图

七、节裙七

（一）款式特点

装腰四节裙，侧缝装拉链，款式如图5-117所示。

图 5-117　款式图

（二）成品规格设置

成品规格如表5-38所示。各部位的数据也可根据自己测量的值来确定。

如果面料没有弹性的话，为满足人体的基本活动量，臀围可在净臀围的基础上加4cm或4cm以上，腰围可以加放0~2cm。

表 5-38　成品规格　　单位：cm

号型	裙长	腰围	臀围	臀长	腰头宽
150/60A	61	61	92	16	2
155/64A	63	65	96	17	2
160/68A	65	69	98	18	2
165/72A	67	73	100	19	2
170/76A	69	77	104	20	2
175/80A	71	81	108	21	2

（三）结构设计要点说明

① 该款中长裙在基础型裙子上进行结构设计，确定裙长，前、后侧缝底边分别向外放出4.5cm，画顺侧缝线和底边线，如图5-118所示。

② 如图5-118所示分段，确定各段的长度即可。

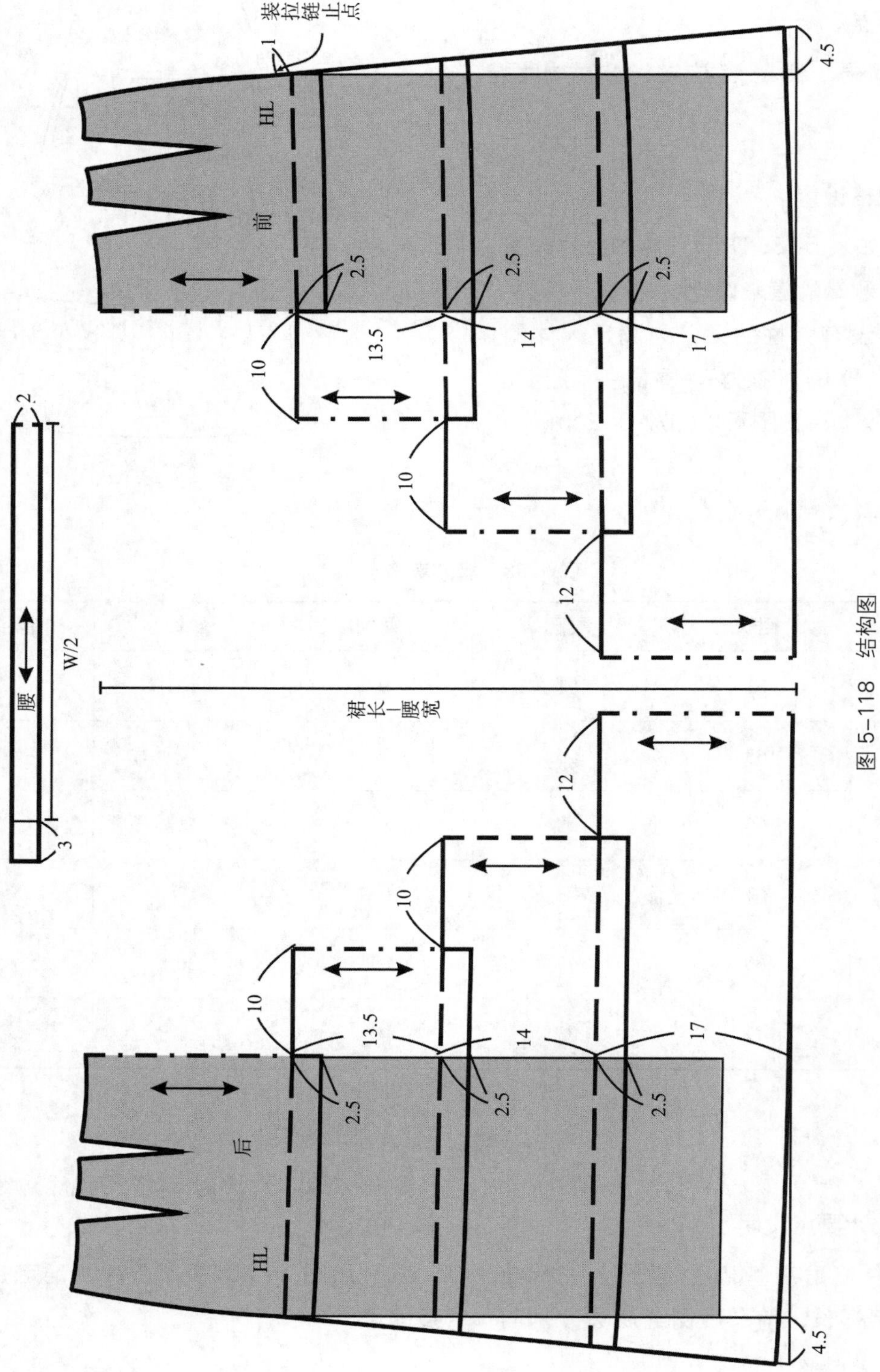

图 5-118　结构图

八、节裙八

（一）款式特点

装腰三节裙，侧缝装拉链，款式如图 5–119 所示。

（二）成品规格设置

成品规格如表 5–39 所示。各部位的数据也可根据自己测量的值来确定。

如果面料没有弹性的话，为满足人体的基本活动量，臀围可在净臀围的基础上加 4cm 或 4cm 以上，腰围可以加放 0~2cm。

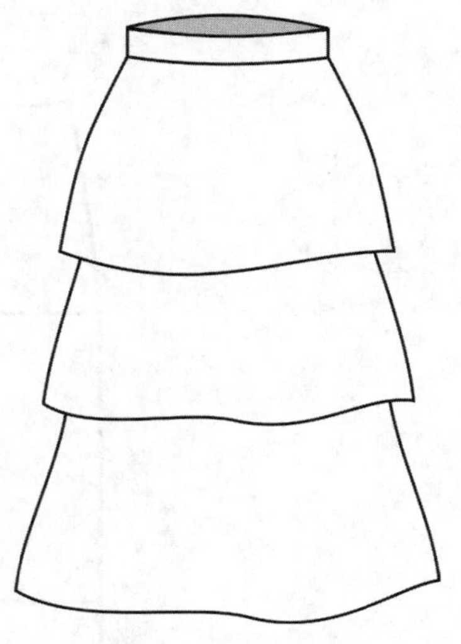

图 5–119　款式图

表 5–39　成品规格　　单位 :cm

号型	裙长	腰围	臀围	臀长	腰头宽
150/60A	61	61	92	16	2
155/64A	63	65	96	17	2
160/68A	65	69	98	18	2
165/72A	67	73	100	19	2
170/76A	69	77	104	20	2
175/80A	71	81	108	21	2

（三）结构设计要点说明

① 该款中长裙在基础型裙子上进行结构设计，确定裙长和每节的长度，如图 5–120 所示。

② 合并腰省，将第一节裙片展开。

③ 第二和第三节如图 5–120 所示展开。

④ 裙子内加衬裙，第二和第三节裙片与衬裙固定。

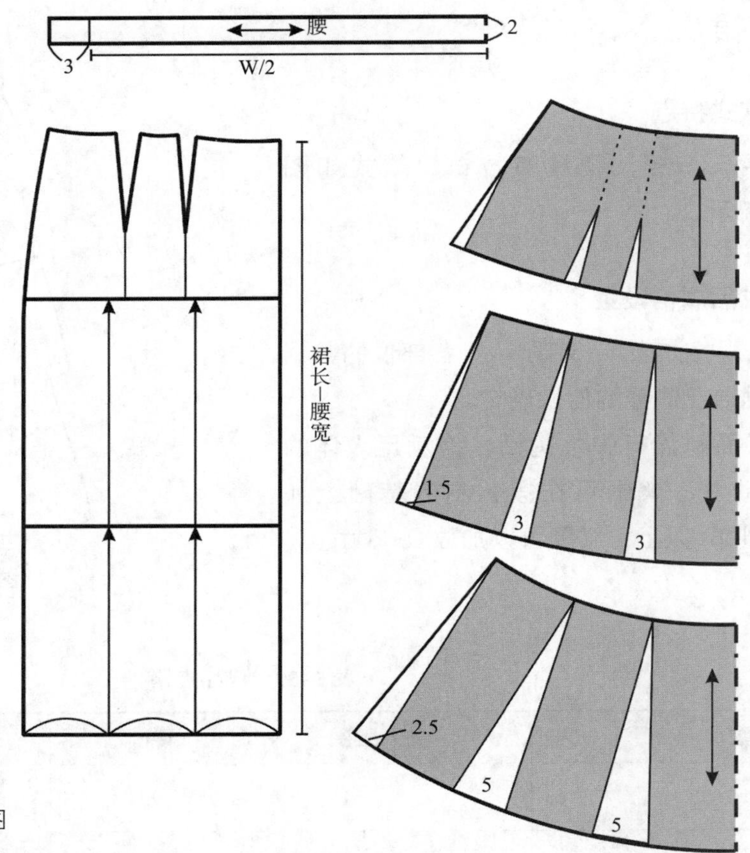

图 5–120　结构图与切展图

九、节裙九

（一）款式特点

装腰三节裙，侧缝装拉链，款式如图 5–121 所示。

图 5–121　款式图

（二）成品规格设置

成品规格如表 5–40 所示。各部位的数据也可根据自己测量的值来确定。

如果面料没有弹性的话，为满足人体的基本活动量，臀围可在净臀围的基础上加 4cm 或 4cm 以上，腰围可以加放 0~2cm。

表 5-40　成品规格

单位 :cm

号型	裙长	腰围	臀围	臀长	腰头宽
150/60A	61	61	92	16	2
155/64A	63	65	96	17	2
160/68A	65	69	98	18	2
165/72A	67	73	100	19	2
170/76A	69	77	104	20	2
175/80A	71	81	108	21	2

（三）结构设计要点说明

① 该款中长裙在基础型裙子上进行结构设计，确定裙长，如图 5-122 所示。

② 如图 5-122 所示分段，确定各段的长度和每段加宽的长度即可。

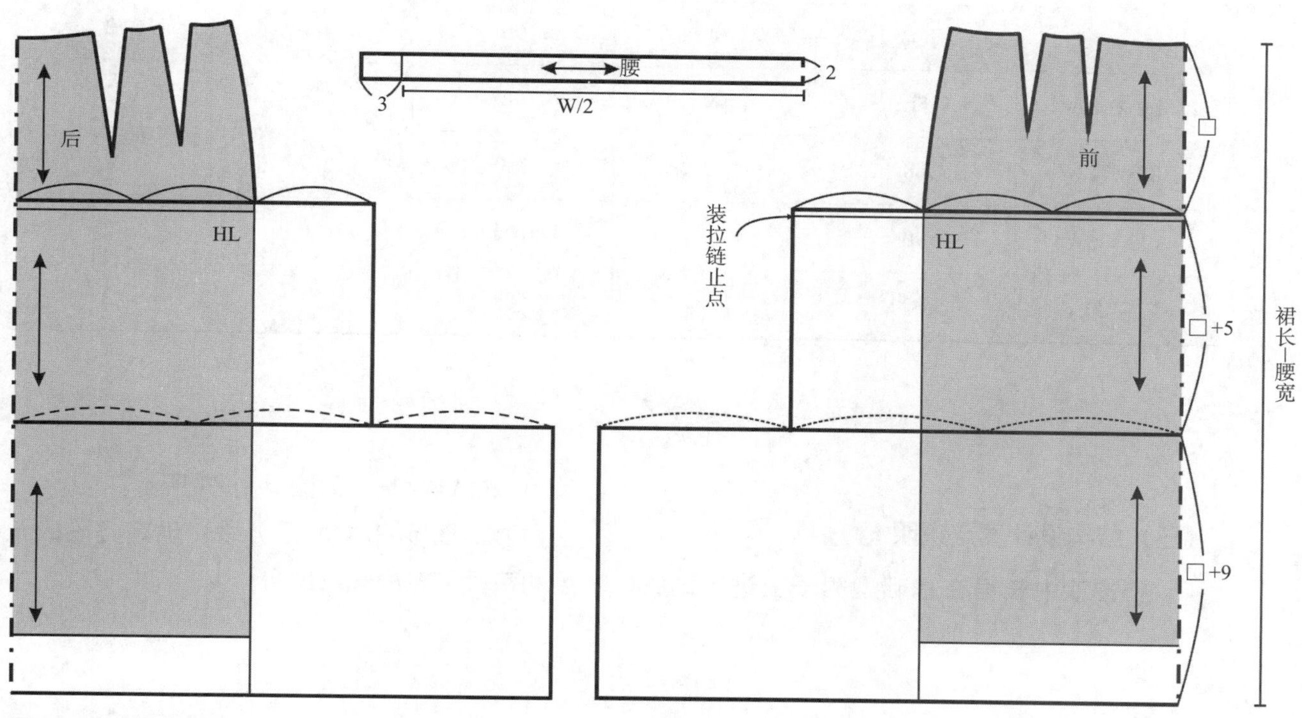

图 5-122　结构图

十、节裙十

（一）款式特点

装腰三节裙，侧缝装拉链，款式如图5-123所示。

图 5-121　款式图

（二）成品规格设置

成品规格如表5-41所示。各部位的数据也可根据自己测量的值来确定。

如果面料没有弹性的话，为满足人体的基本活动量，臀围可在净臀围的基础上加4cm或4cm以上，腰围可以加放0~2cm。

表 5-41　成品规格　　单位 :cm

号型	裙长	腰围	臀围	臀长	腰头宽
150/60A	82	61	92	16	2
155/64A	84	65	96	17	2
160/68A	86	69	98	18	2
165/72A	88	73	100	19	2
170/76A	90	77	104	20	2
175/80A	92	81	108	21	2

（三）结构设计要点说明

① 该款中长裙在基础型裙子上进行结构设计，确定裙长，如图5-124所示。

② 如图5-124所示分段，确定各段的长度和每段加宽的长度即可。

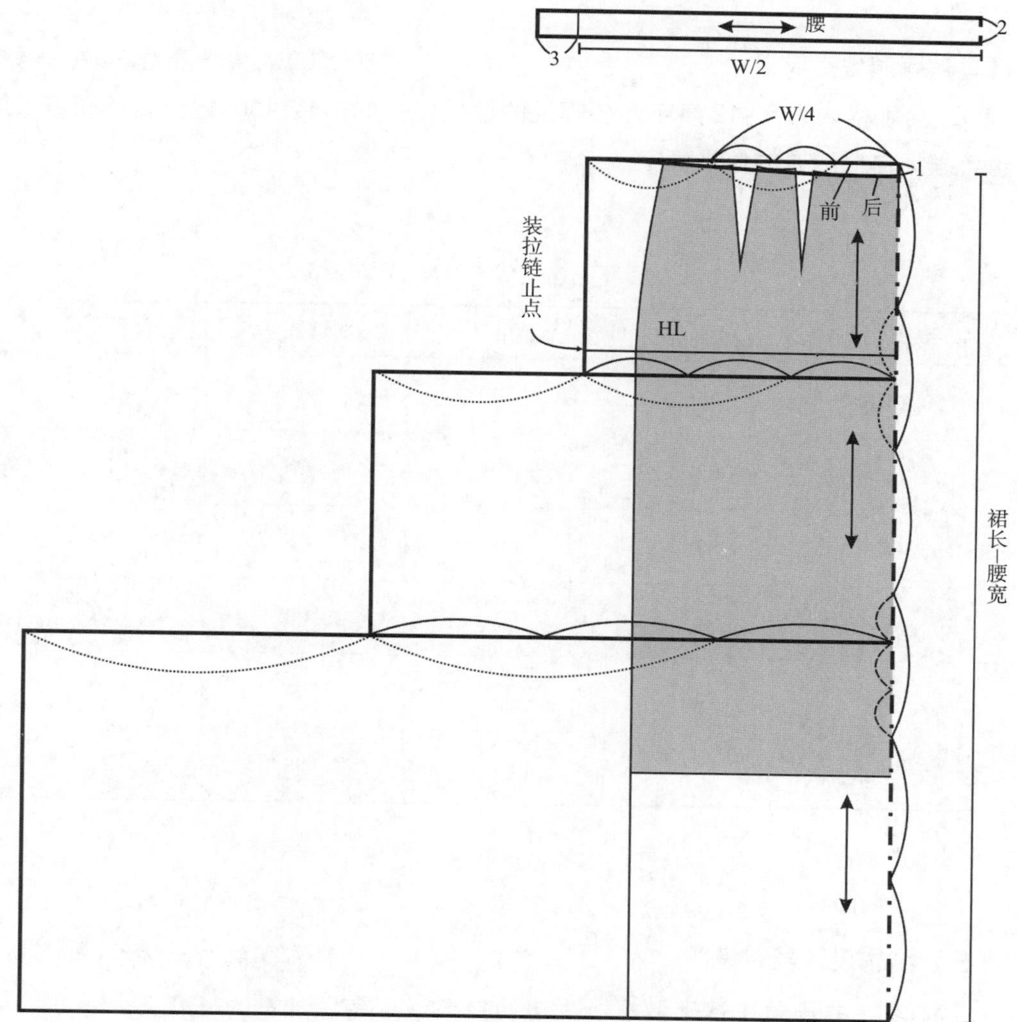

图 5-124　结构图

十一、节裙十一

（一）款式特点

装腰四节裙，侧缝装拉链，款式如图 5-125 所示。

图 5-125　款式图

（二）成品规格设置

成品规格如表 5–42 所示。各部位的数据也可根据自己测量的值来确定。

如果面料没有弹性的话，为满足人体的基本活动量，臀围可在净臀围的基础上加 4cm 或 4cm 以上，腰围可以加放 0~2cm。

表 5–42　成品规格　　单位 :cm

号型	裙长	腰围	臀围	臀长	腰头宽
150/60A	65	61	92	16	2
155/64A	67	65	96	17	2
160/68A	69	69	98	18	2
165/72A	71	73	100	19	2
170/76A	73	77	104	20	2
175/80A	75	81	108	21	2

（三）结构设计要点说明

① 该款中长裙在基础型裙子上进行结构设计，确定裙长，底边侧缝向外放出 4.5cm，画顺侧缝线和底边线，如图 5–126 所示。

② 前、后中心线的底边分别向外放出 1.5cm。

③ 如图 5–126 分段，确定各段的长度和每段加宽的长度。

④ 将上中下三段分别如图 5–127 所示展开，画顺弧线。

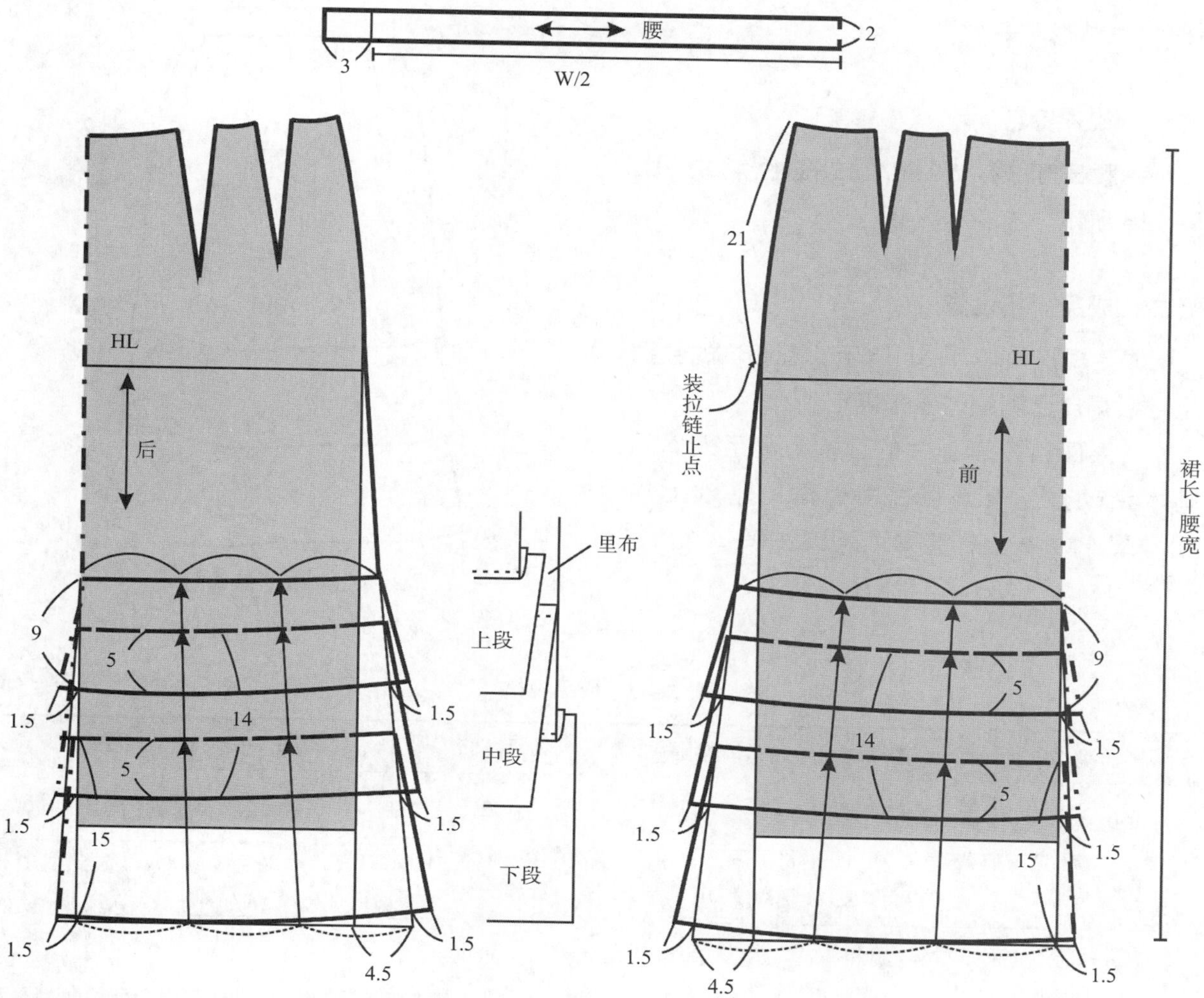

腰
2
3
W/2
HL
后
21
装拉链止点
HL
前
裙长−腰宽
里布
上段
中段
下段
9
5
14
5
1.5
1.5
1.5
1.5
15
1.5
1.5
4.5
9
5
14
5
1.5
1.5
1.5
1.5
15
1.5
4.5
1.5

图 5-126　结构图

上段
2
2
中段
2.5
2.5
下段
3
3

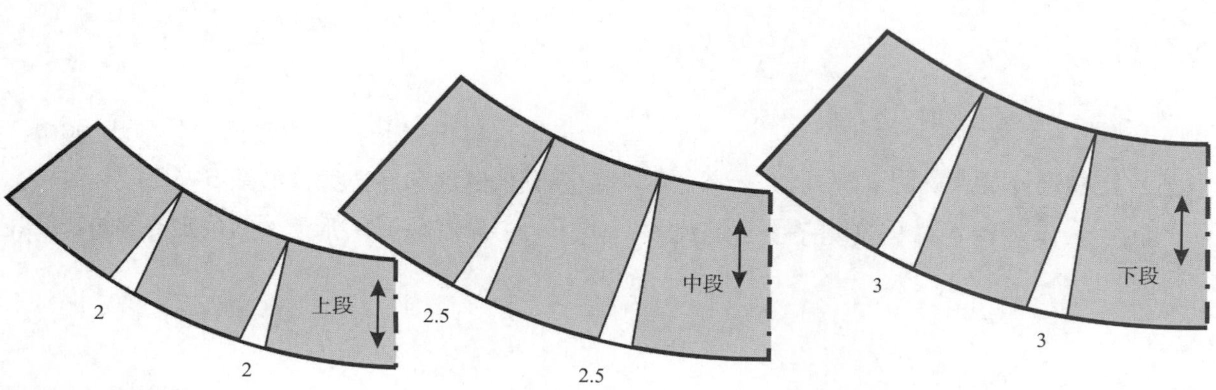

图 5-127　切展图

十二、节裙十二

（一）款式特点

装腰三节裙，侧缝装拉链，款式如图5-128所示。

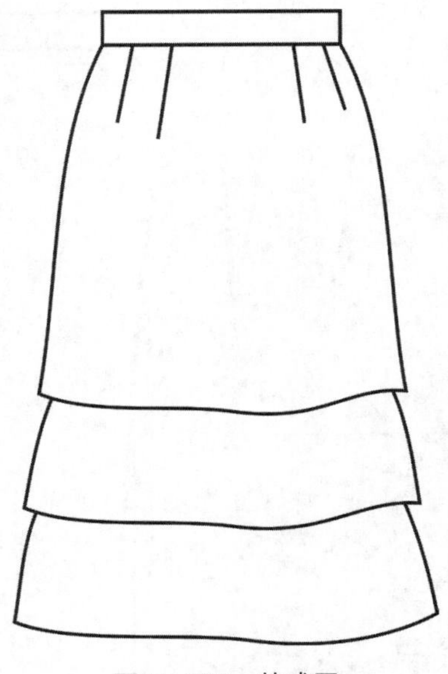

图5-128 款式图

（二）成品规格设置

成品规格如表5-43所示。各部位的数据也可根据自己测量的值来确定。

如果面料没有弹性的话，为满足人体的基本活动量，臀围可在净臀围的基础上加4cm或4cm以上，腰围可以加放0~2cm。

表5-43 成品规格 单位：cm

号型	裙长	腰围	臀围	臀长	腰头宽
150/60A	60	61	92	16	2
155/64A	62	65	96	17	2
160/68A	64	69	98	18	2
165/72A	66	73	100	19	2
170/76A	68	77	104	20	2
175/80A	70	81	108	21	2

（三）结构设计要点说明

①该款中长裙在基础型裙子上进行结构设计，确定裙长，底边侧缝向外放出5cm，画顺侧缝线和底边线，如图5-129所示。

②如图5-129所示分段，确定各段的长度。

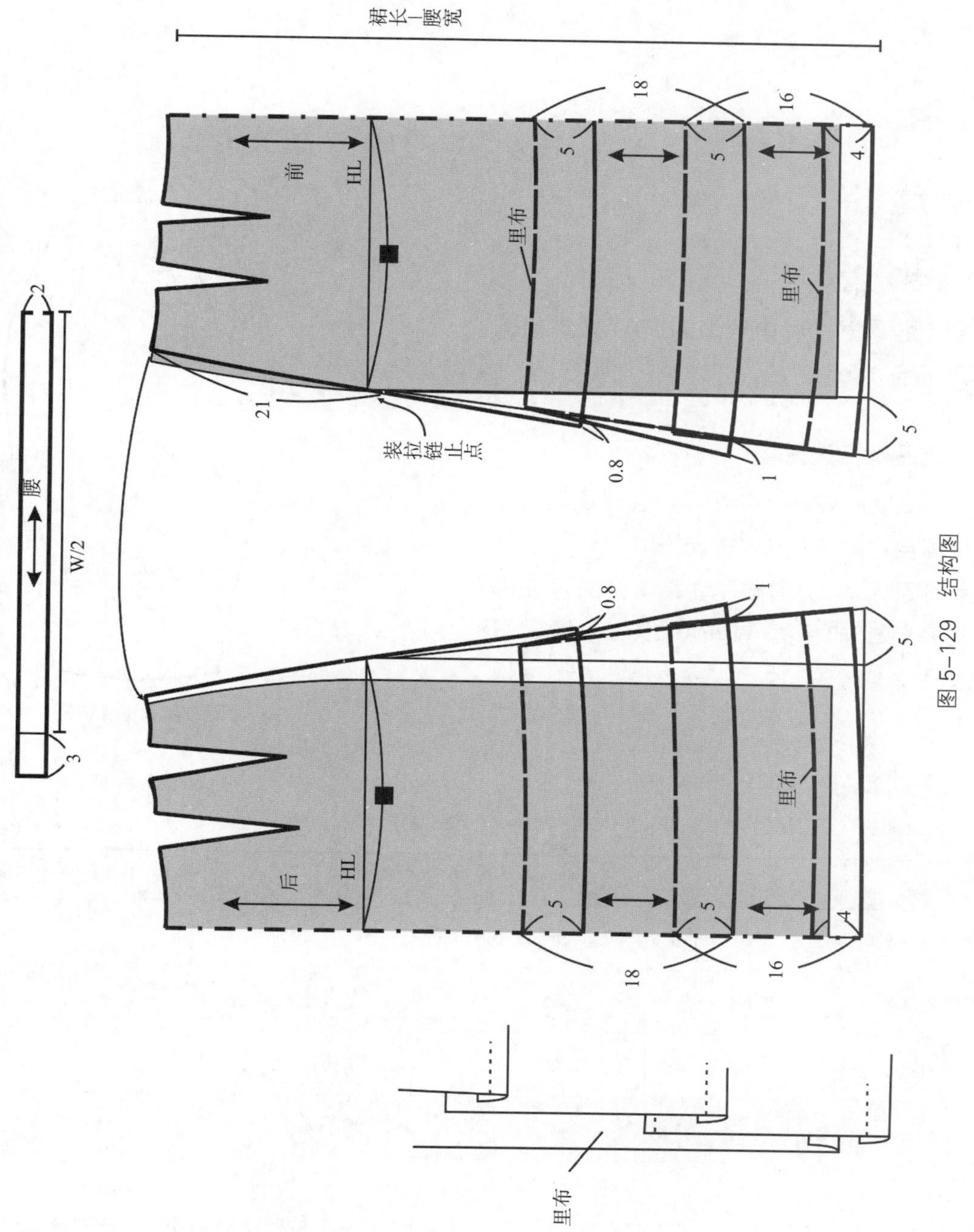

图 5-129 结构图

第六节　陀螺裙

一、陀螺裙一

（一）款式特点

折裥陀螺裙，后中缝装拉链，款式如图5–130所示。

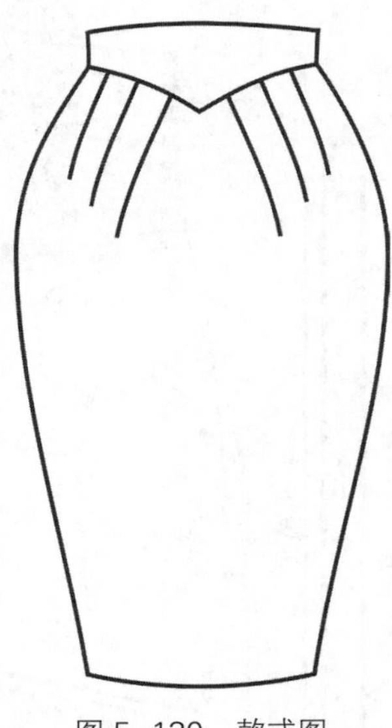

图 5–130　款式图

（二）成品规格设置

成品规格如表5–44所示。各部位的数据也可根据自己测量的值来确定。

为满足人体的基本活动量，臀围可在净臀围的基础上加4cm或4cm以上，腰围可以加放0~2cm。

表 5–44　成品规格　　单位 :cm

号型	裙长	腰围	臀围	臀长	腰宽
150/60A	61	61	92	16	4
155/64A	63	65	96	17	4
160/68A	65	69	98	18	4
165/72A	67	73	100	19	4
170/76A	69	77	104	20	4
175/80A	71	81	108	21	4

（三）结构设计要点说明

1. 该款中长裙在基础型裙子上进行结构设计，确定裙长如图 5-131 所示。

2. 前中心线向下 2.5cm 取点 O_1，过 O_1 向腰头作下线 O_1O_2，然后作 A_1B_1，A_2B_2 和 A_3B_3，将两个省尖点分别延长至 A_2B_2 和 A_3B_3 上。

3. 如图分别展开 A_1B_1，A_2B_2 和 A_3B_3，同时合并两个省道。

4. 画腰时腰的前中要与前片的前中吻合。

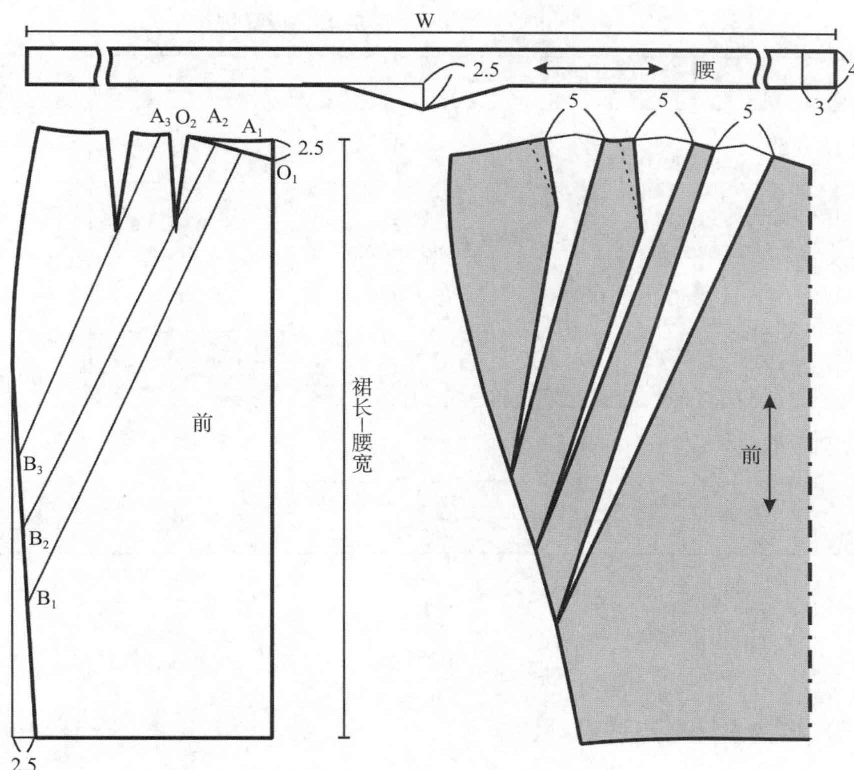

图 5-131　结构图与切展图

二、陀螺裙二

（一）款式特点

对裥陀螺裙，后中缝装拉链，款式如图 5-132 所示。

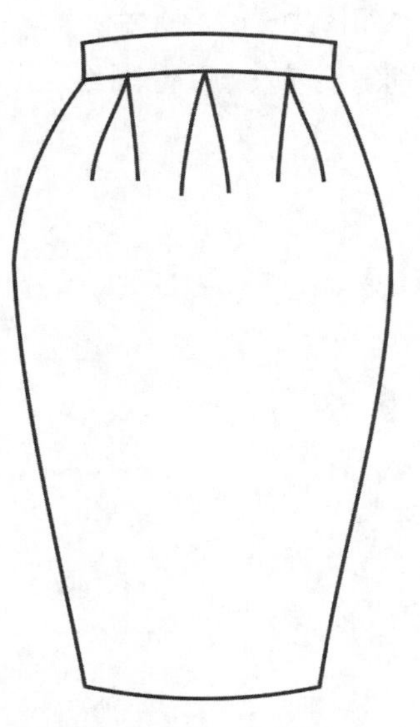

图 5-132　款式图

（二）成品规格设置

成品规格如表 5-45 所示。各部位的数据也可根据自己测量的值来确定。

如果面料没有弹性的话，为满足人体的基本活动量，臀围可在净臀围的基础上加 4cm 或 4cm 以上，腰围可以加放 0~2cm。

表 5-45　成品规格　　单位 :cm

号型	裙长	腰围	臀围	臀长	腰头宽
150/60A	61	61	92	16	2.5
155/64A	63	65	96	17	2.5
160/68A	65	69	98	18	2.5
165/72A	67	73	100	19	2.5
170/76A	69	77	104	20	2.5
175/80A	71	81	108	21	2.5

（三）结构设计要点说明

① 该裙在基础型裙子上进行结构设计，确定裙长，如图 5-133 所示。

② 分别等分前、后臀围线，过等分点作垂线。

③ 将省道移到垂直线上。

④ 底边长度不变，展开腰围线，同时在前、后中缝的腰头增加 4cm，如图 5-134 所示。

⑤ 画顺底边和腰口线即可。

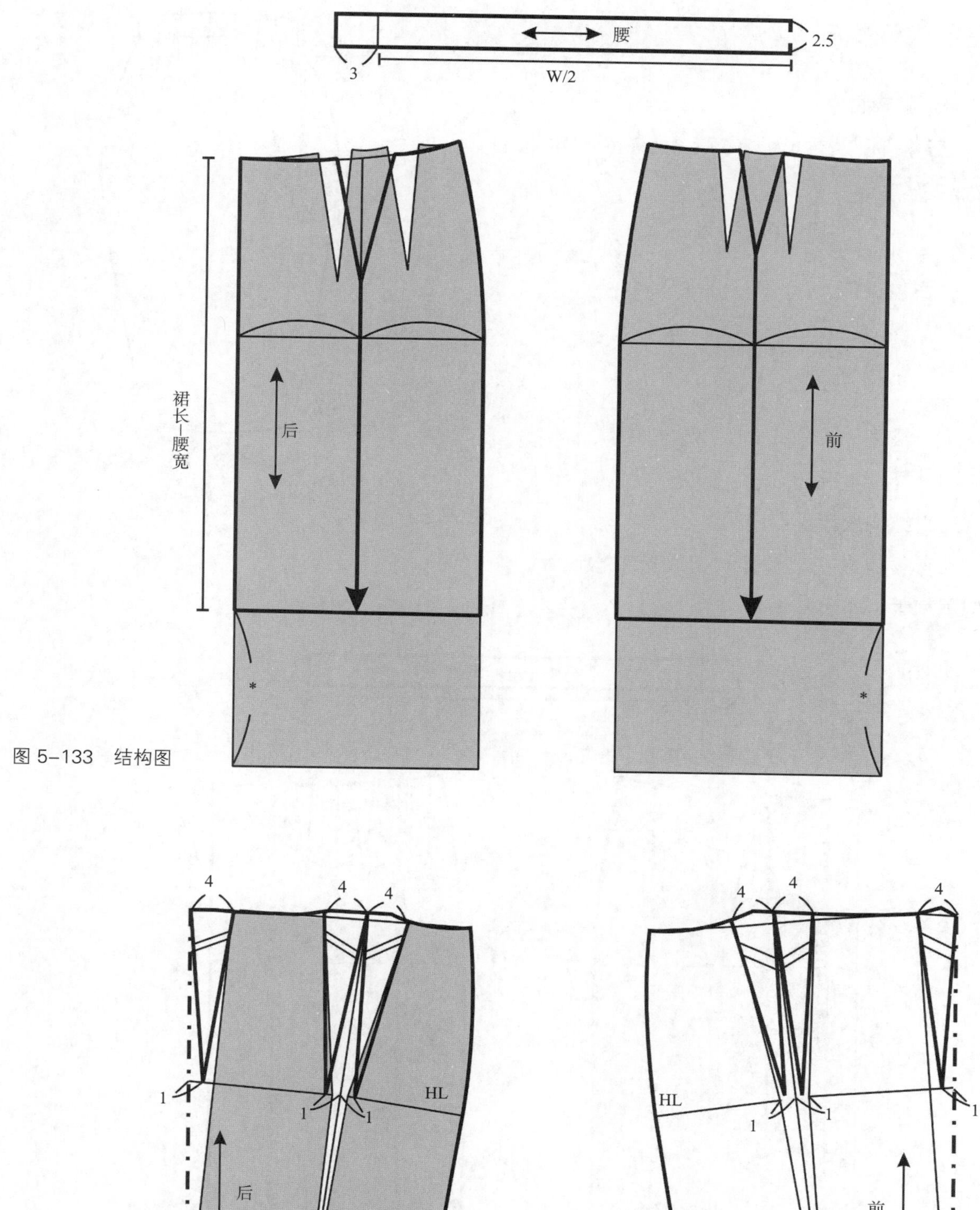

图 5-133　结构图

图 5-134　切展图

三、陀螺裙三

（一）款式特点

碎褶陀螺裙，后中缝装拉链，如图 5-135 所示。

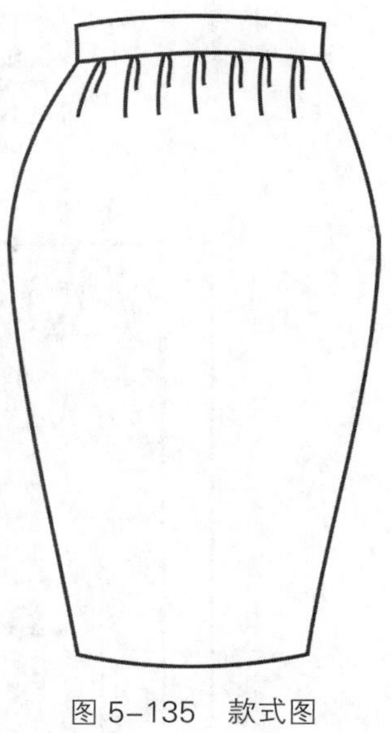

图 5-135　款式图

（三）结构设计要点说明

① 该裙在基础型裙子上进行结构设计，确定裙长，如图 5-136 所示。

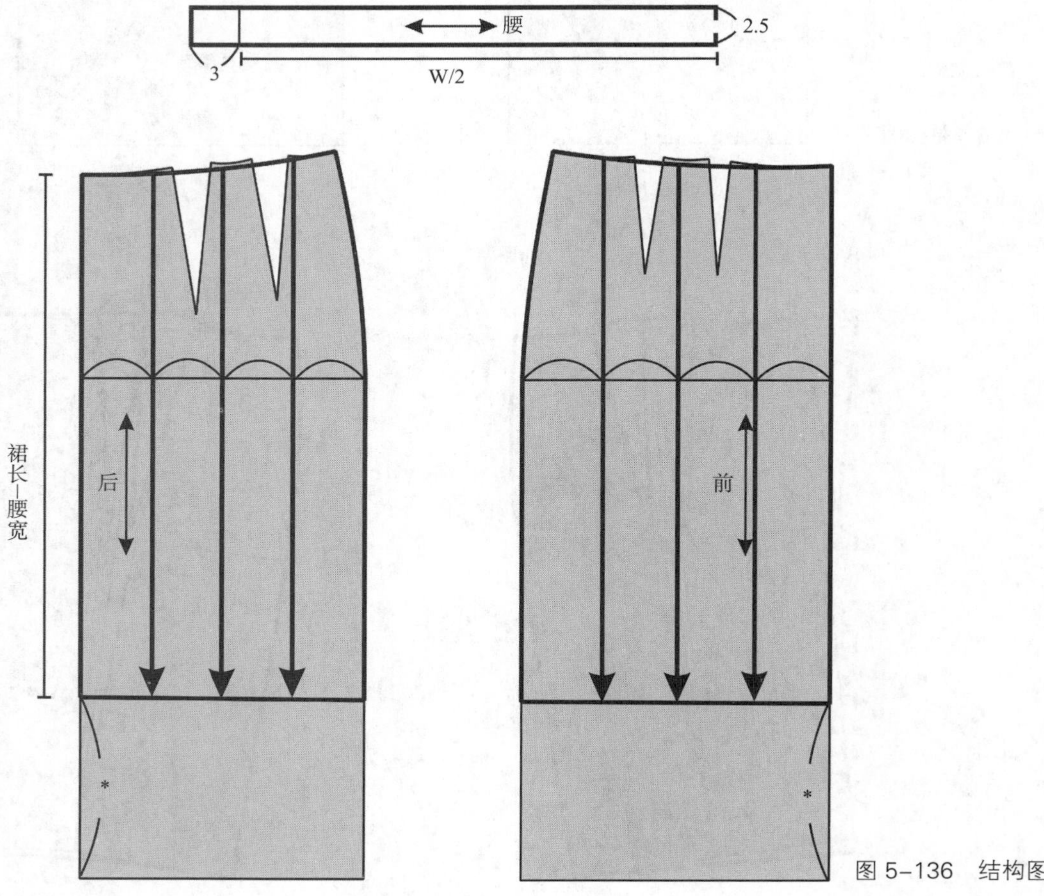

图 5-136　结构图

②分别4等分前、后臀围线，过4等分点作垂线。

③底边长度不变，沿等分线展开腰围线，同时在前、后中缝的腰头增加一定的量，如图5–137所示。

④画顺底边和腰口线即可。

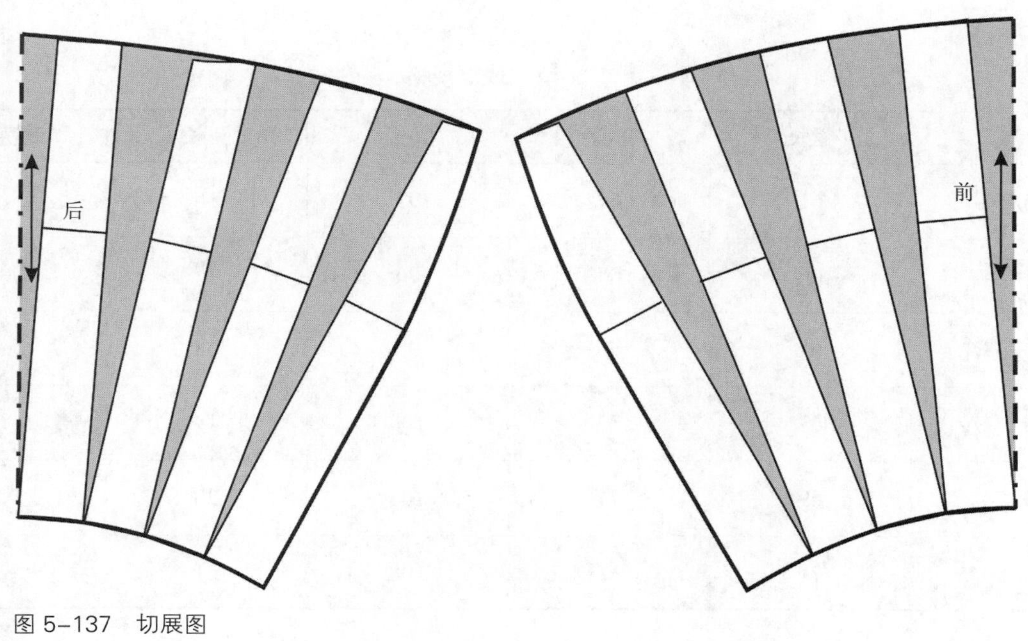

图5–137 切展图

四、陀螺裙四

(一)款式特点

大对裥陀螺裙，后中缝装拉链，款式如图5–138所示。

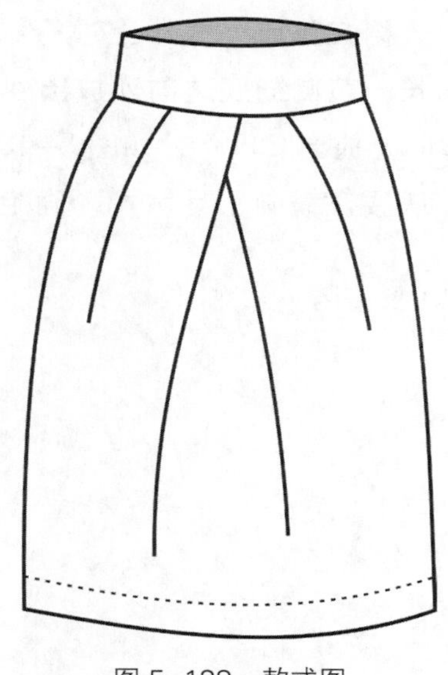

图5–138 款式图

（二）成品规格设置

成品规格如表 5-46 所示。各部位的数据也可根据自己测量的值来确定。

如果面料没有弹性的话，为满足人体的基本活动量，臀围可在净臀围的基础上加 4cm 或 4cm 以上，腰围可以加放 0~2cm。

表 5-46　成品规格　　单位 :cm

号型	裙长	腰围	臀围	臀长	育克宽
150/60A	61	61	92	16	5.5
155/64A	63	65	96	17	5.5
160/68A	65	69	98	18	5.5
165/72A	67	73	100	19	5.5
170/76A	69	77	104	20	5.5
175/80A	71	81	108	21	5.5

（三）结构设计要点说明

① 该裙在基础型裙子上进行结构设计，确定裙长，前侧缝底边向外放出 4cm，后侧缝底边向外放出 2.5cm，如图 5-139 所示。

② 从腰口线向下 5.5cm，确定育克的分割线。

③ 如图 5-139 所示作展开线。

④ 合并前、后育克的省道，画顺上下弧线。

⑤ 如图 5-140 所示，展开前裙片，画顺上下弧线。

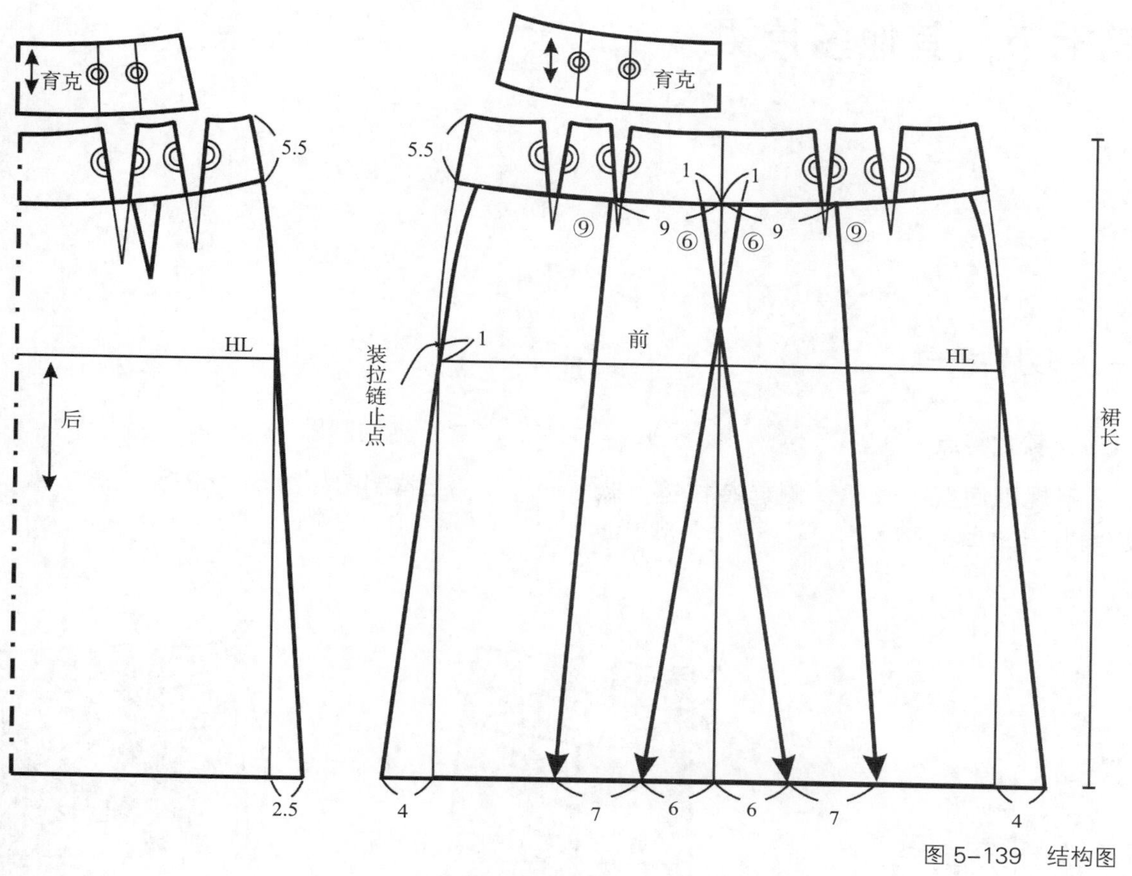

图 5-139　结构图

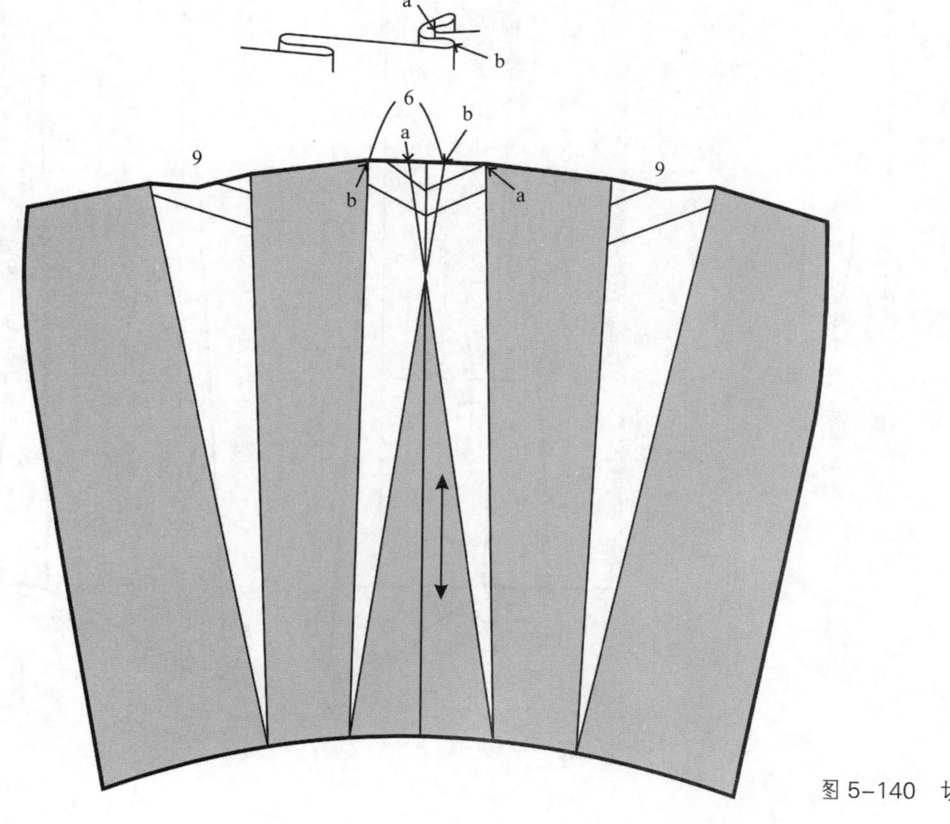

图 5-140　切展图

第七节　其他多片裙

一、多片裙一

（一）款式特点

不规则底摆中长裙，侧缝装拉链，款式如图 5–141 所示。

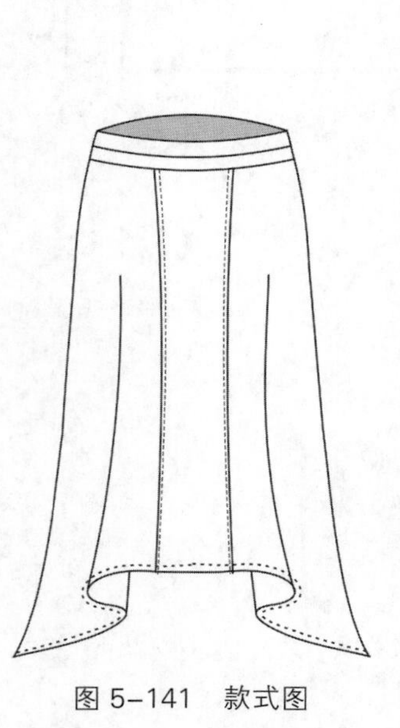

图 5–141　款式图

（二）结构制图

结构制图如图 5–142 所示。

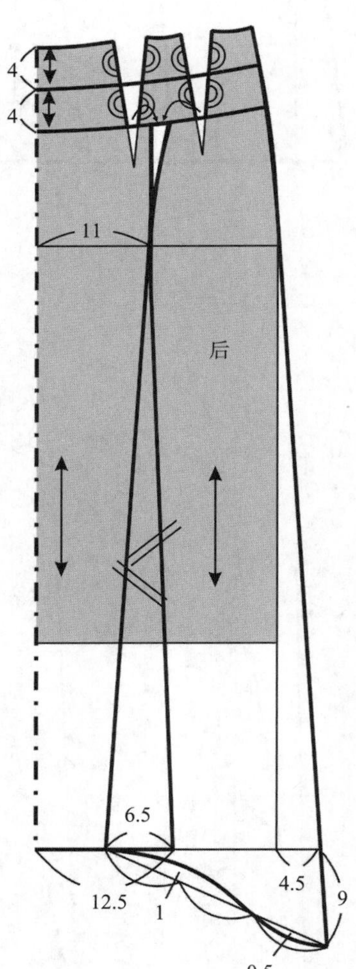

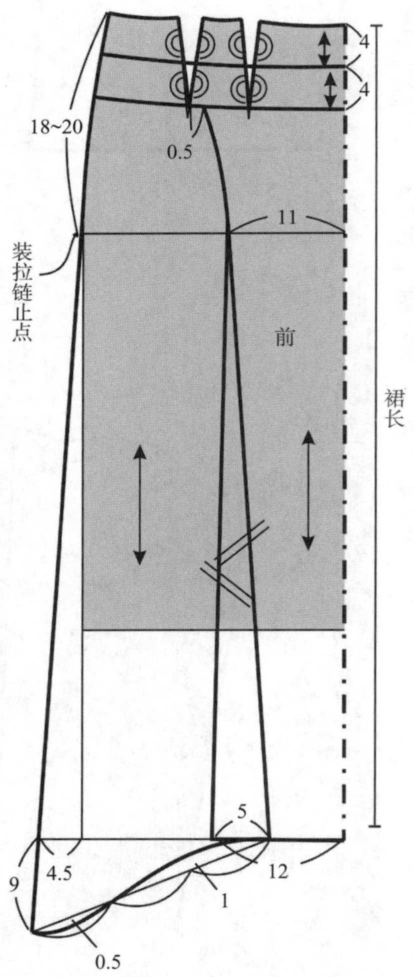

图 5–142　结构图

二、多片裙二

（一）款式特点

六片裙，后中缝装拉链，款式如图 5-143 所示。

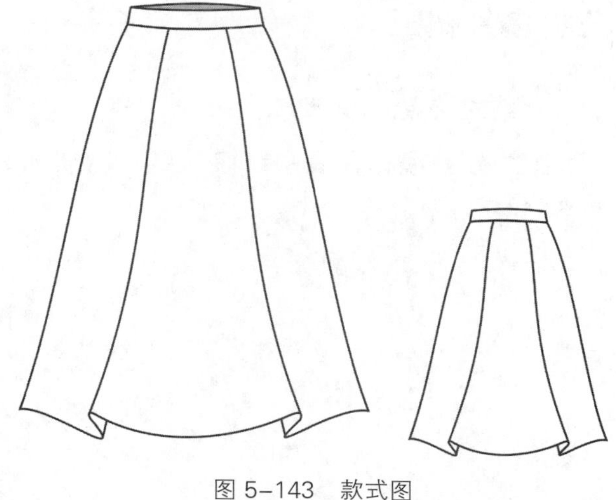

图 5-143　款式图

（二）结构制图

结构制图如图 5-144 所示。

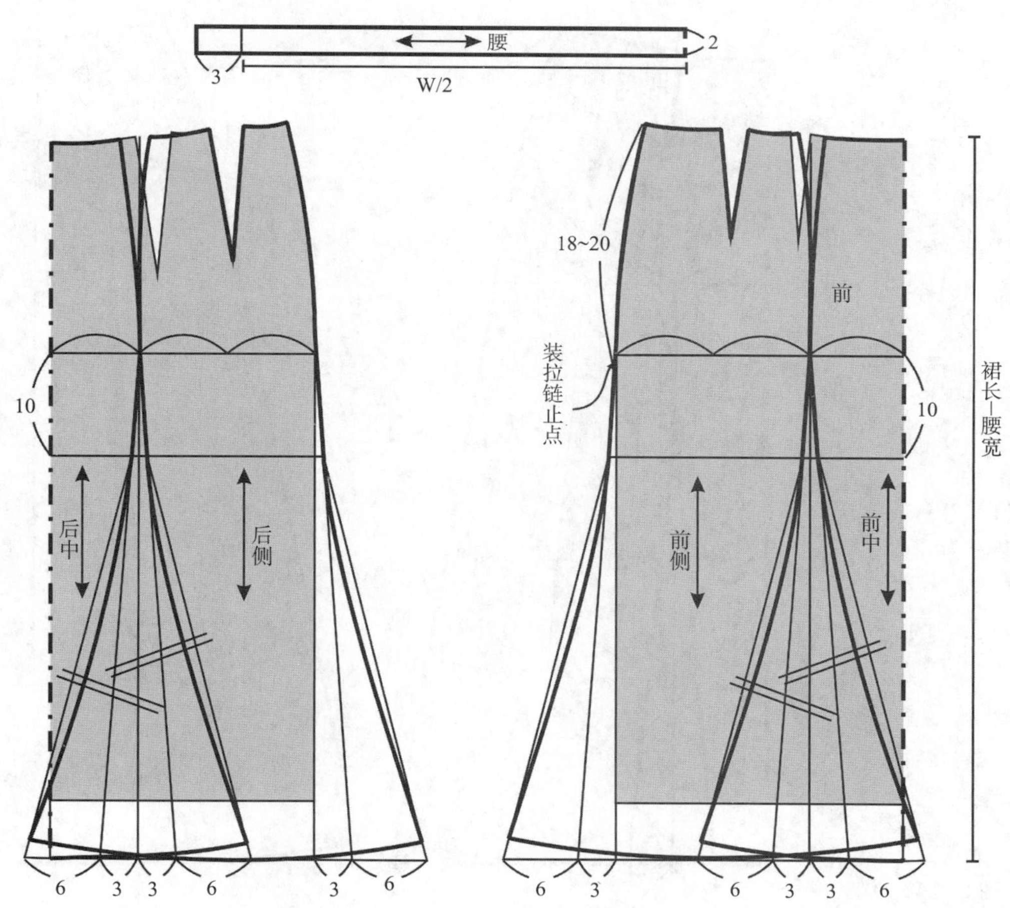

图 5-144　结构图

三、多片裙三

（一）款式特点

弧线分割线裙，后中缝装拉链，款式如图 5-145 所示。

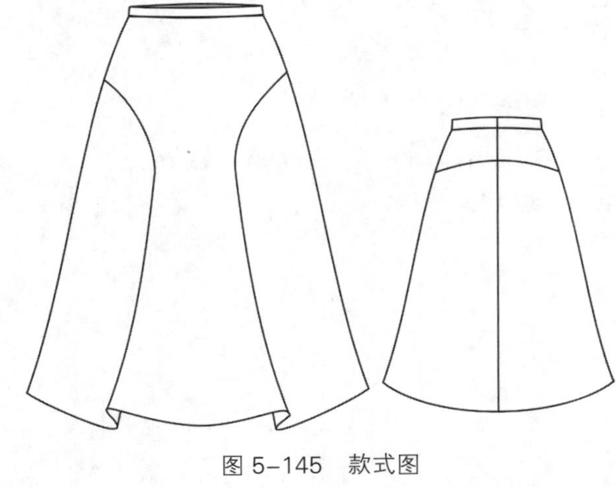

图 5-145　款式图

（二）结构制图

结构制图如图 5-146 所示。

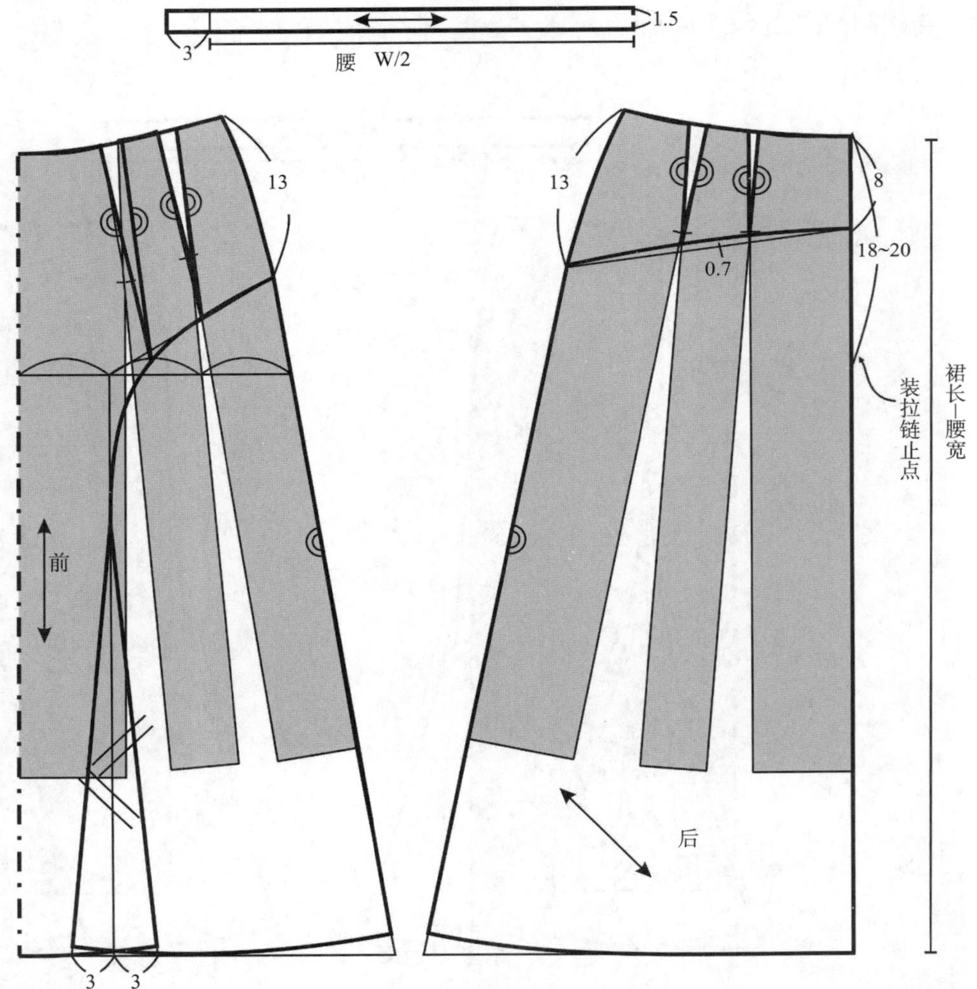

图 5-146　结构图

四、多片裙四

（一）款式特点

多片中长裙，后中缝装拉链，款式如图 5–147 所示。

（二）结构制图

结构制图如图 5–148 所示，分离纸样如图 5–149 所示。

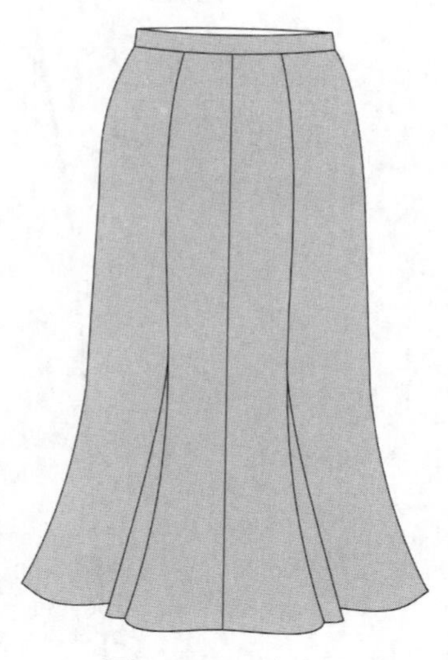

图 5–147　款式图

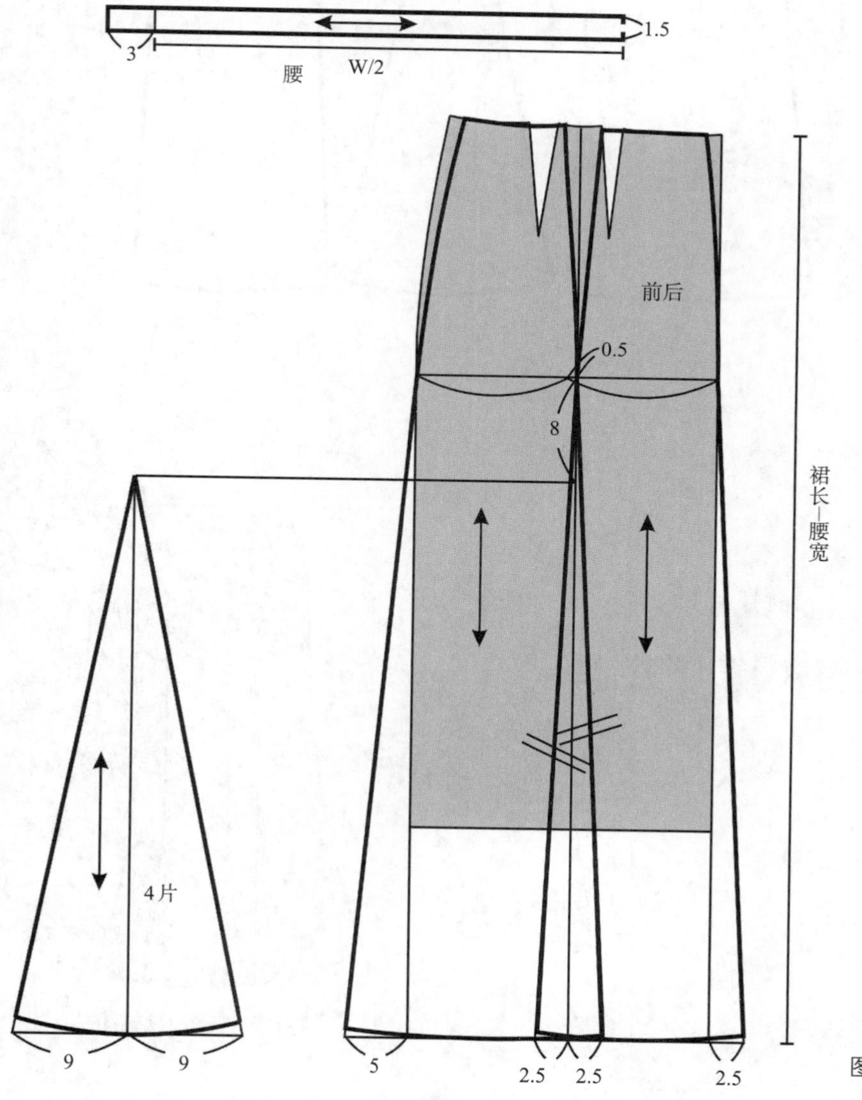

图 5–148　结构图

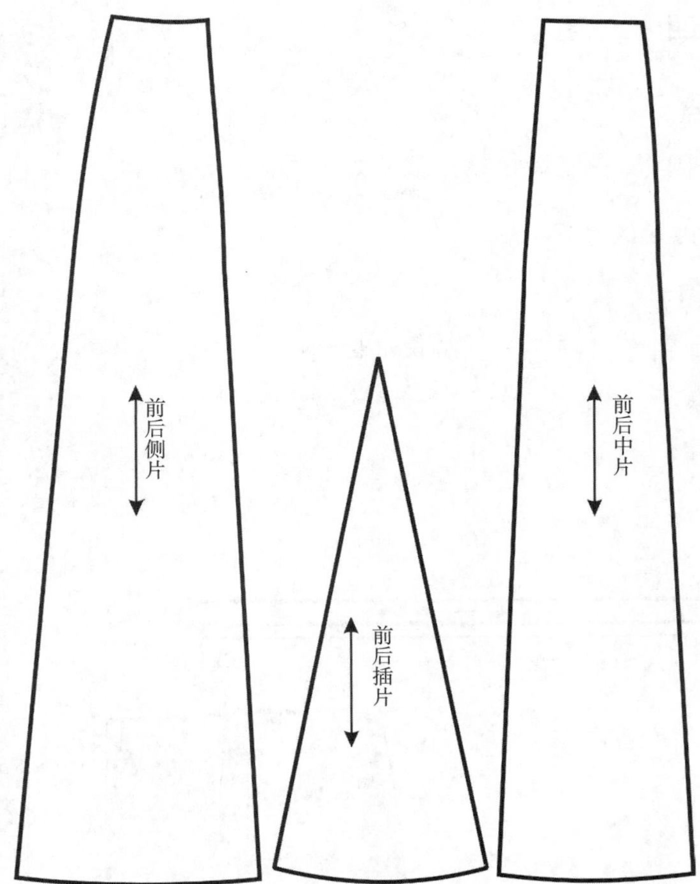

图 5-149　分离纸样

五、多片裙五

（一）款式特点

多片中长裙，后中缝装拉链，款式如图5-150所示。

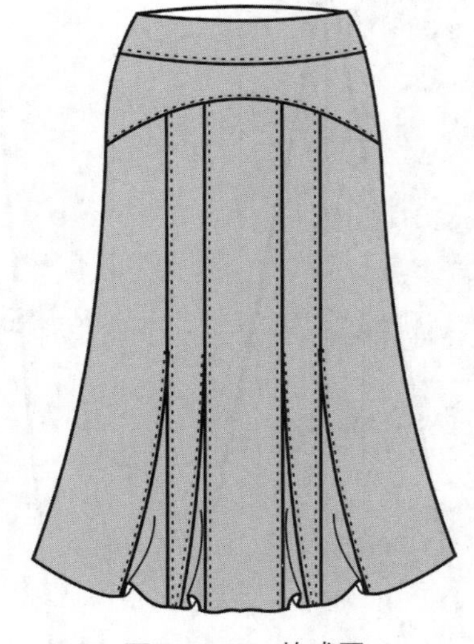

图 5-150　款式图

（二）结构制图

结构制图如图 5-151 所示。

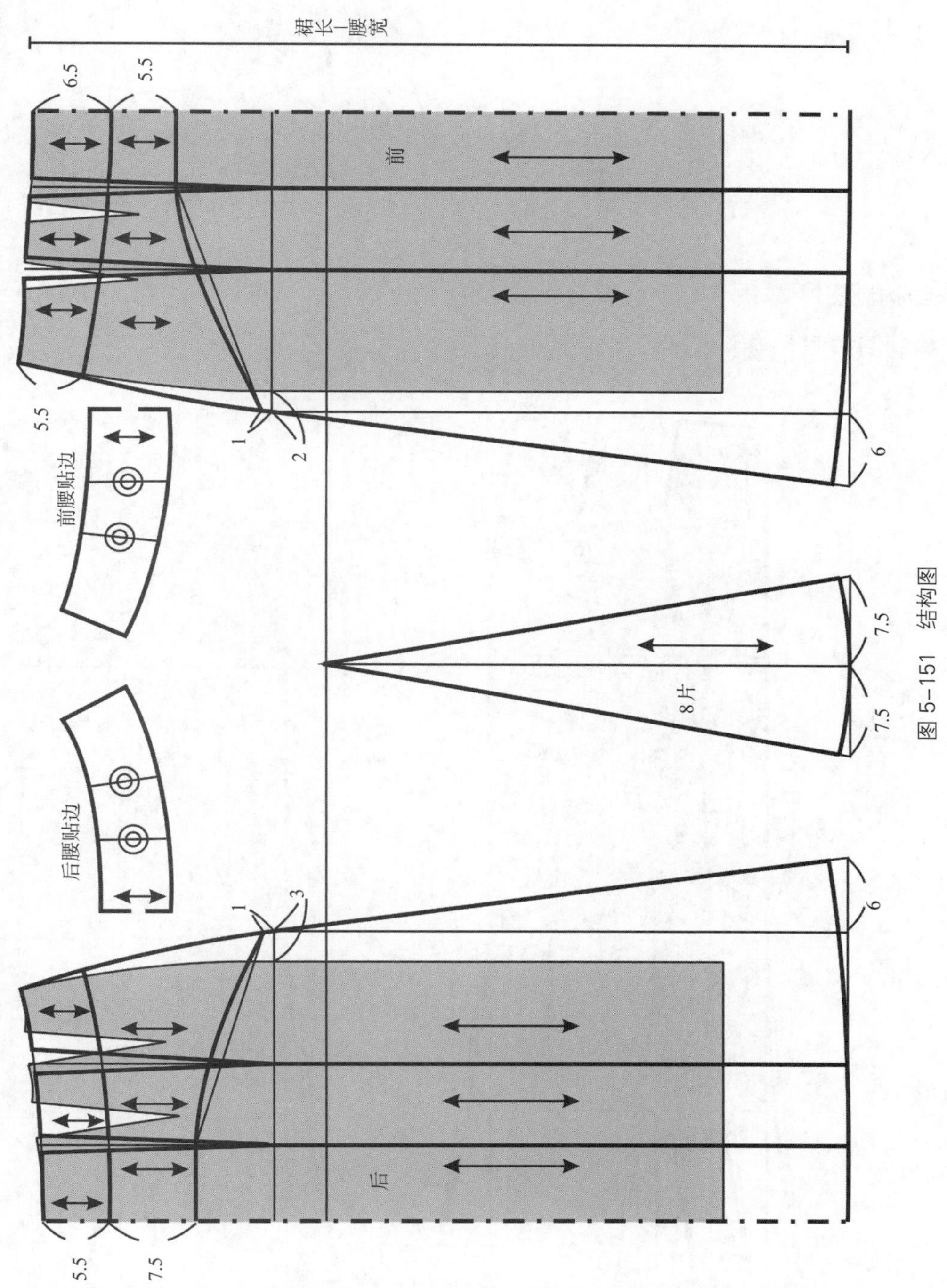

图 5-151　结构图

六、多片裙六

（一）款式特点

育克多片裙，后中缝装拉链，款式如图 5-152 所示。

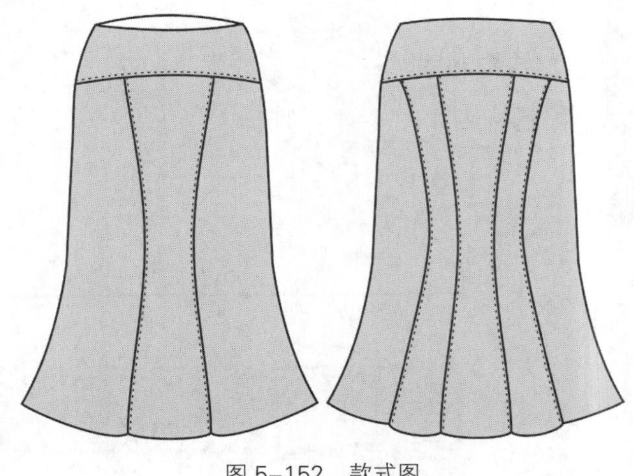

图 5-152　款式图

（二）结构制图

结构制图如图 5-153 所示。

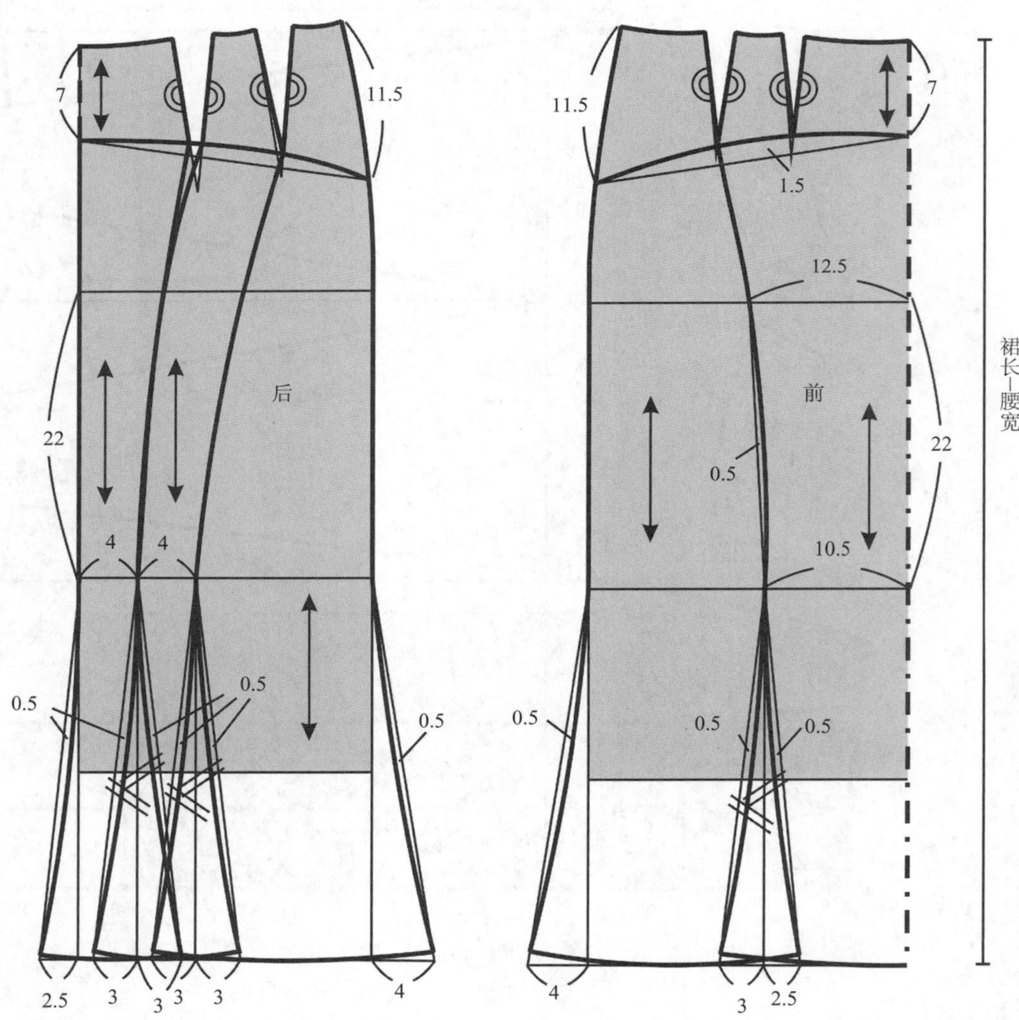

图 5-153　结构图

七、多片裙七

（一）款式特点

双刀背缝中长裙，后中缝装拉链，款式如图 5-154 所示。

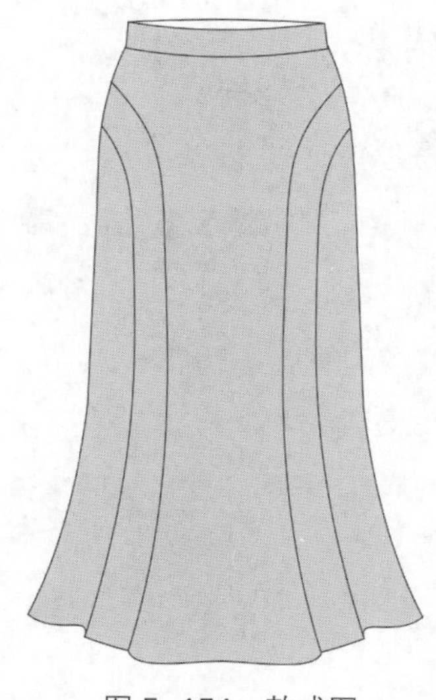

图 5-154　款式图

（二）结构制图

结构制图如图 5-155 所示。

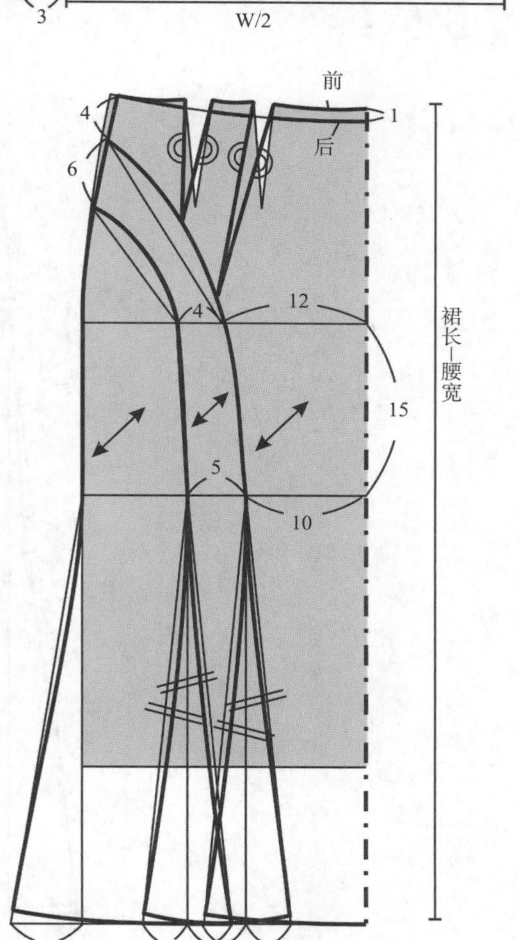

图 5-155　结构图

八、多片裙八

（一）款式特点

多片分割裙，侧缝装拉链，款式如图5–156所示。

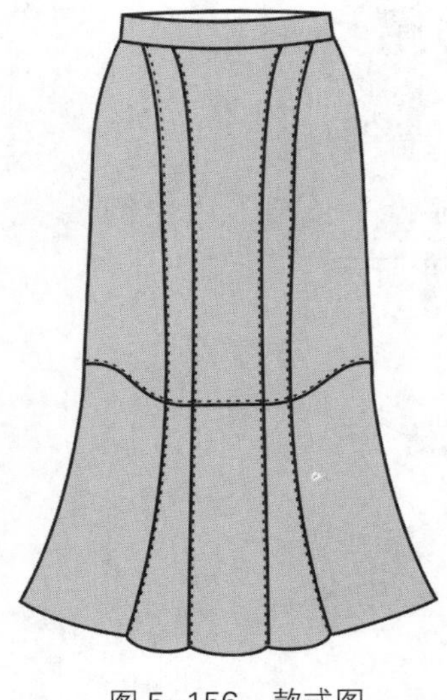

图 5–156 款式图

（二）结构制图

结构制图如图5–157所示。

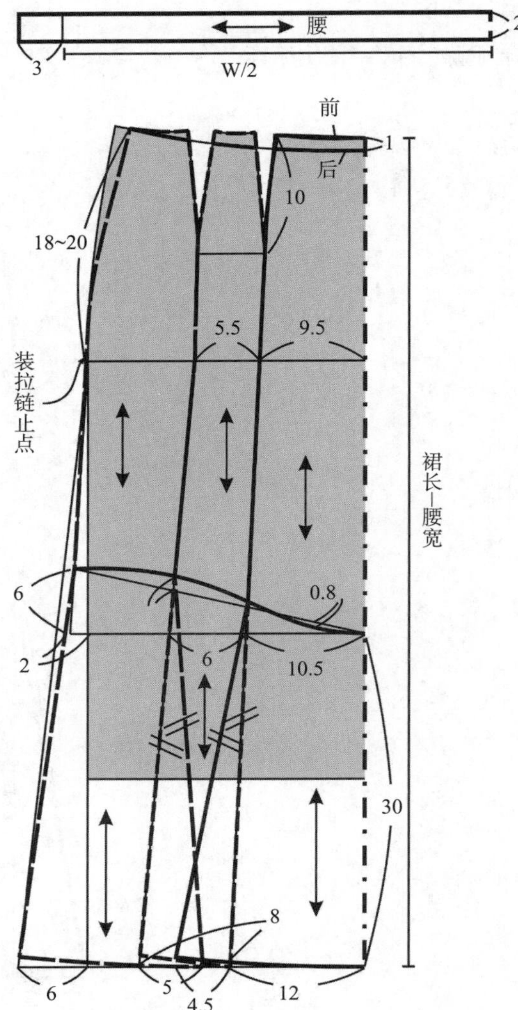

图 5–157 结构图

九、多片裙九

（一）款式特点

多片分割裙，侧缝装拉链，款式如图 5–158 所示。

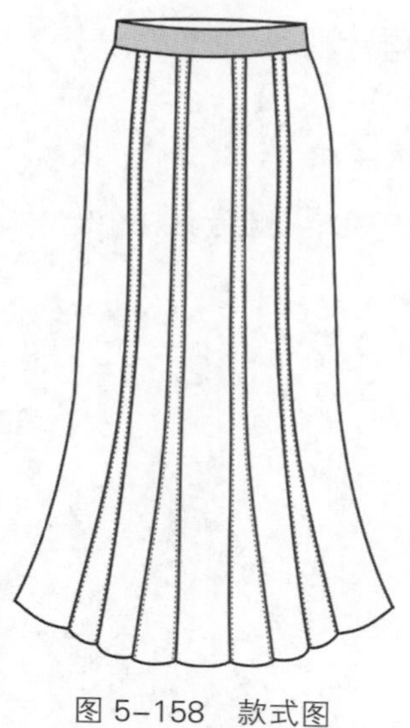

图 5–158 款式图

（二）结构制图

结构制图如图 5–159 所示。

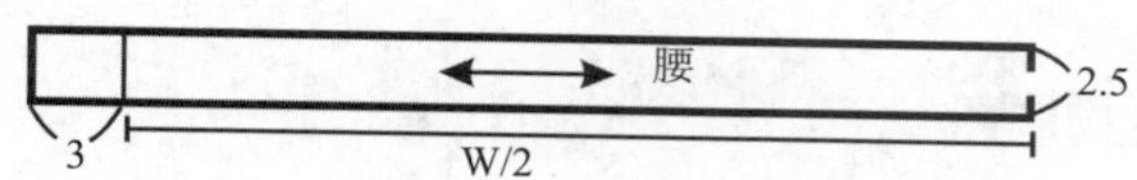

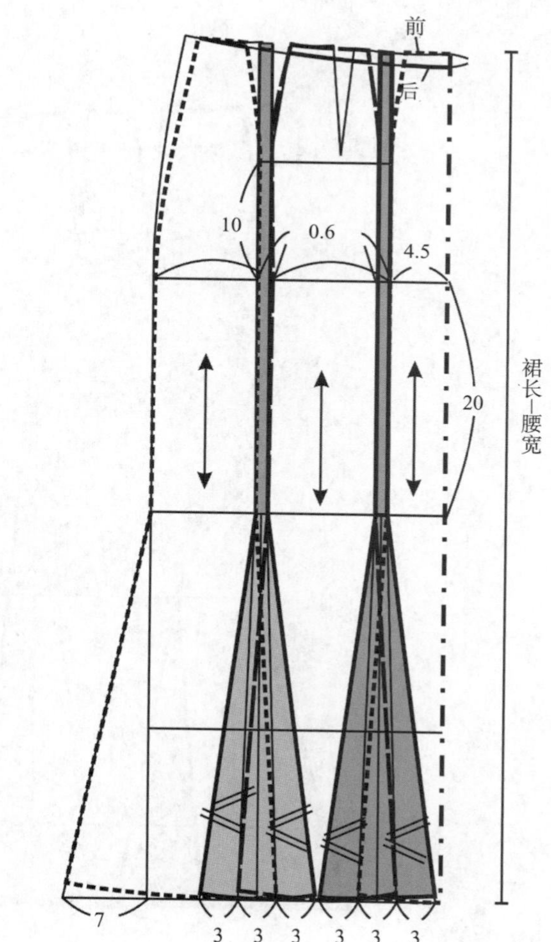

图 5–159 结构图

十、多片裙十

（一）款式特点

多片分割裙，侧缝装拉链，款式如图5–160所示。

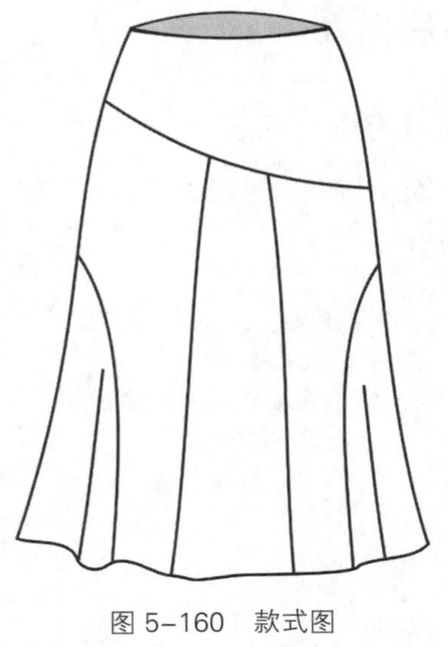

图 5–160　款式图

（二）结构制图

结构制图如图 5–161 所示。

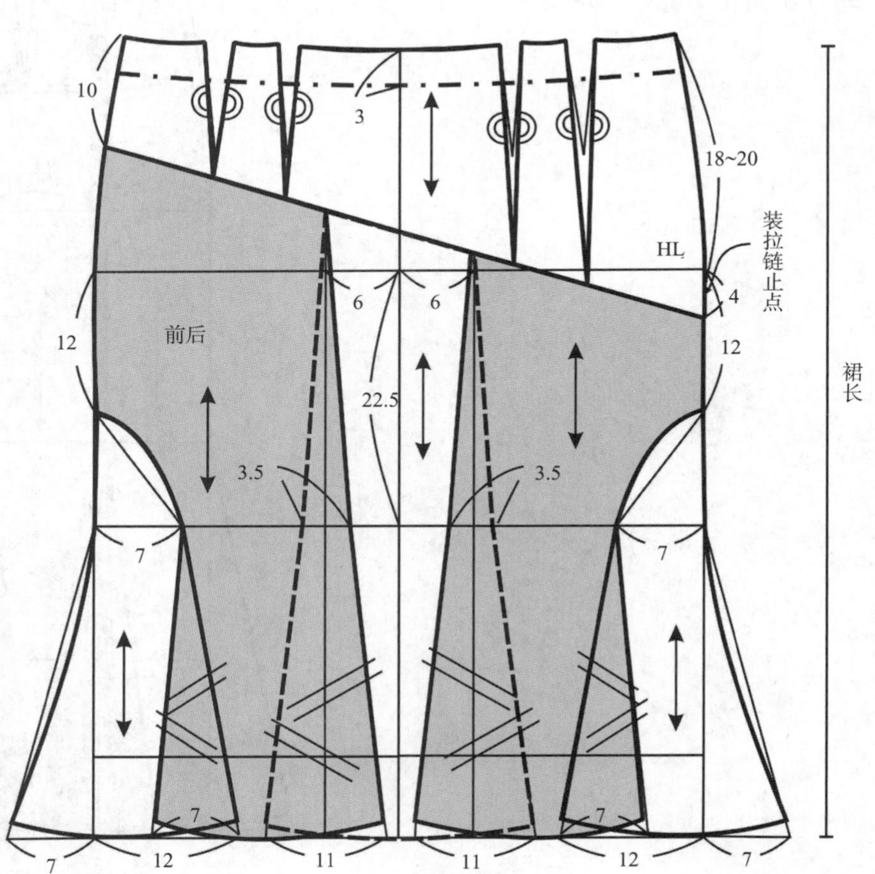

图 5–161　结构图

十一、多片裙十一

（一）款式特点

多片分割裙，侧缝装拉链，款式如图 5-162 所示。

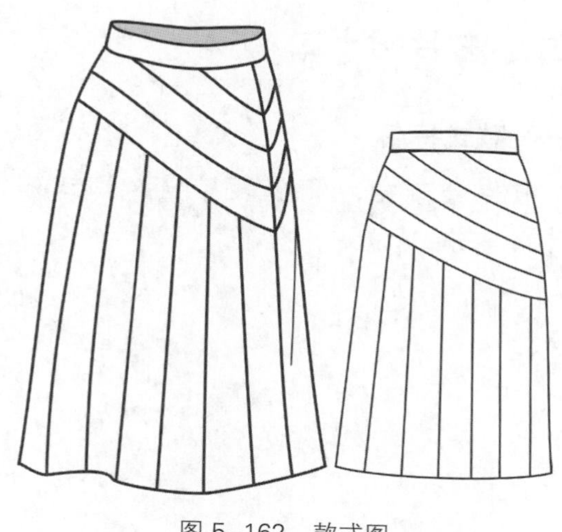

图 5-162 款式图

（二）结构制图

结构制图如图 5-163 所示。

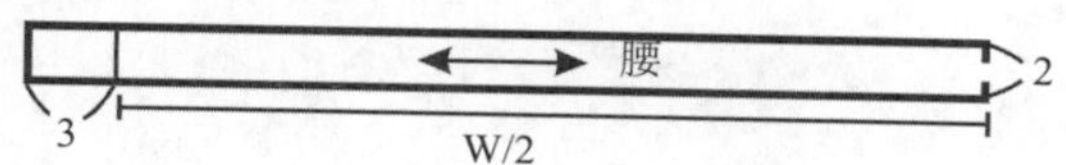

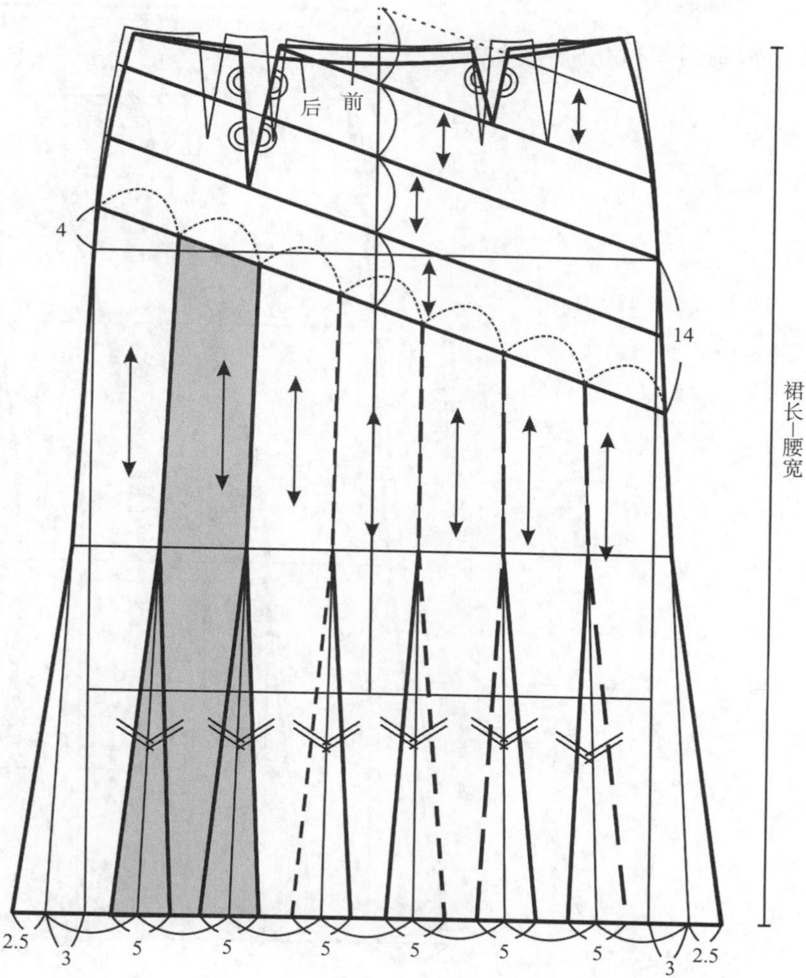

图 5-163 结构图

十二、多片裙十二

（一）款式特点

多片分割裙，侧缝装拉链，款式如图 5-164 所示。

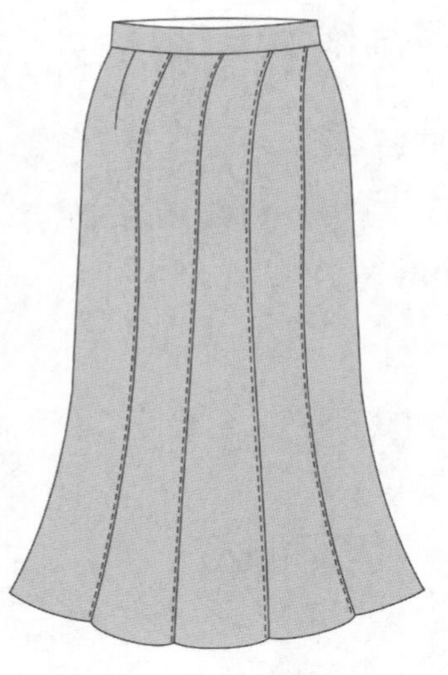

图 5-164　款式图

（二）结构制图

结构制图如图 5-165 所示。

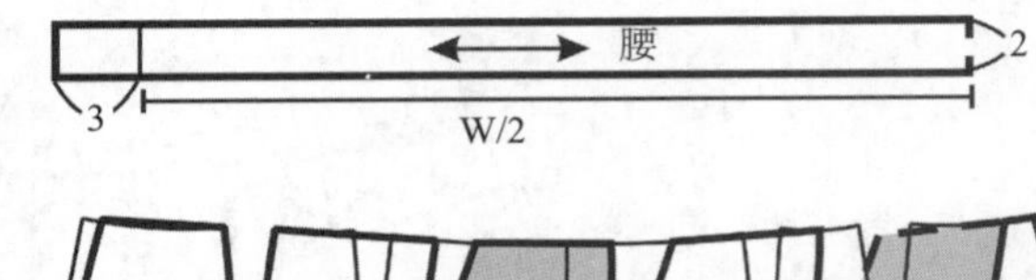

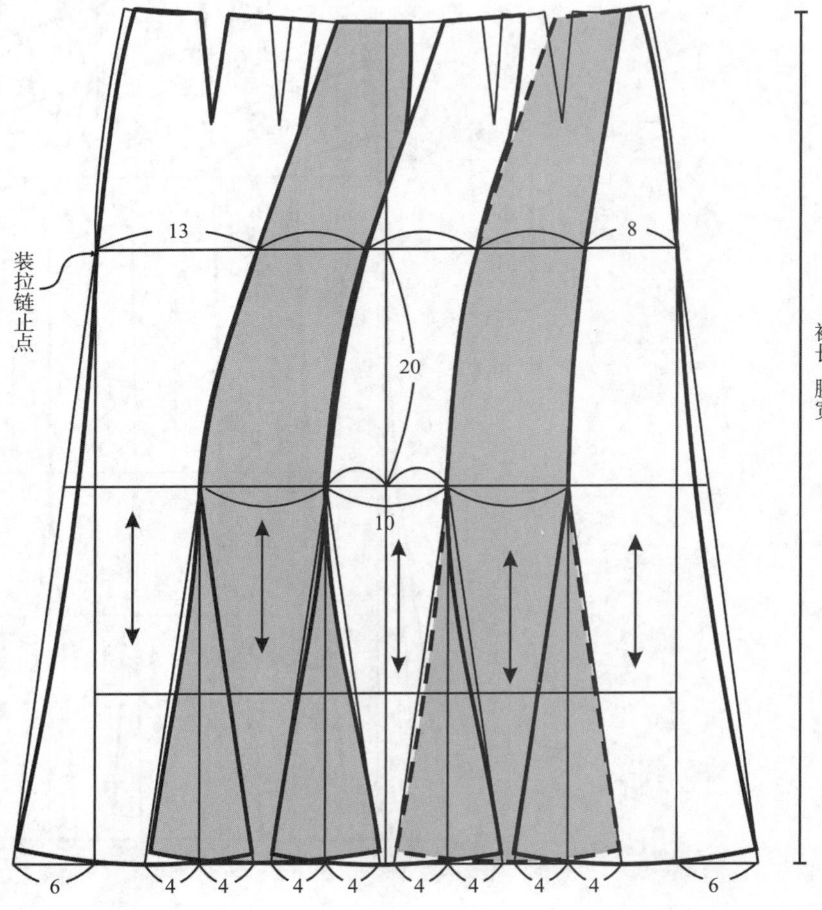

图 5-165　结构图

十三、多片裙十三

（一）款式特点

多片分割裙裙，侧缝装拉链，款式如图 5-166 所示。

图 5-166　款式图

（二）结构制图

结构制图如图 5-167 所示。

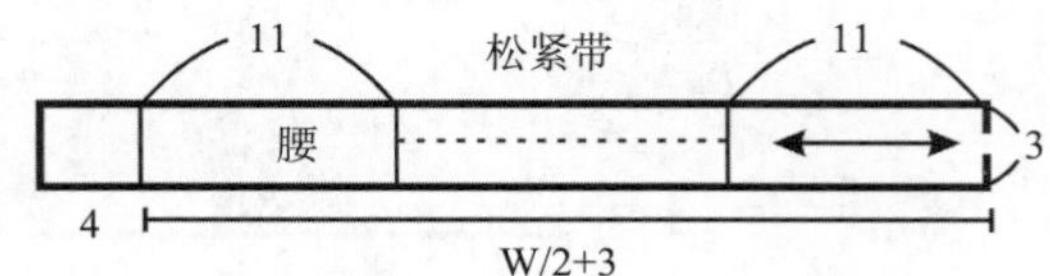

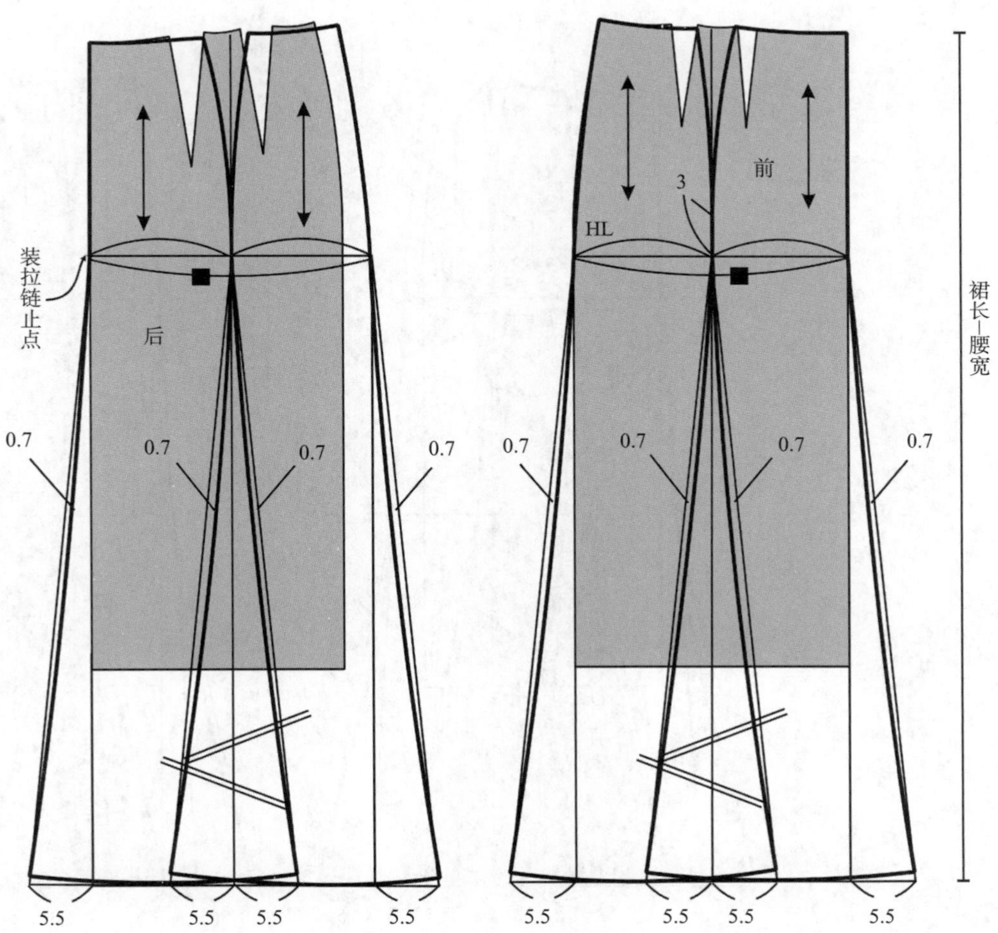

图 5-167　结构图

十四、多片裙十四

（一）款式特点

多片分割裙，后中缝装拉链，款式如图 5-168 所示。

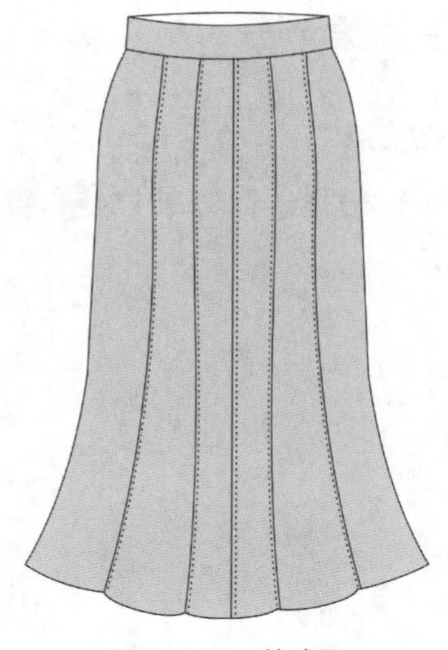

图 5-168　款式图

（二）结构制图

结构制图如图 5-169 所示。

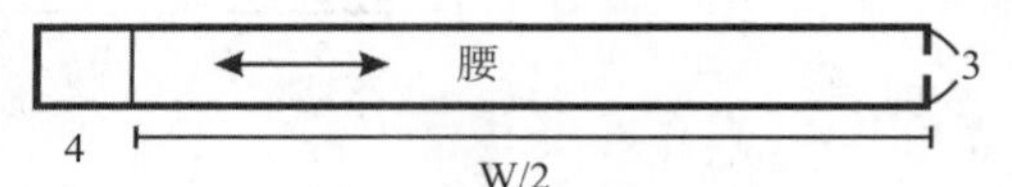

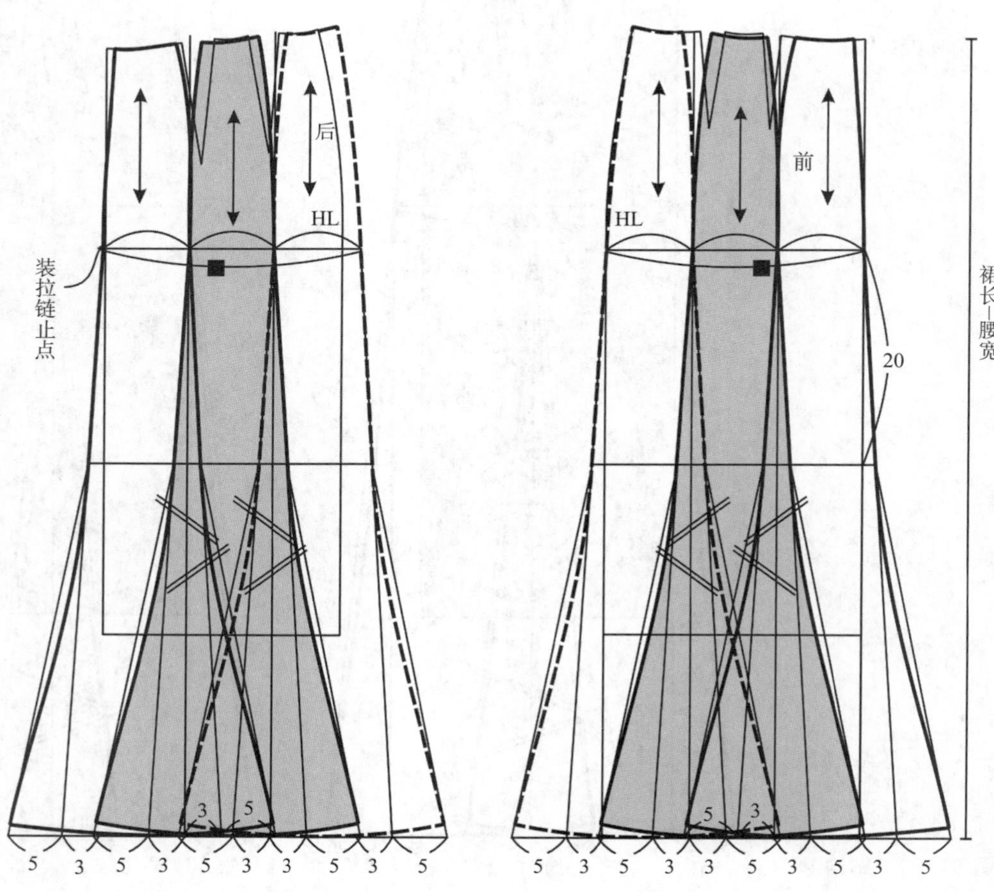

图 5-169　结构图

十五、多片裙十五

（一）款式特点

多片分割裙，侧缝装拉链，款式如图5–170所示。

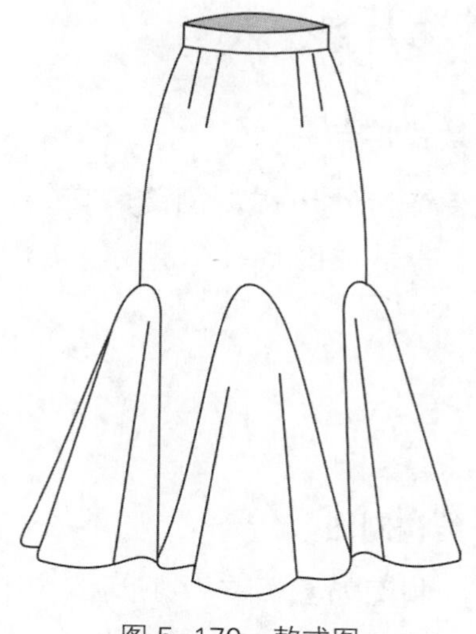

图 5–170 款式图

（二）结构制图

结构制图如图 5–171 所示。

切展图如图 5–172 所示。

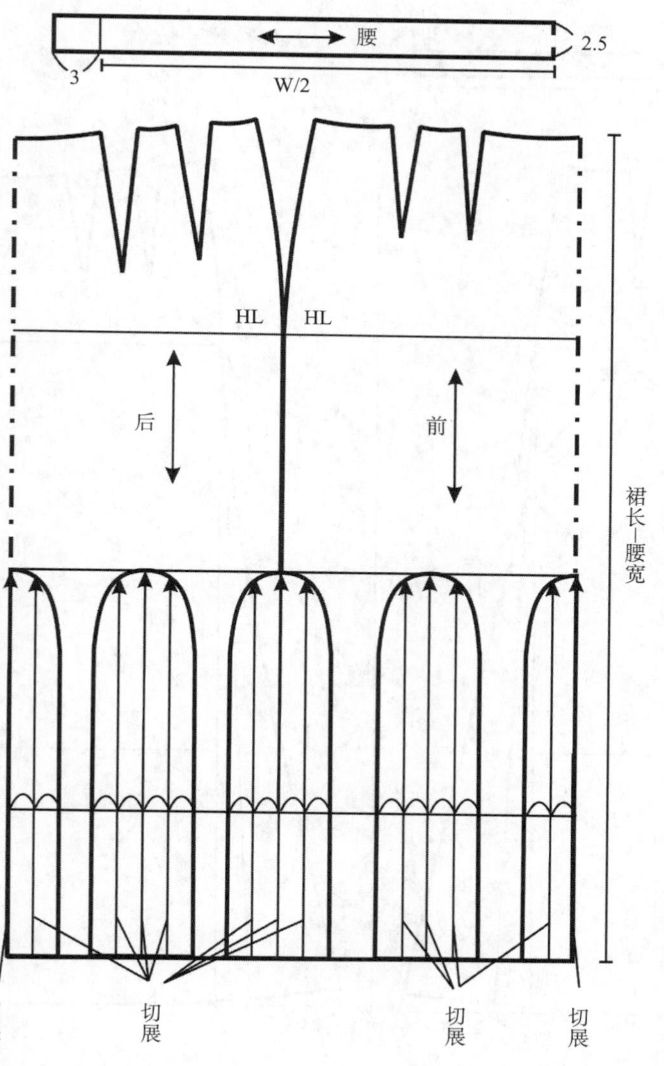

图 5–171 结构图

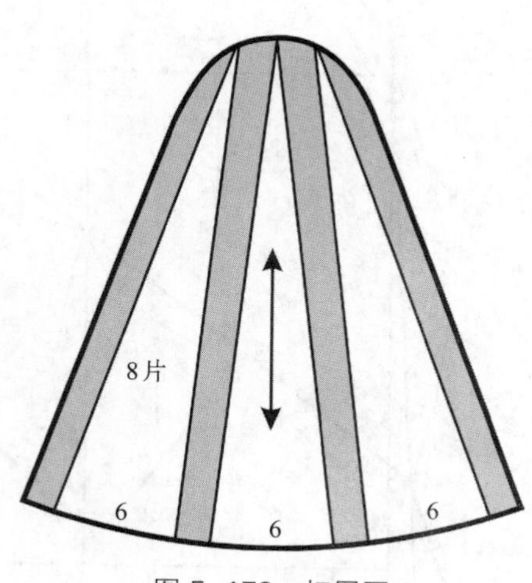

图 5–172 切展图

十六、多片裙十六

（一）款式特点

前装饰荷叶边裙，侧缝装拉链，后中缝装拉链，款式如图 5–173 所示。

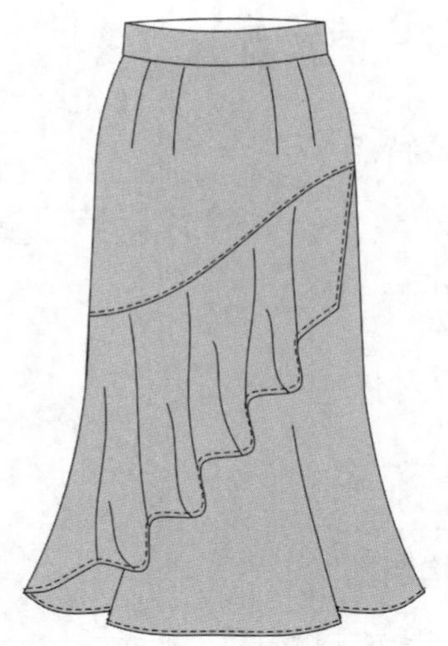

图 5–173　款式图

（二）结构制图

结构制图如图 5–174 所示，切展图如图 5–175 所示。

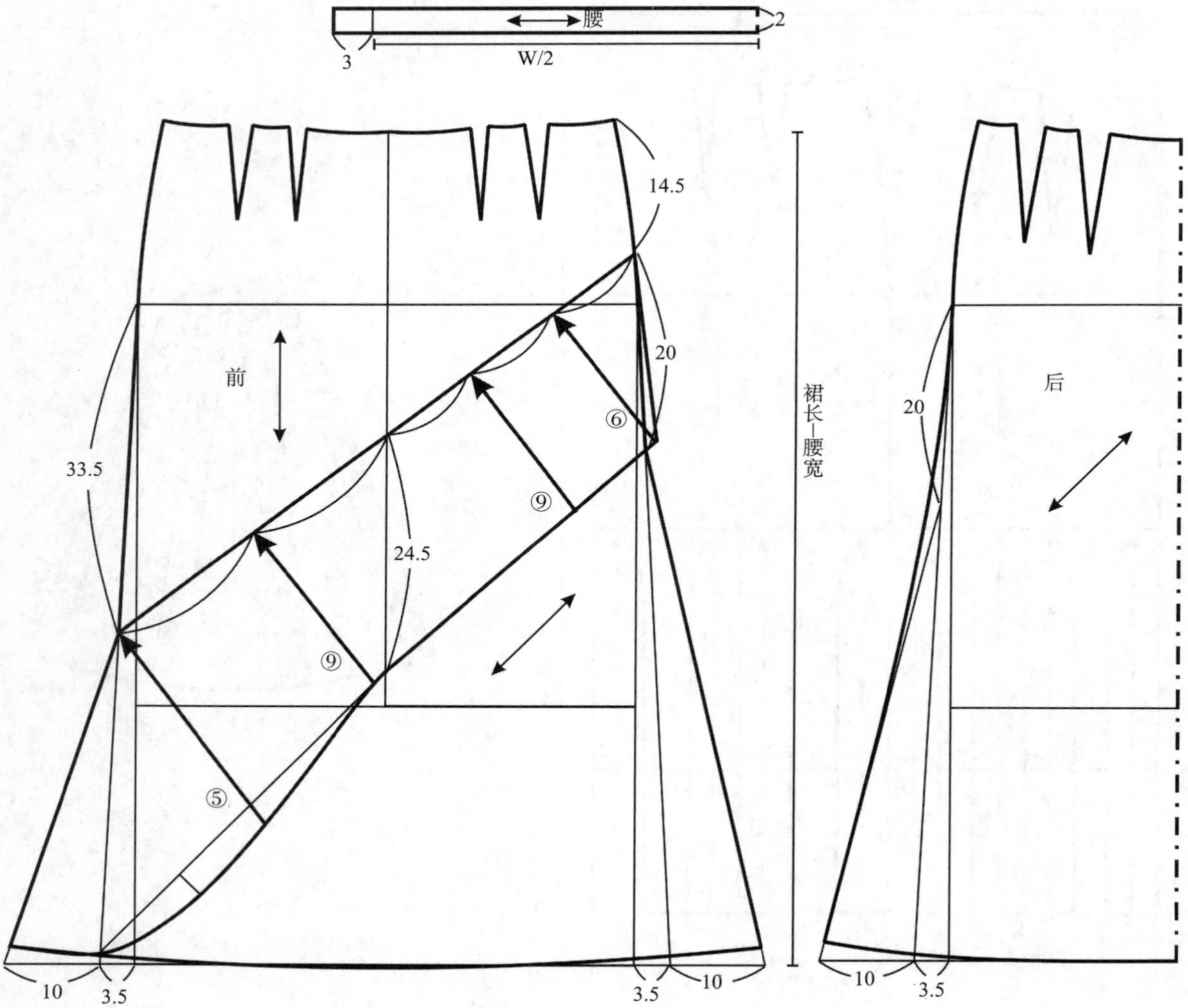

图 5–174　结构图

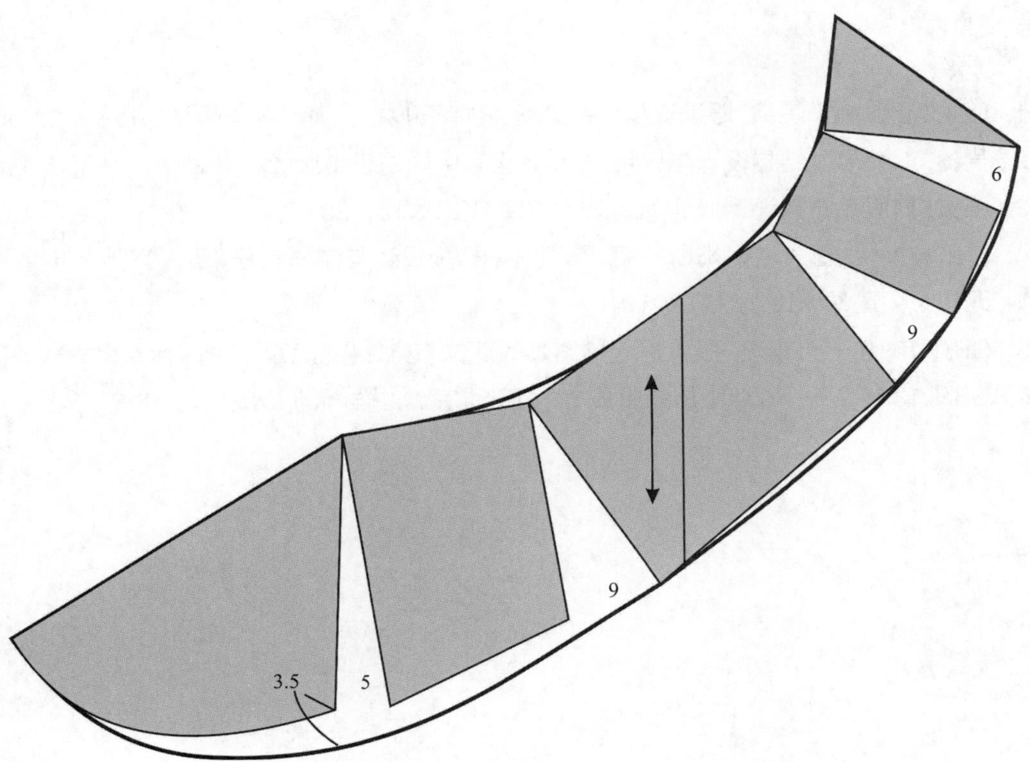

图 5-175　切展图

参考文献：

1. [日]文化服装学院编. 服装造型讲座②裙子.裤子[M]. 上海：东华大学出版社，2005
2. 周捷. 服装原型结构设计与应用 [M]. 北京：中国纺织出版社，2020
3. 张文斌. 服装结构设计 [M]. 北京：中国纺织出版社，2010
4. [美]海伦·约瑟夫–阿姆斯特朗. 美国时装样板设计与制作教程（上、下册）[M]. 裘海索 译. 北京：中国纺织出版社，2010
5. GB/T 1616——2008，服装用人体测量的部位与方法[S].北京：中国标准出版社，2008
6. GB/T 1335.2——2008，服装号型 女子[S].北京：中国标准出版社，2008